彩图1 萨福克和滩羊杂交一代

彩图2 马头山羊（公）

彩图3 成都麻羊

U0299112

彩图4 板角山羊

彩图5 宜昌白山羊

彩图6 内蒙古绒山羊

彩图7 中卫山羊

彩图8 青山羊

彩图9　海南黑山羊（东山羊）

彩图10　南江黄羊

彩图11　关中奶山羊

彩图12　崂山奶山羊

彩图13　波尔山羊

彩图14　萨能奶山羊

彩图15　吐根堡奶山羊

彩图16　努比亚奶山羊

彩图17　安哥拉山羊

彩图18　滩羊

彩图19　湖羊

彩图20　中国美利奴羊

彩图21　新疆细毛羊

彩图22　东北细毛羊

彩图23　羊本交

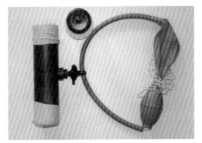

彩图24　羊假阴道

彩图25 人工采精一

彩图26 人工采精二

彩图27 羊输精器具

彩图28 人工输精

彩图29 萨福克羊

彩图30 圈养湖羊

彩图31 羊场全貌

彩图32 放牧羊

彩图33　农户简易羊舍

彩图34　简易羊舍

彩图35　羊舍

彩图36　漏缝地板羊圈一

彩图37　漏缝地板羊圈二

彩图38　双列式羊舍

彩图39　运动场和围栏

彩图40　水槽

彩图41　食槽

彩图42　长方形羊舍

彩图43　放牧饲养羊舍

彩图44　分娩羊舍一

彩图45　舍饲山羊分娩舍二

彩图46　楼式羊舍一

彩图47　楼式羊舍二

彩图48　塑料大棚羊舍

高效养殖致富直通车

高效养羊

主　编　熊家军　肖　峰

副主编　李顺才　郑心力

参　编　丁　伟　李志华　陈建国

机械工业出版社

本书结合我国养羊生产条件和特点，首先介绍了羊的生物学特性，然后从羊的生产角度详细介绍了羊的品种分类、营养与饲料、繁殖技术、饲养管理技术、羊场规划设计、羊舍建筑设计、羊产品加工及羊场经营管理等知识和技术。最后介绍了羊的疾病预防措施、常见各类疾病的诊断及治疗关键技术等内容。

本书可供养羊专业户、羊场及基层畜牧养殖技术人员使用，也可供农业院校相关专业师生参考。

图书在版编目（CIP）数据

高效养羊/熊家军，肖峰主编 . —北京：机械工业出版社，2014.2（2020.8 重印）

（高效养殖致富直通车）

ISBN 978-7-111-45467-0

Ⅰ.①高… Ⅱ.①熊…②肖… Ⅲ.①羊—饲养管理 Ⅳ.①S826

中国版本图书馆 CIP 数据核字（2014）第 010929 号

机械工业出版社（北京市百万庄大街 22 号　邮政编码 100037）
总　策　划：李俊玲　张敬柱　策划编辑：郎　峰　高　伟
责任编辑：郎　　峰　李俊慧　版式设计：霍永明
责任校对：张　力　　　　　责任印制：郜　敏
北京圣夫亚美印刷有限公司印刷
2020 年 8 月第 1 版第 7 次印刷
140mm×203mm・8.125 印张・4 插页・233 千字
标准书号：ISBN 978-7-111-45467-0
定价：29.80 元

序

　　改革开放以来,我国养殖业发展非常迅速,肉、蛋、奶、鱼等产品产量稳步增加,在提高人民生活水平方面发挥着越来越重要的作用。同时,从事各种养殖业也已成为农民脱贫致富的重要途径。近年来,我国经济的快速发展为养殖业提出了新要求,以市场为导向,从传统的养殖生产经营模式向现代高科技生产经营模式转变,安全、健康、优质、高效和环保已成为养殖业发展的既定方向。

　　针对我国养殖业发展的迫切需要,机械工业出版社坚持高起点、高质量、高标准的原则,组织全国 20 多家科研院所的理论水平高、实践经验丰富的专家学者、科研人员及一线技术人员编写了这套"高效养殖致富直通车"丛书,范围涵盖了畜牧、水产及特种经济动物的养殖技术和疾病防治技术等。

　　丛书应用了大量生产现场图片,形象直观,语言精练、简洁,深入浅出,重点突出,篇幅适中,并面向产业发展需求,密切联系生产实际,吸纳了最新科研成果,使读者能科学、快速地解决养殖过程中遇到的各种难题。丛书表现形式新颖,大部分图书采用双色印刷,设有"提示""注意"等小栏目,配有一些成功养殖的典型案例,突出实用性、可操作性和指导性。

　　丛书针对性强,性价比高,易学易用,是广大养殖户和相关技术人员、管理人员不可多得的好参谋、好帮手。

　　祝大家学用相长,读书愉快!

中国农业大学动物科技学院

2014 年 1 月

前　言

我国养羊业历史悠久，绵羊、山羊品种资源丰富，养羊数量和羊产品产量均居世界前列。我国草原辽阔，草山草坡面积广大，秸秆等农副产品饲料资源丰富，在广大农区和牧区发展养羊业有巨大的潜力，不仅能满足人们对羊产品的消费需求，而且有利于农民增收、就业、秸秆利用、带动相关产业的发展。

我国人多地少，人均耕地资源不足，从这一基本国情出发，发展节粮型的养羊业，对增加农牧民的收入，改变我国城乡居民肉类消费结构，促进国民经济持续、稳定、健康的发展，都具有重要意义。

目前，国内外市场对羊产品的需要量越来越大，而羊以食草为主、饲养成本低、饲料来源广泛、易饲养、好管理，产品销路好、见效快，羊生产已经成为许多有识之士投资的热点和广大农民增收的途径。为适应我国社会主义新农村建设和农村产业结构调整，以及养羊生产快速发展的新形势，普及科学养羊知识，改变传统落后的养羊方式和方法，提高群众科学养羊的技术水平，我们在查阅大量国内外养羊科学文献的基础上，结合多年科学研究与生产实践经验，组织编写了本书。在编著本书时，结合我国养羊生产条件和特点，遵循内容全面、语言通俗、注重实用的原则，深入浅出地介绍了养羊的相关理论与方法，力求使广大养羊户读得懂、用得上，同时还能满足畜牧兽医工作者，特别是养羊专业技术人员的工作所需。

需要说明的是，本书所用药物及其使用剂量仅供读者参考，不可照搬。在生产实际中，所用药物学名、常用名和实际商品名称有差异，其浓度也有所不同，建议读者在使用每一种药物前，参阅厂家提供的产品说明以确认药物用量、用药方法、用药时间及禁忌等。

本书在编写过程中，参考了部分专家、学者的相关文献资料，因篇幅所限未能一一列出，在此深表歉意，同时表示感谢。由于作者水平有限，书中不足和疏漏之处，恳请广大读者和同行批评指正。

编者

目 录

第一章

概　述

一　我国养羊业的现状

养羊业与国民经济的发展和各族人民生活水平的提高关系十分密切，特别是进入 21 世纪后，我国养羊业得到快速发展，成果显著，养羊业在国民经济中的比重也逐年提高。但与养羊业发达的国家相比，还存在品种退化、饲养水平和产品质量不高、繁殖育种体系和社会服务体系不完善、基础设施建设落后和经济效益不高等问题，这在一定程度上制约了我国养羊业的发展，影响了我国畜牧业结构调整和建设社会主义新农村的进程。据统计，2009 年世界绵、山羊存栏量为 193924 万只，我国绵、山羊存栏量为 28452 万只，占世界存栏量的 14.67%，居世界第一位，其中我国山羊存栏量为 15050 万只，绵羊存栏量为 13402 万只；2005～2006 年我国绵羊存栏量高于山羊，2007～2009 年绵羊存栏量却低于山羊，主要原因与南方积极发展肉山羊有关，但总体上我国绵羊、山羊存栏数的增长趋势和羊存栏总数增长趋势基本一致。

中国养羊生产分布较广，在全国 31 个省（区）市都有绵羊、山羊饲养，据统计 2009 年我国羊存栏量前 10 位的省份分别是内蒙古、新疆、山东、河南、甘肃、四川、西藏、河北、青海、黑龙江；绵羊主要分布在我国北方地区，呈现北多南少趋势，内蒙古绵羊存栏量为 3205.3 万只，居国内第一位，统计资料显示，在湖北、广东、广西、江西、重庆、福建、海南等 7 个省区没有绵羊分布；全国各地均有山羊分布，尽管南方适宜养山羊，但总体上存栏山羊多的省份主要集中在北部省区。

内蒙古和新疆在绵羊毛产量和羊绒产量上均占据前两位，山羊绒产量主要与所处的地理位置有关，南方的山羊主要以产肉为主，因此羊绒产量多的省份集中在北方地区，另外还与饲养的山羊品种有关，如内蒙古绒山羊和辽宁绒山羊，因此内蒙古和辽宁省的山羊绒产量大。一般而言，在存栏量相同的条件下，羊肉产量多的省份，羊毛（绒）产量就低。

我国绵羊和山羊品种资源十分丰富，已有 35 个品种（绵羊 15 个，山羊 20 个）列入《中国羊品种志》。近年来对我国地区品种的补充调查，又发现了 30 多个优良的地方绵、山羊品种（群），它们具有繁殖力高、肉质好、绒质细等优良性能。在养羊业快速发展的同时，我国种羊场发展也很快。已建设成规模种羊场 1099 个，每年可提供种羊 40 多万只，为我国良种繁育体系建设和养羊业生产的发展起到了重要的推动作用。目前羊的良种覆盖率已提高到 60%，肉羊良种的供应能力提高到 40%。

二　我国养羊业的发展趋势

1. 养羊业仍会保持平稳的发展势头

首先，是由于"十二五"期间国家继续支持养羊业发展，如实施的国家肉羊、绒毛用羊产业技术体系，汇聚了我国养羊业界的科技精英，投入巨资重点解决养羊业发展的技术瓶颈问题；其次，是由于人民生活水平的改善对羊产品的需求旺盛，羊肉价格稳中有升，高品质的超细型羊毛和山羊绒市场供不应求；最后，是随着规模化养殖关键技术瓶颈的突破和牧区草原生态的逐步恢复，规模化、产业化养殖呈现良好的发展趋势，牧区和农区的饲养量将得到有效增加。

2. 养羊方式由以毛为主逐渐转向以肉为主

一是肉羊饲养热正在我国迅速扩展，这不仅是国际养羊的重点由毛用向肉用转变和国际市场价格的调节，同时也是羊肉本身营养价值决定的，是人们消费理念变化的一种反映；二是羊肉一直是人们喜欢的一种肉食，尤其北方少数民族，长期以来以羊肉为主要食品，近年来，随着人民生活水平的改善和饮食理念的科学化，羊肉也越来越受到大多数人的喜爱。

3. 种质创新研究与羊育种工作面临重要突破

一是由于我国绵、山羊品种资源十分丰富，且与引进品种相比地方良种具有繁殖力高、抗逆性好等特点，因此地方良种在我国养羊生产中的地位与作用、选育、保护和开发利用将得到重视；二是将利用国内外良种资源创制新种质、新品种（系）和配套系的选育，如超细型细毛羊、专门化肉羊品种以及常年长绒性绒山羊等新品种选育方面在"十一五"的基础上取得显著进展；三是农业部畜牧业已经组织相关人员起草了《全国羊遗传改良计划》《种羊性能测定规范》和《羊联合育种协作组织章程》等文件并下发各地征求养羊业科技工作者的意见，有望近期实施，这将有力推进羊育种工作的机制创新。

4. 羊产业化经营水平会进一步提高

一是由于国内市场的拉动和政策的扶持，良种繁育场的规模将适度扩大，并增大优势品种的饲养量，如农业部近期实施的国家标准化肉（绒毛）羊场建设项目和良种工程建设项目，将有力推动羊场向标准化、规模化方向发展；二是各地相继组建了农业养羊合作社，使产、加、销一体化，提高养羊的经济效益，推进产业化组织程度；三是龙头企业更加重视塑造品牌和培植羊源基地，特别是目前人们热衷追求绿色、环保、安全的健康食品，大力发展绿色养羊成为趋势。

5. 养羊业科技进步更加显著

一是良种工程的实施将大大提高良种化程度；二是标准化示范场建设将带动规范化养殖；三是规模化生产的不断推进有利于推广应用新技术；四是肉羊产业技术体系的建设效应将不断显现，研究与生产脱节、成果转化率低、技术人才严重匮乏等现象得到一定程度缓解。

三 发展我国养羊业的措施

在我国养羊产业取得成就的同时，在引种、饲养方式和产业化进程等方面的问题也日渐突出。养羊业从如下几个方面优先突破，

可显著增加产业的生产水平和盈利能力。

1. 落实区域化布局、生态养羊战略

在自然环境生态条件以及社会经济条件等方面，我国各个地区都存在差异，在进行养羊业生产的时候，各地区应该以自身的实际情况为依据，因地制宜。对于那些有着良好的自然生态以及社会经济条件，生产技术水平和农牧民科学文化素质都比较高的地区，应该选择"公司加农户"或者是"协会加农户"的组织形式，生产那些有着较高生产性能、早熟、强繁殖能力、产品质量较高的优良品种（如波尔山羊、马头山羊、盖县绒山羊、无角陶赛特羊、特克塞尔羊、萨福克羊等）。对于自然生态环境和社会经济条件较差，生产技术水平和农牧民科学文化素质都不高的地区，应该选择"强化双层经营体制，充分结合和建立社会化服务体系"的生产方式。将人力、财力和物力集中起来对草原进行改良和建设，采用划区轮牧、禁牧或者是休牧、分季放牧以及放牧加补饲的手段。这样的地区比较适合生产有着较强的适应能力的地方优良羊种以及毛用羊品种（如绒山羊、细毛羊、半细毛羊、裘皮羊），但是一定要对饲养量严加管制，避免出现超载过牧的问题。

2. 科学饲养管理

羊的生长发育受到饲养户粗放饲养方式的影响而变慢，没有将其优质种羊的潜力充分发挥出来，没有较高的生产性能。部分养殖户长时间内都不选种，也不对饲养的管理条件加以改善，对羊病的防治不重视，最终导致羊群混乱、死亡率高、产品质量过低，没有良好的经济效益。所以在发展养羊业生产的时候，一定要重视对羊群的选优去劣、饲养管理条件的改善以及羊病防治等工作。

3. 加快品种改良速度，提升羊畜产品质量

我国现在的山羊品种有着如下优点：耐粗饲、有着较强的适应性、繁殖率高等；可是也存在如下缺点：肉用性能差、个体小、经济效益较低等。为了使我国的羊养殖业发展的市场需求得到满足，应该将我国羊品种的经济价值和生产性能提高，发展优良品种，选择适合各个地区生长的羊种进行适当的羊种杂交改良（彩图1）。

4. 加速养羊业科技发展

进一步发展养羊业科技，坚持良种和良法相结合，致力提高饲养管理水平和疫病防控技术，提升抗风险能力的水平，进而提高农民的收入水平。凭借畜牧业"科技入户"工程这个平台，将不断增加肉羊养殖科技示范县的数量，凭借示范园、典型户、科技致富户的示范带动作用，将提高农民应用先进实用技术的积极性，积极推广良种、高效安全养殖以及标准化生产等技术。

5. 适度规模化养羊

规模化养羊，是肉羊业发展的必然趋势。有规模才能上效益，集约化生产才能充分利用一些先进的生产技术或工艺，提高肉羊业生产效率，促进肉羊业发展。规模化是一个渐进发展的过程，不同的地区应立足当地的资源与市场优势，以经济效益为中心，实施规模化养羊。

第一章 概述

—第二章—
羊的生物学特性

要想搞好养羊生产，无论何种形式和规模的羊场，在养羊生产管理中，都必须了解和掌握羊的生物学特性、行为活动模式和特点，这样才能更好地为羊提供适合它们的各种条件和必备设施，以达到提高生产效益的目标。

第一节　羊的行为特点和生活习性

一　绵羊、山羊的行为特点和行为模式

1. 山羊的行为特点

山羊的性格类型属于活泼型，行动灵活，喜欢登高，善于游走，反应敏捷，有"精山羊"或"猴山羊"之称。放牧时在其他家畜难以到达的悬崖陡坡上，山羊可行动自如地采食。当高处有其喜食的牧草或树叶时，山羊能将前肢攀在岩石或树干上，甚至前肢腾空，后肢直立地获取高处的食物。因此，山羊可在绵羊和其他家畜所不能利用的陡坡或山峦上放牧。

2. 绵羊的行为特点

绵羊的性格类型属于沉静型，有"疲绵羊"之说，反应迟钝，行动缓慢，性格温顺。山羊、绵羊同群放牧时，山羊总走在前面，把优质牧草的柔嫩尖部先吃掉，而绵羊慢慢地走在后面。绵羊不能攀登高山陡坡，采食时喜欢低头吃，能采食到山羊啃不到的短小、稀疏的牧草。

3. 绵羊、山羊的行为模式

绵、山羊的各种行为模式如表 2-1 所示。其中相同的多，相异的少。

表 2-1　绵、山羊的行为模式

行 为 类 型	行 为 模 式
摄食	游走，觅食，进食，反刍，舔盐，饮水
避阳	自由走往树下或进入遮阳处所，低头聚堆（热天），相互挨紧（冷天），刨地躺卧
警觉	抬头查看，对着声响或动作方向竖耳、定睛；嗅闻物体或外来羊只
合群	协同游走、采食、躺卧；行进中前后相随，遇有障碍，相继跟随腾越而过
争斗、逃跑	前肢刨地，头抵肩推，后腿前冲，用头顶撞，后肢起立；成群跑动：呆立（山羊羔）；喷鼻，顿脚
排泄	排尿姿势：下蹲（母羊），拱腰弯腿（公羊） 排粪姿势：摇尾
母性	舔吃胎盘和羔羊；哺乳时拱腰，舌舔羔羊尾根部；环绕新生羔羊
求助	羔羊走散时，饥饿、受伤或被捉时哀鸣；离群时哀鸣
性活动（公羊）	求偶：跟随母羊，抬肢抓扒母羊；粗声哞叫；嗅闻母羊外阴部；嗅闻母羊尿液；伸颈，上唇翻卷；舌伸出缩回；侧靠母羊，嘴咬母羊被毛；将母羊引离其他公羊 交配：摆尾（较少见），爬跨，后躯冲插动作
性活动（母羊）	求偶：擦靠公羊，爬跨公羊（较少见） 交配：站立不动，接受公羊爬跨
嬉闹	像交配时爬跨其他羊（公、母羊）；像争斗时顶撞对方；像合群时同跑同跳同蹦跶

第二章　羊的生物学特性

二 绵羊、山羊的生活习性

1. 合群性强

羊的合群性较强，这是在长期的进化过程中，为了适应生存和繁衍而形成的一种生物学特征。在人工放牧时，即便是无人看管，羊群也不会轻易散开，单个羊只很少离群远走。羊群移动时，随领头羊而动，领头羊往往是由年龄较大，后代较多的母羊担任。

> 【提示】 可利用羊的这种特性先调教好领头羊，在放牧、转场、出圈、入圈、过河、过桥时，只要让领头羊先行，其他羊就会跟随而来，从而为管理带来很多方便。

当然，这种特性也有不利的一面。例如，少数羊受惊奔跑，其他羊也会跟上狂奔。如果前面的羊不幸跌下山崖，后面的羊也可能会随之跳行；在我国西北牧区，曾发生过上千只羊因受惊而跃下山崖的事件。因此，在管理上要注意防范，如果发现个别的羊经常离群或掉队，往往是生病或是年老体弱所致。

舍饲羊合群性要差一些，不同圈舍的母羊合并后，开始可能会发生一些打斗，几天后就会和睦相处。但体型、体质相差较大的羊最好不要放在一起，成年公羊凶悍好斗，最好单圈饲养。如果把两只或两只以上的成年公羊放在一起，往往会因经常打斗而造成严重伤害。

羊的种类不同，其合群性也有差别。粗毛羊合群性强，细毛羊次之，半细毛羊及长毛种半细毛羊、肉羊合群性最差。绵羊、山羊二者比较，山羊比绵羊的合群性更强。

2. 采食能力强

羊是草食动物，可采食多种植物。羊具有薄而灵活的嘴唇和锋利的牙齿，齿利舌灵，上唇中央有一纵沟，下颚门齿向外有一定的倾斜度。这种结构十分有利于采食地面矮草、灌木嫩枝。在马、牛放牧过的牧场上，只要不过牧，还可用来放羊；马、牛不能放牧的短草草场上，羊生活自如。羊能利用多种植物性饲料，对粗纤维的利用率可达50%～80%，适应在各种牧地上放牧。羊对半荒漠地牧草的利用率可达65%，而牛仅为34%。羊对杂草的利用率达95%。

山羊与绵羊的采食姿势略有不同，绵羊喜欢低头采食，而山羊采食时是"就高不就低"，只要有较高的植物，就昂起头从高处采食；相比之下山羊还比绵羊的采食性更广更杂，除采食各种杂草外，还偏爱灌木枝叶和野果，喜欢啃树皮，若管理不善对林木果树有破坏作用。不适于绵羊放牧的灌木丛生的山区丘陵，可供山羊放牧。利用这种特点，能有效地防止灌木的过分生长，具有生物调节者的功能。

羊最喜欢吃那些多汁、柔嫩、略带甜味或苦味的植物。羊爱清洁，有高度发达的嗅觉，遇到有异味或被污染的草料和饮水，宁可忍饥挨渴也不愿食用，甚至连它自己践踏过的饲草都不吃。

⚠️ **【注意】** 这就要求饲养管理要细心，每次喂羊，饲槽要清扫，饮水要勤换。

3. 羊喜干燥，怕湿热

绵、山羊均适宜在干燥、凉爽的环境中生活。羊最怕潮湿的草场和圈舍。在羊的放牧地和栖息场所都以干燥为宜。在潮湿的环境下，羊易发生寄生虫病和腐蹄病，同时毛质降低，脱毛加重。山羊对高温高湿环境的适应性明显高于绵羊，在我国南方夏季高温高湿的气候条件下，山羊仍然能够正常的生活和繁殖。

4. 性情温驯，胆小易惊

羊性情温驯，在各种家畜中是最胆小的畜种，无自卫能力，易招致兽害，其中绵羊比山羊的性格更显温驯。突然的惊吓，容易"炸群"。羊一受惊就不易上膘，所以管理人员平常对羊要和蔼，不应高声吆喝、扑打，同时也要防狼、狗等窜入羊群引起惊吓。

5. 怕热不怕冷

由于羊被毛较厚，散热较慢，夏季炎热时，常有"扎窝子"现象，即绵羊将头部扎在另一只绵羊的腹下取凉，互相扎在一起，越扎越热，越热越扎，挤在一起，很容易使羊受伤或中暑。所以，夏季放牧绵羊时应设置防暑措施，防止扎窝子，要使绵羊休息乘凉，羊场要有遮阴设备，可栽树或搭遮阴棚。所以，夏季应设置防暑降温措施，早牧晚回，中午休息时应设遮阴棚或把羊群赶到树

荫下。

6. 抗病能力强

总的来说，羊的抗病力较强。但不同品种的羊其抗病力强弱又有所不同。一般来说，粗毛羊的抗病力比细毛羊和肉用品种羊要强，山羊的抗病力比绵羊强。羊对疾病的反应不像其他家畜那么敏感，在发病初期或遇小病时，往往不易表现出来。等到有明显的症状表现时，往往疾病已经很严重了。体况良好的羊对疾病有较强的耐受能力，病情较轻的羊一般不表现症状，有的甚至临死前还能勉强跟群吃草。因此，在放牧和舍饲管理中必须细心观察，才能及时发现病羊。如果等到羊已停止采食或反刍时再进行治疗，疗效往往不佳，会给生产带来很大损失。因此，管理人员应随时留心观察羊群，发现有病及时治疗。

7. 羊对环境的适应性强

绵、山羊对外界各种气候条件具有良好的适应性。我国广大养羊地区往往是一些干旱、贫瘠、荒漠地区，自然条件十分恶劣，而且草料的供给受季节性影响很大。但是羊却能顽强地生活下来，表现出很强的耐粗饲、耐饥渴、耐炎热、耐严寒及抗病力。这些能力的强弱，不仅直接左右羊的生产力发挥，同时也决定各品种羊的发展命运。

肉羊最适宜的环境条件是：母绵羊适宜温度为 $7 \sim 24℃$，最适温度为 $13℃$。初生羔羊适宜温度为 $24 \sim 27℃$。哺乳羔羊适宜温度为 $5 \sim 21℃$，最适宜温度为 $10 \sim 15℃$。肉羊羊舍或其周围环境湿度以 $50\% \sim 70\%$ 为宜。气流冬季应为 $0.1 \sim 0.2 m/s$，夏季应加大气流速度。

【提示】 不同羊的品种对环境的适应范围不同，在进行羊的引种时一定要了解原产地的自然环境条件。羊在新引入地与原产地的纬度、海拔、气候、饲养管理等方面相差不大，引种容易成功，生产性能能充分表现。否则，引种就不易成功，生产性能就会大大下降。

一　消化器官的特点

1. 羊胃

羊是反刍动物，是有四个胃室的复式胃。四个胃室总容量平均为 30L 左右。第一个胃叫瘤胃，其作用主要是物理性消化和生物性消化。物理性消化主要是依靠瘤胃壁强大的纵形肌环的强有力地收缩和松弛，进行节律性蠕动，以搅拌食物；生物性消化主要依靠瘤胃内的微生物起作用，瘤胃微生物包括细菌和纤毛虫，起主导作用的是细菌，瘤胃像一个连续接种的活体发酵罐，为微生物的繁殖创造了适宜的条件，反过来瘤胃微生物对羊又有营养作用，二者实际上是"共生作用"。第二个胃叫网胃，为球形，内壁分隔成很多网格如蜂巢状，故又称蜂巢胃。第一个胃和第二个胃紧连在一起，它们的消化生理作用基本相似。除了机械作用外，胃内有大量的微生物活动，以分解消化食物。第三个胃叫瓣胃，内壁有无数纵列的褶膜，对食物进行机械性压榨作用。第四个胃叫皱胃，为圆锥形，由胃壁的胃腺分泌胃液，主要是盐酸和胃蛋白酶。饲料在胃液的作用下进行化学性消化。前三个胃由于没有腺体组织，合称为前胃，第四个胃叫皱胃，由于能分泌消化液，又称真胃，皱胃分泌的消化液主要含有盐酸、胃蛋白酶和凝乳酶，并有少量黏液。与单胃动物比较，羊皱胃胃液的盐酸浓度较低，凝乳酶含量较多。在胃蛋白酶作用下，蛋白被分解。凝乳酶在羔羊期含量高，有利于乳汁在胃内消化。皱胃胃液的酸性，不断地杀死来自瘤胃的微生物。微生物蛋白质被皱胃的蛋白酶初步分解。在羊的四个胃中，瘤胃容积最大，各胃容积占复胃总容积的比率见表 2-2。

表 2-2　羊各胃容积的比率（%）

羊别	瘤胃	网胃	瓣胃	皱胃
绵羊	78.7	8.6	1.7	11.0
山羊	86.7	3.5	1.2	8.6

羔羊出生时其瘤胃、网胃不发达，结构还不完善，没有建立微

生物区系，作用不大，只有第四个胃起作用。羔羊哺乳乳汁不接触前三个胃的胃壁，靠食道沟的闭锁作用，直接到达第四个胃。靠皱胃来消化食物（乳汁）。随着日龄的增长，瘤胃和网胃发育加快，而皱胃发育较慢。正常饲养条件下，2月龄羔羊的瘤胃的容积是皱胃的2倍，5月龄时已是皱胃的4倍，成年时则达5.7倍。瘤胃和网胃的迅速发育使其对青绿饲料、粗饲料的消化能力逐渐增强，到5月龄时已具备成年羊的功能。

> 【提示】 提早给羔羊补喂植物性饲料（特别是干草），并将母羊反刍食糜取出，挤出液汁拌入奶中喂给羔羊（接种瘤胃微生物），可使羔羊提早具备成年羊的消化功能。成熟的瘤胃可借助微生物对饲草、饲料进行初消化，然后经反刍等环节后被羊体吸收。

2. 羊小肠

小肠是羊消化吸收的主要器官，成年羊的羊小肠长约25m左右，细长而曲折，约为体长的25倍。小肠能产生各种重要的消化酶，如蛋白酶、脂肪酶、转糖酶。当酸性的胃内容物进入小肠后，经各种消化酶的化学性消化作用，被分解为各种简单的营养物质而被小肠绒毛膜吸收。未被消化的食物，由于小肠的蠕动而被推进到大肠。

3. 羊大肠

大肠较小肠短，主要功能是吸收水分和形成粪便。凡小肠未消化的营养物质，也可在大肠微生物和由小肠液带入大肠的各种酶的作用下分解、消化和吸收，剩余渣滓则随粪便排出体外。

二 羊的反刍机能

反刍是由于粗糙食物刺激网胃、瘤胃前庭和食管沟的黏膜，产生复杂的神经反射，引起逆呕，而将食物返回口腔，进行再咀嚼、再混合唾液和再吞咽的过程。

反刍是周期性的。在食入饲料40~70min即出现第一次反刍周期。每次反刍平均持续40~60min，有时可达1.5~2.0h。反刍次数多少与饲料的种类有密切关系，吃粗料反刍次数多，吃混合精料则

12

次数少。绵羊每天反刍时间约为放牧采食时间（8~10h）的3/4，为舍饲采食时间（3~4h）的1.6倍。

反刍是羊的重要生理机能。当羊有病、过度疲劳、过度兴奋或受外来强烈刺激时，都可引起反刍和瘤胃运动减弱或停止。反刍一旦停止，食物滞留在瘤胃中，往往由于发酵所产生的气体排不出去而引起膨胀。

第三章
羊的品种

我国绵羊、山羊品种资源十分丰富，已列入国家级品种志的绵羊品种有30个、山羊品种有23个。但不同品种的生产性能、产品品质及养殖效益有较大差异。

第一节　我国主要山羊品种

一　地方良种

1. 马头山羊

马头山羊产于湖南、湖北的西北部山区，现已分布到陕西、河南、四川等省，具有性早熟、繁殖力高、产肉性能和板皮品质好等特征，是我国南方山区优良的肉用山羊品种之一。

(1) 外貌特征　马头山羊的公、母羊均无角，头较长而大小中等，头形类似马头，故名叫马头山羊。被毛颜色以白色短毛为主，有少量的黑色和麻色。在颈下和后大腿部以及腹侧生有较长粗毛，公羊4月龄后额顶部长出长毛（雄性特征），可生长到眼眶下缘，长久不脱，去势1个月后就全部脱光，不再复生。体躯呈长方形，骨骼结实，结构匀称。背腰平直，臀部宽大，尻部微斜，尾短而上翘。母羊乳房发育良好，四肢结实有力，肢势端正，蹄质坚实（彩图2）。

(2) 生产性能　成年公羊的平均体重为43.8kg，母羊为33.7kg，羯羊为47.4kg；周岁羯羊为34.7kg。成年羊屠宰率平均为62%。早期肥育效果好，可生产肥羔肉，肉质鲜嫩、膻味小。板皮品质良好，张幅大。所产粗毛洁白、均匀，可制作毛笔、毛刷。该羊繁殖性能高、性成熟早，公羊8～10月龄，母羊6～7月龄开始繁殖。母羊1年可产2胎，初产母羊多产单羔，经产母羊多产双羔。产羔率为191.9%～200.3%，母羊有3～4个月的泌乳期。

2. 成都麻羊

成都麻羊又称四川铜羊，主要分布在四川省成都平原和邻近的丘陵与低山地区，现已分布到四川大部分县（市）以及湖南、湖北、广东、广西、福建、河南、河北、陕西、江西、贵州等地，与当地山羊杂交，改良效果好。

（1）外貌特征 全身被毛短而有光泽，毛色分为赤铜色、麻褐色和黑红色3种类型。单根毛纤维上、中、下段颜色分别为黑、棕红、灰黑色，整个被毛棕黄带黑麻，故名麻羊。公、母羊大多有角，有须。沿颈、肩、背、腰至尾根，肩甲两侧至前臂，各有一条黑色毛带，形成"十"字架形结构。公羊前躯发达，体态雄健，体形呈长方形；母羊背腰平直，后躯深广（彩图3）。

（2）生产性能 成年公羊的体重为43.0kg，母羊为32.6kg；性成熟早，常年发情，母羊的初配年龄为8月龄，公羊为10月龄。母羊发情周期20天，发情持续期为36～64h，妊娠期为148±5天，产后第一次发情时间为40天左右。母羊终年均可发情，但以春、秋两季发情最为明显。1年产2胎或2年产3胎，胎产双羔的占2/3以上，高的可产3～4羔。成都麻羊生长快，夏、秋季抓膘能力强，周岁羯羊宰前体重为26.3kg，成年羯羊为42.8kg，屠宰率分别为49.8%和54.3%。板皮品质良好，板皮致密、弹性良好、质地柔软、耐磨损。周岁羯羊板皮面积在5000cm^{2}以上，成年羊为6500～7000cm^2。

3. 建昌黑山羊

建昌黑山羊主要分布在四川省凉山彝族自治州的会理县、会东县等地。

（1）外貌特征 建昌黑山羊的被毛有长短之分，毛色以黑色为主，也有黄、白、灰或杂色，被毛有光泽。公、母羊均有角，公羊角粗大，呈镰刀状，母羊角小。大多数羊有髯，少数羊颈下有肉垂。

体格中等，头呈三角形，鼻梁平直，两耳向侧上方平伸。体躯结构匀称、紧凑，呈长方形，骨骼结实，四肢健壮有力，活动灵活。

（2）生产性能 建昌黑山羊公羔和母羔初生重分别为2.49kg和2.32kg；周岁公、母羊体重分别为27.37kg和25.03kg；成年公、母羊体重分别为38.42kg和35.49kg。周岁公羊屠宰率为45.9%，净肉率为31.69%；母羊屠宰率为46.68%，净肉率为32.73%；成年羯羊屠宰率为52.94%，净肉率为38.75%；成年母羊屠宰率为48.36%，净肉率为34.49%。

建昌黑山羊性成熟较早，母羊4~5月龄初次发情，7~8月龄开始配种，四季发情，发情周期为15~20天，发情持续期为24~72h；公羊7~8月龄性成熟，初配年龄应在周岁以后。完全放牧状态下，平均年产1.5胎。

4. 长江三角洲白山羊

本羊品种主要分布在江苏的南通、苏州、扬州，上海郊县和浙江的嘉兴、杭州等地，是我国生产笔料毛的山羊品种。

（1）外貌特征 被毛白色，短且直，公羊肩胛前缘、颈和背部毛较长，富光泽，绒毛少。羊毛洁白，挺直有峰，弹性好，是制毛笔的优质原料。该羊体型中等偏小，头呈三角形，面微凹。公、母羊均有角，向后上方八字形张开，公羊角粗，母羊角细短。公母羊颌下均有髯。前躯较窄，后躯稍宽，背腰平直。

（2）生产性能 成年公羊体重为28.6kg，母羊为18.4kg，羯羊为16.7kg；初生公羔体重为1.2kg，母羔为1.1kg，当地群众喜吃带皮山羊肉。羯羊肉质肥嫩，膻味小。所产板皮品质好，皮质致密、柔韧、富光泽。该羊性成熟早，母羊6~7月龄可初配，经产母羊多集中在春秋两季发情。2年产3胎，初产母羊每胎1~2羔，经产母羊每胎2~3羔，最多可达6羔，产羔率为228.6%。

5. 板角山羊

板角山羊因有一对长而扁平的角而得名，原产于重庆的万源市、城口县、巫溪县和武隆县，与陕西、湖北及贵州等省接壤的部分地区也有分布。

（1）外貌特征 板角山羊大部分全身被毛白色，公羊毛粗长，母羊毛细短。头部中等，鼻梁平直，额微凸。公、母羊均有角，角先向后再向下前方弯曲，公羊角宽大、扁平、尖端向外翻卷。公、母羊均有须，无肉垂。体躯呈圆筒状，背腰平直，四肢粗壮，蹄质坚硬（彩图4）。

（2）生产性能　板角山羊产肉性能好，成年公羊平均体重为40.5kg，母羊为30.3kg，2月龄断奶公羔体重为9.7kg，母羔为8.0kg，成年羯羊宰前体重为38.8kg，屠宰率为55.7%。板皮弹性好，质地优良，张幅大。6~7月龄性成熟，一般2年产3胎，高山寒冷地区1年产1胎。产羔率为184%。

6. 宜昌白山羊

宜昌白山羊分布于湖北宜昌市和恩施土家族苗族自治州，毗邻的湖南、四川等省也有分布。

（1）外貌特征　宜昌白山羊的公、母羊均有角，背腰平直，后躯丰满。被毛白色，公羊毛长，母羊毛短，有的母羊背部和四肢上端有少量的长毛（彩图5）。

（2）生产性能　成年公羊体重平均为35.7kg，母羊为27.0kg。板皮呈杏黄色，厚薄均匀，致密，弹性好，油性足，具有坚韧、柔软等特点。周岁羊屠宰率为47.41%，2~3岁羊为56.39%。肉质细嫩，味鲜美。性成熟早，4~5月龄性成熟，年产2胎者占29.4%，2年产3胎者占70.6%，1胎产羔率为172.7%。

7. 黄淮山羊

黄淮山羊分布于黄河、淮河流域的河南、安徽、江苏三省的交界处。具有分布面积广、数量多、耐粗饲、抗病力强、性成熟早、繁殖率高、产肉性能好、板皮品质优良等特性。

（1）外貌特征　被毛为白色，粗毛短、直且稀少，绒毛少。分有角和无角两种类型，公羊角粗大，母羊角细长，呈镰刀状向上后方伸展。头偏重，鼻梁平直，面部微凹，公、母羊均有须。体躯较短，胸较深，背腰平直。肋骨开张呈圆筒状，结构匀称，尻部微斜，尾粗短上翘，蹄质坚实。母羊乳房发育良好，呈半球状。

（2）生产性能　黄淮山羊的肉质好，瘦肉率高。成年公羊体重为4~7kg，成年母羊为23~27kg。羔羊初生重平均为1.86kg；2月龄断奶重平均为 6.84kg；羔羊 3~4 月龄屠宰体重为 7.5~12.5kg，屠宰率可达 60%；7~8 月龄羯羊活重为 16.65~17.40kg，屠宰率为 48.79%~50.05%，净肉率为 39% 左右；成年羯羊宰前体重平均为 26.32kg，屠宰率 45.90%~51.93%；所产板皮致密、毛孔细小，分层多而不破碎、拉力强而柔软、韧性大，弹力高，是优质制革原料。

黄淮山羊性成熟早，母羔出生后 40~60 天即可发情，4~5 月龄配种，9~10 月龄可产第一胎。妊娠期 145~150 天，母羊产后 20~40 天发情，1 年可产 2 胎。母羊全年发情，以春秋季最为旺盛，发情周期 15~21 天，持续期 1~2 天，产羔率为 227%~239%。

8. 辽宁绒山羊

辽宁绒山羊主产于辽东半岛，是我国现有产绒量高、绒毛品质好的绒用山羊品种。

(1) 外貌特征 公、母羊均有角，头小，有髯，额顶长有长毛，背平直，后躯发达，蹄质结实，四肢粗壮，被毛纯白色。

(2) 生产性能 辽宁绒山羊产绒性能好，每年 3~4 月的抓绒量为：成年公羊平均抓绒量为 570g，个别达 800g 以上，母羊为 320g。个体间抓绒量差异较大。其还有一定的产毛能力。成年公羊宰前体重为 48.3kg，屠宰率为 50.9%，母羊分别为 42.8kg 和 53.2%。公、母羊 5 月龄性成熟，一般在 18 月龄初配，母羊发情集中在春秋两季，产羔率为 118.3%。

内蒙古绒山羊产于内蒙古西部，分布于二郎山地区、阿尔巴斯地区和阿拉善左旗地区，是我国绒毛品质最好、产绒量高的优良绒山羊品种。根据被毛长短分长毛型和短毛型两种类型。

(1) 外貌特征 公、母羊均有角，有须，有髯。被毛多为白色，约占 85% 以上，外层为粗毛，内层为绒毛，粗毛光泽明亮、纤细柔软（彩图 6）。

(2) 生产性能 成年公羊平均剪毛量为 570g，母羊为 257g。绒毛纯白，品质优良，历史上以生产哈达而享誉国内外。成年公羊平均抓绒量为 400g，最高达 875g，母羊为 360g。产肉能力较强，肉质细嫩，脂肪分布均匀，膻味小，屠宰率为45%~50%，羔羊早期生长发育快、成活率高。母羊繁殖力低，年产1胎，产羔率为102%~105%。母羊有7~8个月的泌乳期，日产量为0.5~1.0kg。

10. 中卫山羊

中卫山羊，又叫沙毛山羊，是我国独特而珍贵的裘皮用山羊品种。产于宁夏的中卫市、中宁县、同心县、海原县，甘肃中部和内蒙古阿拉善左旗地区。

(1) 外貌特征 中卫山羊的毛色绝大部分为白色，杂色较少。初生羔羊至1月龄羊，被毛呈波浪形弯曲，随着年龄的增长，羊毛逐渐与其他山羊一致，成年羊被毛由略带弯曲的粗毛和两型毛组成。体格中等，身短而深，近似方形。公、母羊大多有角，公羊的角粗长，向后上方向外伸展；母羊角较小，向后上方弯曲，呈镰刀状。成年羊头部清秀，鼻梁平直，额前有长毛一束，面部、耳根、四肢下部均长有波浪形的毛。公羊前躯发育良好，背腰平直，四肢端正；母羊体格清秀（彩图7）。

(2) 生产性能 中卫山羊以生产沙毛皮而著名，羔羊在35日龄时屠宰所得毛皮品质最佳，此时毛股的自然长度为7.5cm，伸直长度达9.2cm。冬羔裘皮品质优于春羔。成年羊每年产毛量、抓绒量各一次，剪毛量低，公羊平均为400g，母羊为300g；公羊抓绒量为164~240g，母羊为140~190g。还有较好的肉、乳生产能力，二毛羔羊平均屠宰率为50%，成年羯为45%，肉质细嫩，膻味小。母羊有6~7个月的泌乳期，日产奶量为0.3kg。母羊集中在7~9月发情，产羔率为103%。

11. 济宁青山羊

济宁青山羊是我国独有、世界著名的猾子皮山羊品种，原产鲁西南的济宁和菏泽两市，主要分布在嘉祥、梁山、金乡、巨野、汶上等县。济宁青山羊是鲁西南人民长期培育而成的畜牧良种，对当地的自然生态环境有较强的适应性，抗病力强。

(1) 外貌特征 济宁青山羊具有"四青一黑"的特征，即被毛、嘴唇、角和蹄为青色，前膝为黑色。被毛细长亮泽，由黑、白两色毛混生而成青色，故称之为青山羊。因被毛中黑、白两色毛的比例不同，又可分为正青色（黑毛数量占30%～60%）、粉青色（黑毛数量占30%以下）、铁青色（黑毛数量占60%以上）3种。该羊体格较小，俗称狗羊，体型紧凑。头呈三角形，额宽，鼻直，额部多呈淡青色，公羊头部有卷毛，母羊则无。公、母羊均有角，公羊角粗长，向后上方延伸；母羊角细短，向上向外伸展。公羊颈粗短，前胸发达，前高后低；母羊颈细长，后躯较宽。四肢结实，肌肉发育良好，尾小、上翘（彩图8）。

（2）生产性能　济宁青山羊是我国著名的猾子皮山羊品种，生后3天内屠宰的羔羊皮具有天然青色和美丽的波浪状、流水状或片状花纹，板轻、美观，毛色纯青，有良好的皮用价值。成年羊产毛量为0.15～0.3kg，产绒量为40～70g。体型较小，初生羔羊公羊体重为1.41kg，母羊为1.33kg；断奶公羊重为6.35kg，母羊为6.00kg；周岁公羊体重为18.7kg，母羊为14.4kg；成年公羊体重为36kg，胴体重为10～15kg，屠宰率为50%～60%，母羊胴体重为8～13kg，屠宰率为50%～55%。

该品种性成熟早，繁殖力强。初次发情为3～4月龄，最佳的配种时间为8～10月龄。母羊1周岁即可产第1胎。1年产2胎或2年产3胎，经产山羊的产羔率为294%。济宁青山羊四季发情，发情周期为15～17天，发情持续时间为1～2天，妊娠期平均为146天。

12. 雷州山羊

原产于广东湛江徐闻县，分布于雷州半岛和海南岛一带。雷州山羊是我国亚热带地区特有的山羊品种，其来历尚无考证，但产区素有养羊习俗，在当地生态条件下，经多年选育形成适应于热带生态环境的山羊品种，以产肉和板皮质量优良而出名。

海南省引进该品种羊之后，进行选择培育，形成了自己的地方山羊品种羊——海南黑山羊（彩图9）。

（1）外貌特征　雷州山羊的被毛为黑色，个别为褐色或浅黄色，角和蹄为黑褐色。黄色羊除被毛黄色外，背线、尾部及四肢前端多为黑色或者黑黄色。公、母羊均有角，公羊角粗大，向外向下弯曲；母羊角小，向上向后伸展。公、母羊大多有髯。公羊体型高大，呈长方形。母羊体格较小，颜面清秀，颈较长，背腰平直，乳房发育良好，呈圆形。按体型分为高脚型和矮脚型两种，高脚型体高，腹部紧，乳房不够发达，多产单羔，喜走动，吃灌木枝叶；矮脚型则体矮，骨细，腹大，乳房发育良好，生长快，多产双羔，不择食。

（2）生产性能 公羔初生重为2.3kg，母羔为2.1kg，1周岁公羊体重为31.7kg，母羊为28.6kg；2岁公羊体重为50.0kg，母羊为43.0kg，羯羊为48.0kg；3岁公羊体重为54.0kg，母羊为47.7kg，羯羊50.8kg；成年公羊体重为45～53g，成年母羊体重为38～45kg。成年羊屠宰率为50%～60%，肥育羯羊达70%。母羊性成熟早，一般4月龄性成熟，8～10月龄可以配种，1岁可产羔。一年四季发情，但春秋两季发情较旺盛，发情症状明显，发情周期为18天，发情持续1～3天。1年产2胎或者2年产3胎，每胎1～2羔，多者5羔，产羔率为150%～200%。母羊7～8岁、公羊为4～6岁时配种率最高。

三 培育品种

1. 南江黄羊

南江黄羊主产于四川省南江县，由四川省南江县畜牧局等7个单位联合培育，1998年4月被农业部批准正式命名。目前已经推广至全国大部分省市，对各地山羊的改良效果比较明显。

南江黄羊不仅具有性成熟早、生长发育快、繁殖力高、产肉性能好、适应性强、耐粗饲、遗传性稳定的特点，而且肉质细嫩、适口性好、板皮品质优。南江黄羊适宜于在农区、山区饲养。

（1）外貌特征 南江黄羊的躯干被毛呈黄褐色，但面部毛色较深，呈黄黑色，鼻梁两侧有一对黄白色条纹，从头顶枕部沿脊背至尾根有一条宽窄不一的黑色条带。公羊前胸、颈下毛色黑黄，较粗较长，四肢上端生有黑色粗长毛。公母羊均有胡须，部分有肉髯。头大小适中，耳大且长，耳尖微垂，鼻梁微拱。公母羊分有角、无角两种类型，其中有角的占61.5%，无角的占38.5%，角向上、向后、向外呈"八字形"，公羊角多呈弓状弯曲。公羊面部丰满，颈粗短，母羊颜面清秀、颈细长。公母羊整个身躯近似圆筒形，颈肩结合良好，背腰平直，前胸宽阔，尻部略斜，四肢粗壮，蹄质坚实，蹄呈黑黄色（彩图10）。

（2）**生产性能** 成年公羊体重为 61.56kg；成年母羊体重为 41.2kg。初生公羔体重为 2.3kg，母羔为 2.1kg，周岁公羊重为 32.2～38.4kg，母羊重为 27.78～27.95kg；在放牧条件下，周岁屠宰率为 49%，净肉率为 73.95%。母羊常年发情并可配种受孕，8 月龄可初配，母羊可年产 2 胎，双羔率在 70% 以上，多羔率为 13.5%。

2. 关中奶山羊

关中奶山羊因产于陕西省关中地区而得名。主要分布在陕西省关中地区。其是我国奶山羊中的著名优良品种。

（1）**外貌特征** 公羊头大颈粗，胸部宽深，腹部紧凑，母羊颈长、胸宽，背腰平直，乳用特征明显。具有"头长、颈长、体长、腿长"的特征，群众俗称"四长羊"。被毛粗短，白色，皮肤粉红，有的羊有角、有肉垂（彩图 11）。

（2）**生产性能** 成年公羊体重为 78.6kg，母羊为 44.7kg。公母羊均在 4～5 月龄性成熟，一般 5～6 月龄配种，发情旺季为 9～11 月，以 10 月份最甚，产羔率为 178.0%。第一胎平均泌乳量为 305.7kg，泌乳期为 242.4 天；第二胎相应为 379.3kg，244.0 天；第三胎 419.2kg，253.9 天。第一胎以第三个泌乳月奶量最高，第二、三胎则以第二个泌乳月奶量最高。

3. 崂山奶山羊

崂山奶山羊原产于山东省胶东半岛，主要分布于崂山及周边区市，是崂山一带群众经过多年培育形成的一个产奶性能高的地方良种，是中国奶山羊的优良品种之一。

（1）**外貌特征** 崂山奶山羊体质结实，结构匀称，公母羊大多无角，胸部较深，背腰平直，耳大而不下垂，母羊后躯及乳房发育良好，被毛白色（彩图 12）。

（2）**生产性能** 成年公羊平均体重为 75.5kg，母羊为 47.7kg。羔羊 5 月龄性成熟，7～8 月龄体重 30.0kg 以上可初配。产羔率为 180%。第一胎平均泌乳量为 557.0kg，第二、三胎平均为 870.0kg，泌乳期一般为 8～10 个月，乳脂率为 4%。成年母羊屠宰率为 41.6%，6 月龄公羔为 43.4%。

三 引进品种

1. 波尔山羊

波尔山羊是目前世界上最著名的肉用山羊品种。原产于南非的干旱亚热带地区,以后被引入德国、新西兰、澳大利亚、美国和德国等国,我国于1995年开始先后从德国、南非引入本品种,现在在全国各地均有分布。波尔羊体质强壮,适应性强,善于长距离放牧采食,适宜于灌木林及山区放牧,适应热带、亚热带及温带气候环境饲养。抗逆性强,能防止寄生虫感染。波尔山羊具有性成熟早,繁殖力强,生长发育快等特点,如果与地区山羊品种杂交,能显著提高后代的生长速度及产肉性能。

(1) 外貌特征 体躯被毛为白色,短毛或中等长毛,在头颈部为大块红棕色,但不超过肩部。鼻梁为白色毛带。公母羊均有粗大的角,耳宽、长、下垂,鼻梁微隆。体格大,四肢较短,发育良好。体躯长而宽深,胸部发达,肋骨开张,背腰宽平,腿臀部丰满,具有良好的肉用体型(彩图13)。

(2) 生产性能 波尔羊产肉性能和胴体品质均较好。南非的波尔羊,羔羊初生重平均为4.2kg,成年公羊体重为80~100kg,母羊为60~75kg;澳大利亚波尔羊成年公羊体重为105~135kg,母羊为90~100kg。南非波尔羊100日龄断奶体重,公羔平均重为32.3kg,母羔平均为27.8kg;澳大利亚波尔羊公羔平均为25.6kg,日增重200g以上。8~10月龄屠宰率为48%,周岁至成年可达50%~60%。肉质细嫩,风味良好。母羊性成熟早,8月龄即可配种产羔。可全年发情,但以秋季为主。在自然放牧条件下,50%以上母羊产双羔,5%~15%产三羔。泌乳力高,每天约产奶2.5L。

2. 萨能奶山羊

原产于瑞士阿尔卑斯山区的柏龙县萨能山谷地带,是世界上最优秀的奶山羊品种之一,是奶山羊的代表型。现有的奶山羊品种几乎半数以上程度不同的含有萨能奶山羊的血缘。现在几乎遍布全世界,我国主要集中在黄河中下游,以山西、山东、陕西、河北等地居多。

(1) 外貌特征 具有典型的乳用家畜体型特征,后躯发达。被毛纯白色，偶有毛尖呈淡黄色。毛细而短，皮薄而柔软，皮肤呈肉色，多数羊无角有须，有的有肉垂。母羊颈偏长，公羊颈粗壮。体格高大，头、颈、背腰、四肢较长，结构匀称，细致紧凑。姿势雄伟，体躯修长，尻部略斜，胸部宽广，肋骨拱圆，腹大而不下垂。蹄质坚实，呈蜡黄色。母羊乳房质地柔软，附着良好，呈方圆形（彩图 14）。

（2）生产性能 成年公羊体重为 75～100kg，最高为 120kg；母羊为 50～65kg，最高为 90kg。母羊泌乳性能良好，泌乳期 8～10 个月，产奶量为 600～1200kg。各国条件不同其产奶量差异较大，最高个体产奶记录为 3430kg。产羔率一般为 170%～180%，高者可达 200%～220%。

3. 吐根堡奶山羊

原产于瑞士东北部圣加冷州的吐根堡盆地。由于能适应各种气候条件和放牧管理，体质结实，泌乳力高，风土驯化能力强，而被大量引入欧、美、亚、非及大洋洲许多国家，进行纯种繁育和改良地方品种。我国在抗日战争前曾有外侨引入该种，1982 年四川成都又引入少量该种，分别饲养在山西、四川等地，现除晋南有少量杂种外，别处无此种羊（彩图 15）。

（1）外貌特征 体型与萨能羊相近，被毛呈浅或深褐色，有长毛种和短毛种两种类型。颜面两侧各有一条灰白条纹。公、母羊均有须，多数无角，四肢下部的白色"靴子"和浅色乳镜是该品种的典型特征。体格比萨能奶山羊略小。

（2）生产性能 成年公羊平均体重为 99.3kg，母羊为 59.9kg。泌乳期平均为 287 天，泌乳量为 600～1200kg。各地产奶量有差异，最高个体产奶记录为 3160kg。羊奶品质好，膻味小。吐根堡奶山羊体质健壮，遗传特性稳定，耐粗饲，耐炎热，比萨能羊更能适应舍饲，更适合南方饲养。

4. 努比亚奶山羊

努比亚奶山羊是世界著名的乳用山羊品种之一，原产于非洲东北部的埃及、苏丹及邻近的埃塞俄比亚、利比亚、阿尔及利亚等国，在英国、美国、印度、东欧及南非等国都有分布。20 世纪 80 年代中后期，广西壮族自治区马山县、四川省简阳市、湖北省房县从英国和澳大利亚等国引入该种饲养。努比亚奶山羊原产于干旱炎热地区，因而耐热性好，深受我国养殖户的喜爱。

（1）外貌特征 头较短小，鼻梁隆起，耳宽、长、下垂，颈长、肢长、体躯较短，公、母羊均无角无须。毛色较杂，有暗红、棕红、黑色、灰色、乳白色以及各种斑块杂色，以暗红色居多，被毛细短、有光泽（彩图16）。

（2）生产性能 成年公羊体重为 60～75kg，母羊为 40～50kg。泌乳期为 5～6 个月，盛产期日产奶为 2～3kg，高的可达 4kg 以上，含脂率较高，为 4%～7%。

5. 安哥拉山羊

安哥拉山羊是世界上最著名的毛用山羊品种。原产于土耳其首都安卡拉（旧称安哥拉）周围地区。安哥拉山羊毛长而有光泽，弹性大，且结实，国际市场上称之为"马海毛"，用于高级精梳纺，是羊毛中价格最昂贵的一种。1881 年起土耳其皇室曾宣布禁止该山羊品种出口，但在此以前已被南非和美国引进，后又扩散到阿根廷、澳大利亚和俄罗斯等国家饲养。西欧一些国家引进则未培育获成功。自 1984 年起，我国从澳大利亚引进该品种，目前主要饲养在内蒙古、山西、陕西、甘肃等省（区）。现已在美国、阿根廷、苏联、中国等国饲养。

（1）外貌特征 安哥拉山羊公母羊均有角。四肢短而端正，蹄质结实，体质较弱。被毛纯白，由波浪形毛辫组成，可垂至地面（彩图17）。

（2）生产性能 成年公羊体重为 50.0～55.0kg，母羊为 32.0～35.0kg。美国饲养的个体较大，公羊体重可达 76.5kg。产毛性能高，被毛品质好，由两型毛组成，细度为 40～46 支，毛长为 18～25.0cm，最长达 35.0cm，呈典型的丝光。一年剪毛两次，每次毛长可达 15.0cm，成年公羊剪毛为 5.0～7.0kg，母羊为 3.0～4.0kg，最高剪毛量为 8.2kg。羊毛产量以美国为最高，土耳其最低，净毛率为 65%～85%。生长发育慢，性成熟迟，到 3 岁才发育完全。产羔率为 100%～110%，少数地区可达 200%。母羊泌乳力差。流产是繁殖率低的主要原因。由于个体小而产肉少。

第二节 我国主要绵羊品种

一 地方良种

1. 大尾寒羊

大尾寒羊主要分布在河南、河北、山东部分地区，产区为华北平原的腹地。

（1）外貌特征 大尾寒羊头略显长、鼻梁隆起，耳大、下垂。产于山东、河北的公母羊均无角，产于河南的公母羊均有角。四肢粗壮，蹄质结实，被毛大部分为白色，杂色斑点较少。

（2）生产性能 具有一定的产毛能力，一年产毛量 2 ~ 3 次，毛被同质或基本同质，净毛率为 45% ~ 63%。成年公羊平均体重为72kg，母羊为52kg，公羊脂尾重量为 15 ~ 20kg，个别可达为 35kg，母羊脂尾为 4 ~6kg，个别达 10kg。

大尾寒羊早期生长速度快，具有屠宰率高，净肉率高，尾脂多等特点，特别是肉质鲜嫩、味美，羔羊肉深受欢迎。此外，还具有较好的裘皮品质，所产羔皮和二毛皮品质好、洁白、弯曲适中。母羊繁殖力强，常年发情配种，产双羔比例大。

2. 小尾寒羊

小尾寒羊主要分布于河北南部、河南东北部、山东西部，以及安徽、江苏北部，其中，山东西南地区的小尾寒羊质量最好，数量最多，现在已分布于全国 20 多个省、自治区和直辖市。

（1）外貌特征 被毛白色，少数有黑色或褐色并多集中于头、颈、四肢及蹄部的斑点、斑块。鼻梁隆起，耳大、下垂，公羊有螺旋状角，母羊多数有小角或角基。体躯高大结实，四肢较长，前后躯均较发达。脂尾椭圆形，下端有纵沟，一般在飞节以上。

（2）生产性能 小尾寒羊可年剪毛两次，公羊平均剪毛量为3.5kg，母羊为2.1kg，毛被为异质毛，净毛率平均为63%。根据毛被纤维类型组成可分为细毛型、裘皮型和粗毛型。裘皮品质好。小尾寒羊生长发育快，产肉性能高。3 月龄羔羊体重平均为 16.8kg，屠宰率平均为50.6%。公母羊性成熟早,母羊5~6月龄即可发情配种、公羊7~8月龄可开始配种。母羊四季发情,一般1年2胎或2年3胎,多产双羔或三羔,年平均产羔率为260%~270%。

滩羊主要分布于宁夏、甘肃、内蒙古、陕西和宁夏毗邻的地区。主产于宁夏银川附近各县,是我国独特的裘皮用绵羊品种,以生产滩羊二毛皮著称。

(1) 外貌特征 滩羊为蒙古羊的亚型,其体型也近似蒙古羊。滩羊体格中等,体质结实。公羊有角,向外伸展,呈螺旋状;母羊一般无角或有小角。鼻梁稍隆起,耳有大、中、小3种。胸深,背腰平直,四肢端正,蹄质结实。尾为脂尾,尾根部宽,逐渐向下变小,尾头细呈长锥形,且下垂过飞节。被毛体躯一般为白色,头部多为黑色、褐色或黑白相间斑块、毛被中有髓毛细长柔软,无髓毛含量适中,无干死毛,毛股明显,呈长毛辫状。滩羊羔初生时从头至尾部和四肢都长有较长的具有波浪形弯曲的结实毛股。随着日龄的增长和绒毛的增多,毛股逐渐变粗变长,花穗更为紧实美观。到1月龄左右宰剥的毛皮称为"二毛皮"。二毛期过后随着毛股的增长,花穗日趋松散,二毛皮的优良特性即逐渐消失(彩图18)。

(2) 生产性能 滩羊具有良好的毛皮品质,1月龄左右屠宰所得的二毛皮品质好,花案美观,呈典型的"串"字花,毛股弯曲5~7个,皮板弹性好,致密结实,平均厚度为0.7mm,成品平均重为350g。滩羊每年产毛两次,公羊毛股自然长度为11.2cm,母羊为9.8cm,净毛率为65.0%。滩羊肉质细嫩,产肉性能好。放牧条件下,成年羯羊体重为60kg,屠宰率为45%。性成熟早,母羊多集中在8~9月发情,产羔率为101%~103%。

湖羊主产于浙江、江苏的环太湖地区,集中在浙江的吴兴、嘉兴和江苏的吴江等地,湖羊以初生羔羊美观的水波状花纹而著名,是我国特有的羔皮羊品种。

(1) 外貌特征 被毛白色,少数羊的眼睑或四肢下端有黑色或黄褐色斑点,初生羔羊被毛呈美观的水波状花纹。头狭长,耳大而下垂，鼻梁隆起，公、母羊均无角。颈、躯干和四肢细长，肩、胸不够发达，背腰平直，后躯略高，尾呈扁圆形，尾尖上翘偏向一侧（彩图19）。

（2）生产性能 湖羊羔羊1～2日龄屠宰，所得皮板轻薄、毛色洁白如丝、扑而不散等，可加工染成不同颜色，在国际市场上享誉很高。成年羊毛被可分三种类型：绵羊型、沙毛型和中毛型，可织制粗呢和地毯。成年公羊体重为52kg，母羊为39kg。周岁公羊平均体重为35kg，母羊为26kg。成年湖羊屠宰率为40%～50%，肉质细嫩鲜美，无膻味。湖羊性成熟早，个别母羊3月龄发情，6月龄配种；成年母羊常年发情配种。除初产母羊外，一般每胎均在双羔以上，个别可达6～8羔，平均产羔率为245%。

5. 蒙古羊

蒙古羊是我国数量最多、分布最广的绵羊品种，属短脂尾羊，为我国三大粗毛绵羊品种之一。原产蒙古高原，主要分布在内蒙古自治区。此外，东北、华北和西北各地也有不同数量的分布。

（1）外貌特征 蒙古羊在外形上一般表现为头形略显狭长，鼻梁隆起，耳大、下垂。公羊多数有角，为螺旋形，角尖向外伸；母羊多无角或有小角。颈长短适中，胸深，背腰平直，四肢细长而强健。蒙古羊属短脂尾羊。尾长一般大于尾宽，尾尖卷曲呈"S"形。体躯毛被多为白色，头、颈和四肢则多有黑色或褐色斑块。蒙古羊可分牧区型和农区型两种。

（2）生产性能 蒙古羊毛被属异质毛。一年产毛两次，成年公羊年剪毛量为1.5～2.2kg，母羊为1.0～1.8kg。春毛毛丛长度为6.5～7.5cm，净毛率平均为77.3%。蒙古羊以产肉为主，中等膘情羯羊屠宰率在50%以上，6月龄羯羔宰前体重为35.2kg，成年羯羊为67.6kg。蒙古羊繁殖率偏低，1年1胎，大多单羔，双羔率低。

6. 藏绵羊

又称西藏羊，藏绵羊是我国古老的绵羊品种，数量多，分布广，是我国三大粗毛羊品种之一。主要分布于西藏和青海，四川、甘肃、云南和贵州等省也有分布。主要分为高原型和山谷型两大类。另外在不同地区还分化出一些中间或独具特点的类型，如雅鲁藏布型、三江型、欧拉型、甘加型、乔科型、腾冲型和山地型等。

(1) 外貌特征 高原型和山谷型藏绵羊的外貌特征有较大差异。高原型藏绵羊的突出特点是体质结实，体格高大，四肢端正较长，体躯近似方形。公、母羊均有角，公羊角大而粗壮，呈螺旋状向左右平伸；母羊角细而短，多数为螺锥状向外上方斜伸，鼻梁隆起，耳大而不下垂。前胸开阔，背腰平直，十字部稍高，紧贴臀部有扁锥形小尾。体躯被毛以白色为主，呈毛辫结构。山谷型藏绵羊的明显特点是体格小，结构紧凑，体躯呈圆桶状，颈稍长，背腰平直。头呈三角形。公羊多有角，短小，向后上方弯曲，母羊多无角。四肢矫健有力，善爬山远牧，被毛中普遍有干死毛，毛质较差。

(2) 生产性能 高原型藏绵羊成年公、母羊体重分别为51kg、43kg，剪毛量分别为1.4～1.7kg和0.8～1.2kg。其羊毛的特点是毛纤维长，两型毛含量高，光泽和弹性好，强度大，两型毛和粗毛较粗，绒毛比例适中，是纺制长毛绒和地毯的优质原料。1年产1胎，大多产单羔。山谷型绵羊成年公、母羊体重分别为19.7kg和18.6kg，剪毛量分别为0.6kg和0.5kg，毛色杂。

7. 哈萨克羊

哈萨克羊原产于新疆天山北麓、阿尔泰山南麓及准格尔盆地。此外，在新疆以及与甘肃、青海的交界地区也有少量分布，是我国三大粗毛羊品种之一。

(1) 外貌特征 哈萨克羊鼻梁隆起，头中等大，耳大、下垂，公羊角粗大，母羊角小或无角，四肢高而结实，骨骼粗壮，肌肉发育良好，放牧能力强。被毛多为棕红色，尾根周围能沉积脂肪，形成脂臀。

(2) 生产性能 哈萨克羊可春、秋各剪毛一次，公羊年均剪毛量为2.6kg，母羊为1.9kg，净毛率分别为57.8%和68.9%。产肉性能良好，成年羯羊宰前体重为49.1kg，屠宰率为47.6%，脂臀可达2.3kg。成年公羊平均体重为60kg，母羊为45kg。哈萨克羊性成熟早，大多1.5岁初配。一般1年产1胎，多数为单羔，双羔率低。

三 培育品种

1. 中国美利奴羊

中国美利奴羊简称中美羊。中国美利奴羊是我国在引入澳美羊的基础上培育成的第一个毛用细毛羊品种。按育种场所在地区，分为新疆型、军垦型、科尔沁型和吉林型4类。该品种的羊毛产量和质量已达到国际同类细毛羊的先进水平，也是我国目前最为优良的细毛羊品种。目前主要分布在内蒙古、新疆、辽宁、河北、山东、吉林等省。

(1) 外貌特征 中国美利奴羊体质结实，体型呈长方形。公羊有螺旋形角，母羊无角，公羊颈部有1～2个皱褶或发达的纵皱褶。鬐甲宽平，胸宽深，背长直，尻宽而平，后躯丰满，臁部皮肤宽松。四肢结实，肢势端正。毛被呈毛丛结构，闭合性良好，密度大，全身被毛有明显大、中弯曲；头毛密、长，着生至眼线；毛被前肢着生至腕关节，后肢至飞节；腹部毛着生良好，呈毛丛结构（彩图20）。

(2) 生产性能 中国美利奴羊成年羊平均体重，公羊为91.8kg，母羊为43.1kg；中国美利奴羊具有良好的产毛性能，平均剪毛量，种公羊为16.0～18.0kg，种母羊为6.41kg；成年公羊毛长为11～12cm，母羊毛长为9～10cm，细度64～70支，以66支为主，净毛率50%以上。是高档的纺织原料。成年羯羊屠宰前体重平均为51.9kg，胴体重平均为22.94kg，净肉重平均为18.04kg，屠宰率为44.19%，净肉率为34.78%，产羔率为117%～128%。具有一定的产肉性能，成年羯羊宰前体重51.9kg，屠宰率为44.1%。

2. 新疆细毛羊

新疆细毛羊原产于新疆伊犁地区，是我国育成的第一个毛肉兼用细毛羊品种。该品种适于干燥寒冷高原地区饲养，具有采食性好，生命力强，耐粗饲料等特点，已推广至全国各地。

(1) 外貌特征 公羊大多有螺旋形大角，母羊无角，公羊颈部有1～2个完全或不完全的横皱褶，母羊颈部有1个横皱褶或发达的纵皱褶，体质结实，结构匀称，胸部开阔而深，被毛白色，闭合性良好，眼圈、耳、唇部皮肤有少量色斑，头部细毛覆盖至两眼连线，前肢至腕关节，后肢至飞节（彩图21）。

（2）**生产性能**　新疆细毛羊体型较大，公羊体重为85～100kg，母羊体重为47～55kg。具有一定的产肉性能，2.5岁羯羊宰前体重为65.6kg，屠宰率为46.8%。具有良好的产毛性能，成年公羊剪毛量为12.2kg，最高达21.2kg；母羊5.5kg，最高达11.7kg。全年放牧条件下，周岁公羊剪毛量为5.4kg，母羊为5.0kg。羊毛主体支数64支，油汗以乳白色和淡黄色为主。繁殖率中等，大多数集中在9～10月发情配种，经产产羔率为139%。

3. 东北细毛羊

东北细毛羊主要分布在辽宁、吉林、黑龙江三省的西北部平原地区和部分丘陵地区。1967年正式命名为东北毛肉兼用细毛羊，简称东北细毛羊。

（1）**外貌特征**　公羊有角，母羊无角，公羊颈部有1～2个横皱褶，母羊有发达的纵皱褶，被毛白色，细毛覆盖至两眼连线，前肢至腕关节，后肢至飞节（彩图22）。

（2）**生产性能**　成年公羊剪毛量为13.4kg，母羊为6.1kg，净毛率在40.0%以下，羊毛以60～64支为主，油汗以淡黄色和乳白色为主，公羊毛丛自然长度为9.3cm，母羊为7.4cm。成年公羊平均体重为83.7kg，母羊45.4kg。具有一定的产肉性能，成年羯羊屠宰率为53.5%，公羊为43.6%，母羊52.4%，当年公羊38.8%。经产产羔率为125.0%。

4. 凉山半细毛羊

凉山半细毛羊主要集中在四川省凉山州昭觉县、金阳县、布拖县等地，是在原有细毛羊与本地山谷型藏绵羊杂交改良的基础上，引进国外良种半细毛羊——边区莱斯特羊和林肯羊与之进行复杂杂交培育而成，该品种的育成结束了我国没有自己的半细毛羊品种的历史。

（1）**外貌特征**　公、母羊均无角，前额有一小撮绺毛。体质结实，胸部宽深，四肢坚实，具有良好的肉用体型。被毛白色同质，光泽强，匀度好，羊毛呈较大波浪形辫型毛丛结构，腹毛着生良好。

（2）**生产性能**　成年公羊体重可达80kg以上，母羊在45kg以上。剪毛量公羊为6.5kg，母羊为4.0kg。羊毛长度为13~15cm，羊毛细度48~50支，净毛率为66.7%。育肥性能好，6~8月龄肥羔胴体重可达30~33kg，屠宰率为50.7%。

凉山半细毛羊具有较强的适应性。在我国南方地区，海拔2000m左右的温暖湿润型农区和半农半牧区可进行放牧饲养或半放牧半舍饲饲养。

三 其他绵羊品种

其他绵羊品种见表3-1。

表3-1　其他绵羊品种

品种	产地	主要外貌特征	主要生产性能
同羊	陕西渭南和咸阳地区	公、母羊均无角，耳大而薄，肋骨纤细，开张良好，被毛纯白，尾大如扇，有脂肪沉积，有长尾和短脂尾之分	一年可剪毛3次，但产量不高，羔皮品质好，有"珍珠皮"之美称，产肉性能良好，中等体况羯羊屠宰率为57.6%，脂尾可占活重的8.5%，肉质鲜美。母羊常年发情，2年产3胎，多产单羔，少产双羔
兰州大尾羊	甘肃省兰州市郊区	头中等大小，公、母羊均无角，胸宽深，背平直，脂尾肥大、方圆平展，被毛纯白	所产羊毛属异质毛，干死毛占17.5%。生长发育快，肉脂率高，成年羯羊宰前体重为52.5kg，屠宰率为63.1%。性成熟早，母羊常年发情，秋季居多，年产1胎，产羔率平均为117%
乌珠穆沁羊	内蒙古锡林郭勒盟	头中等大小，公羊部分有角，母羊多数无角，体质结实，体格大，后躯发育良好，肉用体型明显，四肢粗壮，尾肥大，被毛白色而头颈黑色的个体居多	年剪毛两次，为异质毛，干死毛占55%。早期生长发育快，断奶公羔体重达33.9kg，母羔为35.9kg，羯羔为38.0kg，脂尾可达3.0~5.0kg，最高达16.0kg。母羊泌乳性能好，羔羊早期生长发育快。年产1胎，产羔率为100.4%

品种	产　地	主要外貌特征	主要生产性能
和田羊	新疆南部	头部清秀，耳大、下垂，公羊大多有角，母羊约1/2无角，体格较小，体躯窄，背线与腹线平行，尾型变化大，毛色杂	春、秋季各剪毛1次，成年公羊剪毛量为1.6kg，母羊为1.2kg，春毛品质优于秋毛。干死毛含量少，是优秀的地毯毛品种。产肉性能不高。母羊可全年发情，但大多数集中在4~5月和11月，产羔率为102.5%
贵德黑裘皮羊	青海省	属草地型西藏羊类型，毛色和皮肤均为黑色，公、母羊均有角，两耳下垂，体躯呈长方形，背平直，被毛分黑色、灰色和褐色	以生产黑色二毛皮著称，羔羊生后1月龄左右屠宰所得的二毛皮称为贵德黑紫羔皮，毛丛长度为4.0~7.0cm，具有毛色纯黑、光泽悦目、毛股弯曲明显、花案美观等特点。公羊平均剪毛量为1.8kg，母羊为1.6kg，为异质毛。肉质细嫩，脂肪分布均匀，羯羊屠宰率为46%，母羊为43.4%。母羊发情集中在7~9月，产羔率为101%
内蒙古细毛羊	内蒙古锡林郭勒盟	公羊有角，母羊无角，公羊颈部有1~2个横皱褶，母羊有发达的纵皱褶，细毛覆盖至两眼连线，前肢至腕关节，后肢至飞节	成年公羊剪毛量平均为11.0kg，最高达17.5kg，母羊平均为5.5kg，公羊毛丛自然长度为8.0~9.0cm，母羊为7.2cm，羊毛主体支数64支，净毛率为36%~45%。成年羯羊宰前活重为80.8kg，屠宰率为48.5%，5月龄羯羔经放牧育肥达39.2kg，屠宰率为44.1%。产羔率为110%~123%
甘肃高山细毛羊	甘肃	公羊有角，颈部有1~2个横皱褶，母羊无角，胸宽深，背平直，后躯丰满，细毛覆盖至两眼连线，前肢至腕关节，后肢至飞节，被毛纯白，密度中等	成年公羊剪毛量为8.5kg，母羊为4.4kg，公羊毛丛自然长度为8.2cm，母羊为7.6cm，羊毛主体支数64支，净毛率为43%~45%，油汗多为白色或乳白色。产肉和沉积脂肪能力良好，肉质鲜嫩，膻味小，终年放牧不补饲的羯羊宰前活重为57.6kg，屠宰率为50%，经产产羔率为113.2%

（续）

品种	产 地	主要外貌特征	主要生产性能
青海高原半细毛羊	青海省	分罗茨新藏和茨新藏两个类型，前者体躯粗深，蹄壳多为黑色，公、母羊均无角，后者近似茨盖羊，体躯较长，四肢较高，蹄壳多为乳白色，公羊有角，母羊多无角	成年公羊平均剪毛量为 6.0kg，母羊为 1kg，净毛率分别为 62.4% 和 64.8%。主体支数 50 ~ 56 支，油汗多为白色或乳黄色，毛丛长度分别为 11.7cm 和 10.0cm。成年公羊体重为 64.1 ~ 85.6kg，母羊为 44.4 ~ 55.7kg，6 月龄羯羔屠宰率为 42.7%。1.5 岁初配，母羊年产 1 胎，多数产单羔
中国卡拉库尔羊	新疆南部	头稍长，耳大、下垂，公羊多数有角，母羊多数无角，颈中等长，四肢结实，尾肥厚，基部宽大。毛色以黑色为主，灰色、金色、银色较少	成年公羊体重为 71.1kg，母羊为 45.6kg，公羔初生重为 4.6kg，母羔为 4.3kg，羔皮品质良好，平均面积为 1721.4cm^2，特级皮占 4.7%，一级皮占 36.6%。所产羊毛属异质半粗毛，成年公羊剪毛量为 3.0kg，母羊为 2.0kg。具有一定的产肉和产奶能力，产羔率为 105% ~ 115%

—第四章—
羊的营养与饲料

第一节　羊的营养需要

羊所需要的营养物质均来源于饲料。羊从饲料中获得的营养物质，包括碳水化合物、蛋白质、脂肪、矿物质、维生素和水。碳水化合物和脂肪主要为羊提供生存和生产所必需的能量；蛋白质是羊体生长和组织修复的主要原料，也提供部分能量；矿物质、维生素和水，在调节羊的生理机能、保障营养物质和代谢产物的传输方面，具有重要作用，其中钙、磷是组成牙齿和骨骼的主要成分。但是，绝大多数单一饲料所含有各种营养素的数量和比例均不能满足羊的全部营养需要。要合理饲喂羊只，提高养羊生产效益，首先必须了解各种饲料的营养价值、饲料性质、饲料来源及饲料产量，以达到各种饲料的合理配合、营养互补、综合利用。

一　维持的营养需要

维持需要是指在仅满足羊的基本生命活动（呼吸、消化、体液循环、体温调节等）的情况下，羊对各种营养物质的需要。羊的维持需要得不到满足，就会动用体内储存的养分来弥补亏空，导致体重下降和体质衰弱等不良后果。只有当日粮中的能量和蛋白质等营养物质超出羊的维持需要时，羊才能维持一定水平的生产能力。

干乳空怀的母羊和非配种季节的成年公羊，大都处于维持饲养状态，对营养水平要求不高。

1. 能量

羊采食饲料中的三大有机物，即蛋白质、碳水化合物和脂肪，它们在体内进行生物氧化，释放出分子内潜藏的化学能量，再转化成维持生命活动和从事肉、乳、毛等生产所需的能量。其中，碳水化合物在植物性饲料中占70%左右，是羊能量的主要来源，碳水化合物是一类结构复杂的有机物，包括淀粉、糖类、半纤维素、纤维素和木质素等。碳水化合物是组成羊日粮的主体。羊依靠瘤胃微生物的发酵，将碳水化合物转化为挥发性脂肪酸，以满足羊对能量的需要。

实践证明，饲养效果与能量水平密切相关，即能量水平直接影响生产水平。羊和其他单胃动物一样，能自动地调节采食量以满足其对能量的需要。但羊的自动调节能力是有限度的。当日粮能量水平过低时，虽然它能增加采食量，但仍不能满足其对能量的需要，则会导致羊的健康恶化、能量利用率降低，体脂分解多导致酮血症，体蛋白分解多而致毒血症；若日粮中能量过高，谷物饲料比例过大，则会出现大量易消化的碳水化合物由小肠进入大肠，从而增加大肠的负担，出现异常发酵，其恶果轻则引起消化紊乱，重则发生消化道疾病。另外，如果日粮中能量水平偏高，羊会出现脂肪沉积过多而肥胖，对繁殖母羊来说，体脂过高对雌性激素有较大的吸收作用，从而损害繁殖性能。公羊过肥会造成配种困难等不良后果。控制能量水平，可推迟后备母羊性成熟月龄，对其以后的繁殖机能有益。对毛用羊，过高的能量供给不仅浪费，而且对毛的产量和质量会产生一定程度的不良影响。因此，要针对羊的不同种类、不同生理状态，控制合理的能量水平，保证羊健康，提高生产性能。

2. 蛋白质

蛋白质是由氨基酸组成的含氮化合物，是羊体组织生长和修复的重要原料。同时，羊体内的各种酶、内分泌激素、色素和抗体等大多是氨基酸的衍生物；离开了蛋白质，生命就无法维持。在维持饲养条件下，蛋白质的需要主要是满足组织新陈代谢和维持正常生理机能的需要。

3. 矿物质

羊即使处于完全饥饿的状态下，为维持正常的代谢活动，仍需消耗一定的矿物质。所以，在维持饲养时，必须保证一定水平的矿物质量。羊最易缺乏的矿物质是钙、磷和食盐。此外，还应补充必要的矿物质微量元素。

4. 维生素

羊在维持饲养时也要消耗一定的维生素，必须由饲料中补充，特别是维生素 A 和维生素 D。在羊的冬季日粮中搭配一些胡萝卜或青贮饲料，能保证羊的维生素需要。

5. 水

水是羊不可缺少的重要营养物质。其为羊提供充足、卫生的饮水，是羊只保健的重要环节。

三 产毛的营养需要

羊毛中富含含硫氨基酸，其胱氨酸的含量可占角蛋白总量的 9% ~ 14%。瘤胃微生物可利用饲料中的无机硫合成含硫氨基酸，以满足羊毛生长的需要，提高羊毛产量，改善羊毛品质。在羊日粮的干物质中，氮、硫比例以保持 (5 ~ 10)∶1 为宜。产毛的营养需要与维持、生长、育肥和繁殖等的营养需要相比，所占比例不大，并远低于产奶的营养需要。但是，当日粮的粗蛋白水平低于 5.8% 时，也不能满足产毛的最低需要。

产毛的能量需要约为维持需要的 10%。铜与羊的产毛关系密切，缺铜的羊除表现贫血、瘦弱和生长发育受阻外，羊毛弯曲变浅，被毛粗乱，直接影响羊毛的产量和品质。维生素 A 对羊毛生长和羊的皮肤健康十分重要。夏秋季一般不易缺乏，而冬春季则应适当补充，其主要原因是牧草枯黄后，维生素 A 已基本上被破坏，不能满足羊的需要。对以高粗料日粮或舍饲饲养为主的羊，应提供一定的青绿多汁饲料或青贮料，以弥补维生素的不足。

⚠️ 【注意】 绵羊对铜的耐受力非常有限，每公斤饲料干物质中铜的含量达 5 ~ 10mg，已能满足羊的各种需要；超过 20mg 时有可能造成羊的铜中毒现象。

三 产奶的营养需要

产奶是母羊的重要生理机能。母羊的泌乳量直接影响羔羊的生长发育，同时也影响奶羊生产的经济效益。绵羊奶和山羊奶在营养成分含量、品质等方面有一定的差异。山羊奶水分高、乳脂低、膻味较大，乳蛋白中的酪蛋白含量稍高，奶酪制品稍粗糙，但山羊的产奶量较高，是发展奶羊生产的主体。羊奶中的酪蛋白、白蛋白、乳脂和乳糖等营养成分，都是饲料中不存在的，必须经乳房合成。当饲料中的碳水化合物和蛋白质供应不足时，会影响产奶量，缩短泌乳期。

对于高产奶山羊，仅靠放牧或补喂干草不能满足产奶的营养需要，必须根据产奶量的高低，补喂一定数量的混合精料。据测定，每1kg山羊奶含0.46kg饲料单位的净能、49g可消化蛋白质、2.8g钙和2.2g磷，此外还含有一定数量的矿物质微量元素和维生素。

在奶山羊的补饲混合精料中，钙、磷的含量和比例对产奶量都有较明显的影响，较合理的钙、磷比例为（1.5~1.7）:1。维生素A、D对奶山羊的产奶量有明显的影响，必须从日粮中补充，尤其在舍饲饲养时，给羊提供较充足的青绿多汁饲料，有促进产奶的作用。据观察，当母乳中缺乏维生素D时，羔羊对钙、磷的吸收和利用能力下降，有碍羔羊的生长和发育。

四 生长和育肥的营养需要

羊的生长和育肥都表现为增重和产肉量增加。但在羊的不同生理阶段，增重对营养物质的需要有很大的差异。

1. 生长的营养需要

羊从出生到1.5岁，肌肉、骨骼和各器官组织的发育较快，需要沉积大量的蛋白质和矿物质，尤其是初生至8月龄，是羊出生后生长发育最快的阶段，对营养的需要量较高。羔羊在哺乳前期（0~8周龄）主要依靠母乳来满足其营养需要，而后期（9~16周龄），必须给羔羊单独补饲。

哺乳期羔羊的生长发育非常快，每公斤增重仅需母乳5kg左右。羔羊断奶后，日增重略低一些，在一定的补饲条件下，羔羊8月龄前的日增重可保持在100~200g。绵羊的日增重高于山羊。羊增重的可食成分主要是蛋白质（肌肉）和脂肪。

在羊的不同生理阶段，蛋白质和脂肪的沉积量是不一样的，例如，体重为10kg时，蛋白质的沉积量可占增重的35%；体重在50～60kg时，此比例下降为10%左右，脂肪沉积的比例明显上升。在羔羊的育成前期，增重速度快，每公斤增重的饲料报酬高、成本低。育成后期（8月龄以后），羊的生长发育仍未结束，对营养水平要求较高，日粮的粗蛋白水平应保持在14%～16%（日采食可消化蛋白质135～160g）。育成期以后（1.5岁），羊体重的变化幅度不大，随季节、草料、妊娠和产羔等不同情况有一定的增减，并主要表现为体脂肪的沉积或消耗。

2. 育肥的营养需要

育肥的目的就是要增加羊肉和脂肪等可食部分，改善羊肉品质。羔羊的育肥以增加肌肉为主，而对成年羊主要是增加脂肪。因此，成年羊的育肥，对日粮蛋白质水平要求不高，只要能提供充足的能量饲料，就能取得较好的育肥效果。如我国北方牧区在羊只屠宰前（1.5～2个月）采用短期放牧育肥，既可提高产肉量，又可改善羊肉品质，增加养羊收入。

五　繁殖的营养需要

羊的体况好坏与繁殖能力有密切的关系，而营养水平又是影响羊体况的重要因素。

1. 种公羊的营养需要

一年中，种公羊处于两种不同的生理阶段，即配种季节和非配种季节。在配种季节内，要根据种公羊的配种强度或采精次数，合理调整日粮的能量和蛋白质水平，并保证日粮中真蛋白质占有较大的比例。公羊的射精量平均为1mL（0.7～2mL），每毫升精液所消耗的营养物质约相当于50g可消化蛋白质。配种结束后，种公羊随即进入非配种季节。在此阶段，种公羊的营养水平可相对较低。日粮的营养水平比维持高10%～20%，已能满足需要；日粮的粗料比例也可较高。值得注意的是：

1）配种结束后的最初1～2个月是种公羊体况恢复的时期，配种任务重或采精多的公羊由于体况下降明显，在恢复期内应继续饲喂配种季节的日粮，同时提供充足的青绿多汁饲料，待公羊的体况基本恢复后再逐渐改喂非配种季节日粮。

2）种公羊的日粮不能全部采用干草或秸秆，必须保持一定比例的混合精料，以免造成公羊腹围过大而影响配种。在生产中，公羊在非配种季节的混合精料补喂量一般为 0.5～1.0kg，同时应尽可能保证一定量的青绿多汁饲料。

2. 繁殖母羊的营养需要

母羊配种受胎后即进入妊娠阶段，这时除满足母羊自身的营养需要外，还必须为胎儿提供生长发育所需的养分。

（1）妊娠前期（前 3 个月）　这是胎儿生长发育最强烈的时期，胎儿各组织器官的分化和形成大多在这种时期内完成，但胎儿的增重较小。在这种阶段，对日粮的营养水平要求不高，但必须提供一定数量的优质蛋白质、矿物质和维生素，以满足胎儿生长发育的营养需要。在放牧条件较差的地区，母羊要补喂一定量的混合精料或干草。

（2）妊娠后期（后两个月）　到妊娠后期，胎儿和母羊自身的增重加快，母羊增重的 60% 和胎儿贮积纯蛋白质的 80% 均在这种时期内完成。随着胎儿的生长发育，母羊腹腔容积减小，采食量受限，草料容积过大或水分含量过高，均不能满足母羊对干物质的要求，应给母羊补饲一定的混合精料或优质青干草。妊娠后期母羊的热能代谢比空怀期高 15%～20%，对蛋白质、矿物质和维生素的需要量明显增加，50kg 体重的成年母羊，日需可消化蛋白质 90～120g、钙 8.8g、磷 4g，钙、磷比例为（2～2.5）：1.3。母羊分娩后泌乳期的长短和泌乳量的高低，对羔羊的生长发育和健康有重要影响。

母羊产后 4～6 周泌乳量达到高峰，维持一段时间后母羊的泌乳量开始下降。山羊的泌乳期较长，尤其是乳用山羊品种。母羊泌乳前期的营养需要高于后期。

⊛　**[提示]**　在母羊繁殖期，饲料种类要多样化，日粮的浓度和体积要符合羊的生理特点，并注意维生素 A、D 及矿物质微量元素铁、锌、锰、钴和硒的补充，使羊保持正常的繁殖机能，减少流产和空怀的可能性。

羊的饲养标准又叫羊的营养需要量，它是绵羊和山羊维持生命活动和从事生产（乳、肉、毛、繁殖等）对能量和各种营养物质的需要量。各种物质的需要，不但数量要充足，而且比例要恰当。长期以来，我国大多沿用前苏联和欧美一些国家的标准。2004年农业部实施了《肉羊饲养标准》（NY/T 816—2004），本标准规定了肉用绵羊和山羊对日粮干物质进食量、消化能、代谢能、粗蛋白质、维生素、矿物质元素每日需要值，该标准适用于产肉为主，产毛、产绒为辅的绵羊和山羊品种。

一　肉用绵羊的饲养标准

各生产阶段肉用绵羊对干物质进食量和消化能、代谢能、粗蛋白质、钙、磷、食用盐每日营养需要量见表4-1～表4-6，对硫、维生素 A、维生素 D、维生素 E 的每日营养添加量推荐值见表4-7。

1. 生长肥育羔羊每日营养需要量

4～20kg 体重阶段：生长育肥绵羊羔羊不同日增重下日粮干物质进食量和消化能、代谢能、粗蛋白质、钙、总磷、食用盐每日营养需要量见表4-1，对硫、维生素 A、维生素 D、维生素 E、微量矿物质元素的日粮添加量见表4-7。

表4-1　生长肥育羔羊每日营养需要量表

体重/kg	日增重/(kg/天)	日粮干物质进食量/(kg/天)	消化能/(MJ/天)	代谢能/(MJ/天)	粗蛋白质/(g/天)	钙/(g/天)	总磷/(g/天)	食用盐/(g/天)
4	0.1	0.12	1.92	1.88	35	0.9	0.5	0.6
4	0.2	0.12	2.80	2.72	62	0.9	0.5	0.6
4	0.3	0.12	3.68	3.56	90	0.9	0.5	0.6
6	0.1	0.13	2.55	2.47	36	1.0	0.5	0.6
6	0.2	0.13	3.43	3.36	62	1.0	0.5	0.6
6	0.3	0.13	4.18	3.77	88	1.0	0.5	0.6

（续）

体重 /kg	日增重 /(kg/天)	日粮干物质进食量 /(kg/天)	消化能 /(MJ/天)	代谢能 /(MJ/天)	粗蛋白质 /(g/天)	钙 /(g/天)	总磷 /(g/天)	食用盐 /(g/天)
8	0.1	0.16	3.10	3.01	36	1.3	0.7	0.7
8	0.2	0.16	4.06	3.93	62	1.3	0.7	0.7
8	0.3	0.16	5.02	4.60	88	1.3	0.7	0.7
10	0.1	0.24	3.97	3.60	54	1.4	0.75	1.1
10	0.2	0.24	5.02	4.60	87	1.4	0.75	1.1
10	0.3	0.24	8.28	5.86	121	1.4	0.75	1.1
12	0.1	0.32	4.60	4.14	56	1.5	0.8	1.3
12	0.2	0.32	5.44	5.02	90	1.5	0.8	1.3
12	0.3	0.32	7.11	8.28	122	1.5	0.8	1.3
14	0.1	0.4	5.02	4.60	59	1.8	1.2	1.7
14	0.2	0.4	8.28	5.86	91	1.8	1.2	1.7
14	0.3	0.4	7.53	6.69	123	1.8	1.2	1.7
16	0.1	0.48	5.44	5.02	60	2.2	1.5	2.0
16	0.2	0.48	7.11	8.28	92	2.2	1.5	2.0
16	0.3	0.48	8.37	7.53	124	2.2	1.5	2.0
18	0.1	0.56	8.28	5.86	63	2.5	1.7	2.3
18	0.2	0.56	7.95	7.11	95	2.5	1.7	2.3
18	0.3	0.56	8.79	7.95	127	2.5	1.7	2.3
20	0.1	0.64	7.11	8.28	65	2.9	1.9	2.6
20	0.2	0.64	8.37	7.53	96	2.9	1.9	2.6
20	0.3	0.64	9.62	8.79	128	2.9	1.9	2.6

注：1. 表中日粮干物质进食量（DMI）、消化能（DE）、代谢能（ME）、粗蛋白质（CP）、钙、总磷、食用盐每日需要量推荐数值参考自内蒙古自治区地方标准《细毛羊饲养标准》（DB15/T 30—1992）。

2. 日粮中添加的食用盐应符合 GB 5461 中的规定。

2. 育成母羊每日营养需要量

5 ~ 50kg 体重阶段：绵羊育成母羊日粮干物质进食量和消化能、代谢能、粗蛋白质、钙、总磷、食用盐每日营养需要量见表4-2，对硫、维生素 A、维生素 D、维生素 E、微量矿物质元素的日粮添加量见表4-7。

表4-2　育成母绵羊每日营养需要量

体重 /kg	日增重 /(kg/天)	日粮干物质进食量 /(kg/天)	消化能 /(MJ/天)	代谢能 /(MJ/天)	粗蛋白质 /(g/天)	钙 /(g/天)	总磷 /(g/天)	食用盐 /(g/天)
25	0	0.8	5.86	4.60	47	3.6	1.8	3.3
25	0.03	0.8	6.70	5.44	69	3.6	1.8	3.3
25	0.06	0.8	7.11	5.86	90	3.6	1.8	3.3
25	0.09	0.8	8.37	6.69	112	3.6	1.8	3.3
30	0	1.0	6.70	5.44	54	4.0	2.0	4.1
30	0.03	1.0	7.95	6.28	75	4.0	2.0	4.1
30	0.06	1.0	8.79	7.11	96	4.0	2.0	4.1
30	0.09	1.0	9.20	7.53	117	4.0	2.0	4.1
35	0	1.2	7.95	6.28	61	4.5	2.3	5.0
35	0.03	1.2	8.79	7.11	82	4.5	2.3	5.0
35	0.06	1.2	9.62	7.95	103	4.5	2.3	5.0
35	0.09	1.2	10.88	8.79	123	4.5	2.3	5.0
40	0	1.4	8.37	6.69	67	4.5	2.3	5.8
40	0.03	1.4	9.62	7.95	88	4.5	2.3	5.8
40	0.06	1.4	10.88	8.79	108	4.5	2.3	5.8
40	0.09	1.4	12.55	10.04	129	4.5	2.3	5.8
45	0	1.5	9.20	8.79	94	5.0	2.5	6.2
45	0.03	1.5	10.88	9.62	114	5.0	2.5	6.2
45	0.06	1.5	11.71	10.88	135	5.0	2.5	6.2
45	0.09	1.5	13.39	12.10	80	5.0	2.5	6.2

（续）

体重 /kg	日增重 /(kg/天)	日粮干物质进食量 /(kg/天)	消化能 /(MJ/天)	代谢能 /(MJ/天)	粗蛋白质 /(g/天)	钙 /(g/天)	总磷 /(g/天)	食用盐 /(g/天)
50	0	1.6	9.62	7.95	80	5.0	2.5	6.6
50	0.03	1.6	11.30	9.20	100	5.0	2.5	6.6
50	0.06	1.6	13.39	10.88	120	5.0	2.5	6.6
50	0.09	1.6	15.06	12.13	140	5.0	2.5	6.6

注：1. 表中日粮干物质进食量（DMI）、消化能（DE）、代谢能（ME）、粗蛋白质（CP）、钙、总磷、食用盐每日需要量推荐数值参考自内蒙古自治区地方标准《细毛羊饲养标准》（DB15/T 30—1992）。

2. 日粮中添加的食用盐应符合 GB 5461 中的规定。

3. 育成公羊每日营养需要量

20～70kg 体重阶段：绵羊育成公羊日粮干物质进食量和消化能、代谢能、粗蛋白质、钙、总磷、食用盐每日营养需要量见表4-3，对硫、维生素 A、维生素 D、维生素 E、微量矿物质元素的日粮添加量见表4-7。

表4-3　育成公绵羊每日营养需要量

体重 /kg	日增重 /(kg/天)	日粮干物质进食量 /(kg/天)	消化能 /(MJ/天)	代谢能 /(MJ/天)	粗蛋白质 /(g/天)	钙 /(g/天)	总磷 /(g/天)	食用盐 /(g/天)
20	0.05	0.9	8.17	6.70	95	2.4	1.1	7.6
20	0.10	0.9	9.76	8.00	114	3.3	1.5	7.6
20	0.15	1.0	12.20	10.00	132	4.3	2.0	7.6
25	0.05	1.0	8.78	7.20	105	2.8	1.3	7.6
25	0.10	1.0	10.98	9.00	123	3.7	1.7	7.6
25	0.15	1.1	13.54	11.10	142	4.6	2.1	7.6
30	0.05	1.1	10.37	8.5	114	3.2	1.4	8.6
30	0.10	1.1	12.20	10.00	132	4.1	1.9	8.6
30	0.15	1.2	14.76	12.10	150	5.0	2.3	8.6

体重 /kg	日增重 /（kg/天）	日粮干物质进食量 /（kg/天）	消化能 /（MJ/天）	代谢能 /（MJ/天）	粗蛋白质 /（g/天）	钙 /（g/天）	总磷 /（g/天）	食用盐 /（g/天）
35	0.05	1.2	11.34	9.30	122	3.5	1.6	8.6
35	0.10	1.2	13.29	10.90	140	4.5	2.0	8.6
35	0.15	1.3	16.10	13.20	159	5.4	2.5	8.6
40	0.05	1.3	12.44	10.20	130	3.9	1.8	9.6
40	0.10	1.3	14.39	11.80	149	4.8	2.2	9.6
40	0.15	1.3	17.32	14.20	167	5.8	2.6	9.6
45	0.05	1.3	13.54	11.10	138	4.3	1.9	9.6
45	0.10	1.3	15.49	12.70	156	5.2	2.9	9.6
45	0.15	1.4	18.66	15.30	175	6.1	2.8	9.6
50	0.05	1.4	14.39	11.80	146	4.7	2.1	11.0
50	0.10	1.4	16.59	13.60	165	5.6	2.5	11.0
50	0.15	1.5	19.76	16.20	182	6.5	3.0	11.0
55	0.05	1.5	15.37	12.60	153	5.0	2.3	11.0
55	0.10	1.5	17.68	14.50	172	6.0	2.7	11.0
55	0.15	1.6	20.98	17.20	190	6.9	3.1	11.0
60	0.05	1.6	16.34	13.40	161	5.4	2.4	12.0
60	0.10	1.6	18.78	15.40	179	6.3	2.9	12.0
60	0.15	1.7	22.20	18.20	198	7.3	3.3	12.0
65	0.05	1.7	17.32	14.20	168	5.7	2.6	12.0
65	0.10	1.7	19.88	16.30	187	6.7	3.0	12.0
65	0.15	1.8	23.54	19.30	205	7.6	3.4	12.0
70	0.05	1.8	18.29	15.00	175	6.2	2.8	12.0
70	0.10	1.8	20.85	17.10	194	7.1	3.2	12.0
70	0.15	1.9	24.76	20.30	212	8.0	3.6	12.0

注：1. 表中日粮干物质进食量（DMI）、消化能（DE）、代谢能（ME）、粗蛋白质（CP）、钙、总磷、食用盐每日需要量推荐数值参考自内蒙古自治区地方标准《细毛羊饲养标准》（DB15/T 30—1992）。

2. 日粮中添加的食用盐应符合 GB 5461 中的规定。

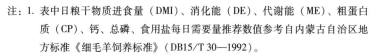

4. 育肥羊每日营养需要量

20 ~ 45kg 体重阶段：舍饲育肥羊日粮干物质进食量和消化能、代谢能、粗蛋白质、钙、总磷、食用盐每日营养需要量见表4-4，对硫、维生素 A、维生素 D、维生素 E、微量矿物质元素的日粮添加量见表4-7。

表4-4　育肥羊每日营养需要量

体重/kg	日增重/(kg/天)	日粮干物质进食量/（kg/天）	消化能/(MJ/天)	代谢能/(MJ/天)	粗蛋白质/(g/天)	钙/(g/天)	总磷/(g/天)	食用盐/(g/天)
20	0.10	0.8	9.00	8.40	111	1.9	1.8	7.6
20	0.20	0.9	11.30	9.30	158	2.8	2.4	7.6
20	0.30	1.0	13.60	11.20	183	3.8	3.1	7.6
20	0.45	1.0	15.01	11.82	210	4.6	3.7	7.6
25	0.10	0.9	10.50	8.60	121	2.2	2.0	7.6
25	0.20	1.0	13.20	10.80	168	3.2	2.7	7.6
25	0.30	1.1	15.80	13.00	191	4.3	3.4	7.6
25	0.45	1.1	17.45	14.35	218	5.4	4.2	7.6
30	0.10	1.0	12.00	9.80	132	2.5	2.2	8.6
30	0.20	1.1	15.00	12.30	178	3.6	3.0	8.6
30	0.30	1.2	18.10	14.80	200	4.8	3.8	8.6
30	0.45	1.2	19.95	16.34	351	6.0	4.6	8.6
35	0.10	1.2	13.40	11.10	141	2.8	2.5	8.6
35	0.20	1.3	16.90	13.80	187	4.0	3.3	8.6
35	0.30	1.3	18.20	16.60	207	5.2	4.1	8.6
35	0.45	1.3	20.19	18.26	233	6.4	5.0	8.6
40	0.10	1.3	14.90	12.20	143	3.1	2.7	9.6
40	0.20	1.3	18.80	15.30	183	4.4	3.6	9.6
40	0.30	1.4	22.60	18.40	204	5.7	4.5	9.6
40	0.45	1.4	24.99	20.30	227	7.0	5.4	9.6
45	0.10	1.4	16.40	13.40	152	3.4	2.9	9.6
45	0.20	1.4	20.60	16.80	192	4.8	3.9	9.6
45	0.30	1.5	24.80	20.30	210	6.2	4.9	9.6
45	0.45	1.5	27.38	22.39	233	7.4	6.0	9.6

（续）

体重/kg	日增重/(kg/天)	日粮干物质进食量/(kg/天)	消化能/(MJ/天)	代谢能/(MJ/天)	粗蛋白质/(g/天)	钙/(g/天)	总磷/(g/天)	食用盐/(g/天)
50	0.10	1.5	17.90	14.60	159	3.7	3.2	11.0
50	0.20	1.6	22.50	18.30	198	5.2	4.2	11.0
50	0.30	1.6	27.20	22.10	215	6.7	5.2	11.0
50	0.45	1.6	30.03	24.38	237	8.5	6.5	11.0

注：1. 表中日粮干物质进食量（DMI）、消化能（DE）、代谢能（ME）、粗蛋白质（CP）、钙、总磷、食用盐每日需要量推荐数值参考自内蒙古自治区地方标准《细毛羊饲养标准》（DB15/T 30—1992）。

2. 日粮中添加的食用盐应符合 GB 5461 中的规定。

5. 妊娠母羊每日营养需要量

不同妊娠阶段妊娠母羊日粮干物质进食量和消化能、代谢能、粗蛋白质、钙、总磷、食用盐每日营养需要量见表 4-5，对硫、维生素 A、维生素 D、维生素 E、微量矿物质元素的日粮添加量见表 4-7。

表 4-5 妊娠母羊每日营养需要量

妊娠阶段	体重/kg	日粮干物质进食量/(kg/天)	消化能/(MJ/天)	代谢能/(MJ/天)	粗蛋白质/(g/天)	钙/(g/天)	总磷/(g/天)	食用盐/(g/天)
前期[a]	40	1.6	12.55	10.46	116	3.0	2.0	6.6
	50	1.8	15.06	12.55	124	3.2	2.5	7.5
	60	2.0	15.90	13.39	132	4.0	3.0	8.3
	70	2.2	16.74	14.23	141	4.5	3.5	9.1
后期[b]	40	1.8	15.06	12.55	146	6.0	3.5	7.5
	45	1.9	15.90	13.39	152	6.5	3.7	7.9
	50	2.0	16.74	14.23	159	7.0	3.9	8.3
	55	2.1	17.99	15.06	165	7.5	4.1	8.7
	60	2.2	18.83	15.90	172	8.0	4.3	9.1
	65	2.3	19.66	16.74	180	8.5	4.5	9.5
	70	2.4	20.92	17.57	187	9.0	4.7	9.9
后期[c]	40	1.8	16.74	14.23	167	7.0	4.0	7.9
	45	1.9	17.99	15.06	176	7.5	4.3	8.3
	50	2.0	19.25	16.32	184	8.0	4.6	8.7

（续）

妊娠阶段	体重/kg	日粮干物质进食量/(kg/天)	消化能/(MJ/天)	代谢能/(MJ/天)	粗蛋白质/(g/天)	钙/(g/天)	总磷/(g/天)	食用盐/(g/天)
	55	2.1	20.50	17.15	193	8.5	5.0	9.1
后期c	60	2.2	21.76	18.41	203	9.0	5.3	9.5
	65	2.3	22.59	19.25	214	9.5	5.4	9.9
	70	2.4	24.27	20.50	226	10.0	5.6	11.0

注：1. 表中日粮干物质进食量（DMI）、消化能（DE）、代谢能（ME）、粗蛋白质（CP）、钙、总磷、食用盐每日需要量推荐数值参考自内蒙古自治区地方标准《细毛羊饲养标准》（DB15/T 30—1992）。

2. 日粮中添加的食用盐应符合 GB 5461 中的规定。

a 指妊娠期的第一个月到第三个月。

b 指母羊怀单羔妊娠期的第四个月到第五个月。

c 指母羊怀双羔妊娠期的第四个月到第五个月。

6. 泌乳母羊每日营养需要量

40～70kg 泌乳母羊的日粮干物质进食量和消化能、代谢能、粗蛋白质、钙、总磷、食用盐每日营养需要量见表4-6，对硫、维生素 A、维生素 D、维生素 E、微量矿物质元素的日粮添加量见表4-7。

表4-6　泌乳母羊每日营养需要量

体重/kg	日增重/(kg/天)	日粮干物质进食量/(kg/天)	消化能/(MJ/天)	代谢能/(MJ/天)	粗蛋白质/(g/天)	钙/(g/天)	总磷/(g/天)	食用盐/(g/天)
40	0.2	2.0	12.97	10.46	119	7.0	4.3	8.3
40	0.4	2.0	15.48	12.55	139	7.0	4.3	8.3
40	0.6	2.0	17.99	14.64	157	7.0	4.3	8.3
40	0.8	2.0	20.50	16.74	176	7.0	4.3	8.3
40	1.0	2.0	23.01	18.83	196	7.0	4.3	8.3
40	1.2	2.0	25.94	20.92	216	7.0	4.3	8.3
40	1.4	2.0	28.45	23.01	236	7.0	4.3	8.3
40	1.6	2.0	30.96	25.10	254	7.0	4.3	8.3
40	1.8	2.0	33.47	27.20	274	7.0	4.3	8.3

体重 /kg	日增重 /(kg/天)	日粮干物质进食量 /(kg/天)	消化能 /(MJ/天)	代谢能 /(MJ/天)	粗蛋白质 /(g/天)	钙 /(g/天)	总磷 /(g/天)	食用盐 /(g/天)
50	0.2	2.2	15.06	12.13	122	7.5	4.7	9.1
50	0.4	2.2	17.57	14.23	142	7.5	4.7	9.1
50	0.6	2.2	20.08	16.32	162	7.5	4.7	9.1
50	0.8	2.2	22.59	18.41	180	7.5	4.7	9.1
50	1.0	2.2	25.10	20.50	200	7.5	4.7	9.1
50	1.2	2.2	28.03	22.59	219	7.5	4.7	9.1
50	1.4	2.2	30.54	24.69	239	7.5	4.7	9.1
50	1.6	2.2	33.05	26.78	257	7.5	4.7	9.1
50	1.8	2.2	35.56	28.87	277	7.5	4.7	9.1
60	0.2	2.4	16.32	13.39	125	8.0	5.1	9.9
60	0.4	2.4	19.25	15.48	145	8.0	5.1	9.9
60	0.6	2.4	21.76	17.57	165	8.0	5.1	9.9
60	0.8	2.4	24.27	19.66	183	8.0	5.1	9.9
60	1.0	2.4	26.78	21.76	203	8.0	5.1	9.9
60	1.2	2.4	29.29	23.85	223	8.0	5.1	9.9
60	1.4	2.4	31.80	25.94	241	8.0	5.1	9.9
60	1.6	2.4	34.73	28.03	261	8.0	5.1	9.9
60	1.8	2.4	37.24	30.12	275	8.0	5.1	9.9
70	0.2	2.6	17.99	14.64	129	8.5	5.6	11.0
70	0.4	2.6	20.50	16.70	148	8.5	5.6	11.0
70	0.6	2.6	23.01	18.83	166	8.5	5.6	11.0
70	0.8	2.6	25.94	20.92	186	8.5	5.6	11.0
70	1.0	2.6	28.45	23.01	206	8.5	5.6	11.0
70	1.2	2.6	30.96	25.10	226	8.5	5.6	11.0
70	1.4	2.6	33.89	27.61	244	8.5	5.6	11.0
70	1.6	2.6	36.40	29.71	264	8.5	5.6	11.0
70	1.8	2.6	39.33	31.80	284	8.5	5.6	11.0

注：1. 表中日粮干物质进食量（DMI）、消化能（DE）、代谢能（ME）、粗蛋白质（CP）、钙、总磷、食用盐每日需要量推荐数值参考自内蒙古自治区地方标准《细毛羊饲养标准》（DB15/T 30—1992）。

　　2. 日粮中添加的食用盐应符合 GB 5461—2000 中的规定。

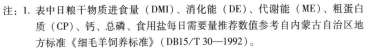

表4-7　肉用绵羊对日粮硫、维生素、微量矿物质元素需要量（以干物质计）

体重阶段	生长羔羊 4～20kg	育成母羊 25～50kg	育成公羊 20～70kg	育肥羊 20～50kg	妊娠母羊 40～70kg	泌乳母羊 40～70kg	最大耐受浓度[①]
硫/（g/d）	0.24～1.2	1.4～2.9	2.8～3.5	2.8～3.5	2.0～3.0	2.5～3.7	—
维生素A/（国际单位/d）	188～940	1175～2350	940～3290	940～2350	1880～3948	1880～3434	—
维生素D/（国际单位/d）	26～132	137～275	111～389	111～278	222～440	222～380	—
维生素E/（国际单位/d）	2.4～12.8	12～24	12～29	12～23	18～35	26～34	—
钴/（mg/kg）	0.018～0.096	0.12～0.24	0.21～0.33	0.2～0.35	0.27～0.36	0.3～0.39	10
铜[②]/（mg/kg）	0.97～5.2	6.5～13	11～18	11～19	16～22	13～18	25
碘/（mg/kg）	0.08～0.46	0.58～1.2	1.0～1.6	0.94～1.7	1.3～1.7	1.4～1.9	50
铁/（mg/kg）	4.3～23	29～58	50～79	47～83	65～86	72～94	500
锰/（mg/kg）	2.2～12	14～29	25～40	23～41	32～44	36～47	1000
硒/（mg/kg）	0.016～0.086	0.11～0.22	0.19～0.30	0.18～0.31	0.24～0.31	0.27～0.35	2
锌/（mg/kg）	2.7～14	18～36	50～79	29～52	53～71	59～77	750

注：表中维生素A，维生素D，维生素E每日需要量数据参考自NRC（1985），维生素A最低
　　需要量：47国际单位/kg体重，1mgβ-胡萝卜素效价相当于681国际单位维生素A。维生素
　　D的需要量：早期断奶羔羊最低需要量为5.55国际单位/kg体重；其他生产阶段绵羊对维生
　　素D的最低需要量为6.66国际单位/kg体重；1国际单位维生素D相当于0.025μg胆钙
　　化醇；维生素E需要量：体重低于20kg的羔羊对维生素E的最低需要量为20国际单位/kg
　　干物质进食量；体重大于20kg的各生产阶段绵羊对维生素E的最低需要量为15国际单位/
　　kg干物质进食量，1国际单位维生素E效价相当于1mgD，L-α-生育酚醋酸酯。

① 参考自NRC（1985）提供的统计数据。

② 当日粮钼含量大于3.0mg/kg时，铜的添加量要在表中推荐值基础上增加1倍。

二 肉用山羊的饲养标准

1. 生长育肥山羊羔羊每日营养需要量

生长育肥山羊羔羊每日营养需要量见表4-8。15~30kg 体重阶段育肥山羊消化能、代谢能、粗蛋白质、钙、总磷、食用盐每日营养需要量见表4-9。

表4-8　生长育肥山羊羔羊每日营养需要量

体重 /kg	日增重 /(kg/天)	日粮干物质进食量 /(kg/天)	消化能 /(MJ/天)	代谢能 /(MJ/天)	粗蛋白质 /(g/天)	钙 /(g/天)	总磷 /(g/天)	食用盐 /(g/天)
1	0	0.12	0.55	0.46	3	0.1	0.0	0.6
1	0.02	0.12	0.71	0.60	9	0.8	0.5	0.6
1	0.04	0.12	0.89	0.75	14	1.5	1.0	0.6
2	0	0.13	0.90	0.76	5	0.1	0.1	0.7
2	0.02	0.13	1.08	0.91	11	0.8	0.6	0.7
2	0.04	0.13	1.26	1.06	16	1.6	1.0	0.7
2	0.06	0.13	1.43	1.20	22	2.3	1.5	0.7
4	0	0.18	1.64	1.38	9	0.3	0.2	0.9
4	0.02	0.18	1.93	1.62	16	1.0	0.7	0.9
4	0.04	0.18	2.20	1.85	22	1.7	1.1	0.9
4	0.06	0.18	2.48	2.08	29	2.4	1.6	0.9
4	0.08	0.18	2.76	2.32	35	3.1	2.1	0.9
6	0	0.27	2.29	1.88	11	0.4	0.3	1.3
6	0.02	0.27	2.32	1.90	22	1.1	0.7	1.3
6	0.04	0.27	3.06	2.51	33	1.8	1.2	1.3
6	0.06	0.27	3.79	3.11	44	2.5	1.7	1.3
6	0.08	0.27	4.54	3.72	55	3.3	2.2	1.3
6	0.10	0.27	5.27	4.32	67	4.0	2.6	1.3
8	0	0.33	1.96	1.61	13	0.5	0.4	1.7
8	0.02	0.33	3.05	2.5	24	1.2	0.8	1.7
8	0.04	0.33	4.11	3.37	36	2.0	1.3	1.7
8	0.06	0.33	5.18	4.25	47	2.7	1.8	1.7
8	0.08	0.33	6.26	5.13	58	3.4	2.3	1.7
8	0.10	0.33	7.33	6.01	69	4.1	2.7	1.7

（续）

体重/kg	日增重/(kg/天)	日粮干物质进食量/(kg/天)	消化能/(MJ/天)	代谢能/(MJ/天)	粗蛋白质/(g/天)	钙/(g/天)	总磷/(g/天)	食用盐/(g/天)
10	0	0.46	2.33	1.91	16	0.7	0.4	2.3
10	0.02	0.48	3.73	3.06	27	1.4	0.9	2.4
10	0.04	0.50	5.15	4.22	38	2.1	1.4	2.5
10	0.06	0.52	6.55	5.37	49	2.8	1.9	2.6
10	0.08	0.54	7.96	6.53	60	3.5	2.3	2.7
10	0.10	0.56	9.38	7.69	72	4.2	2.8	2.8
12	0	0.48	2.67	2.19	18	0.8	0.5	2.4
12	0.02	0.50	4.41	3.62	29	1.5	1.0	2.5
12	0.04	0.52	6.16	5.05	40	2.2	1.5	2.6
12	0.06	0.54	7.90	6.48	52	2.9	2.0	2.7
12	0.08	0.56	9.65	7.91	63	3.7	2.4	2.8
12	0.10	0.58	11.40	9.35	74	4.4	2.9	2.9
14	0	0.50	2.99	2.45	20	0.9	0.6	2.5
14	0.02	0.52	5.07	4.16	31	1.6	1.1	2.6
14	0.04	0.54	7.16	5.87	43	2.4	1.6	2.7
14	0.06	0.56	9.24	7.58	54	3.1	2.0	2.8
14	0.08	0.58	11.33	9.29	65	3.8	2.5	2.9
14	0.10	0.60	13.40	10.99	76	4.5	3.0	3.0
16	0	0.52	3.30	2.71	22	1.1	0.7	2.6
16	0.02	0.54	5.73	4.70	34	1.8	1.2	2.7
16	0.04	0.56	8.15	6.68	45	2.5	1.7	2.8
16	0.06	0.58	10.56	8.66	56	3.2	2.1	2.9
16	0.08	0.60	12.99	10.65	67	3.9	2.6	3.0
16	0.10	0.62	15.43	12.65	78	4.6	3.1	3.1

注：1. 表中 0～8kg 体重阶段肉用山羊羔羊日粮干物质进食量（DMI）按每千克代谢体重 0.07kg 估算；体重大于 10kg 时，按中国农业科学院畜牧研究所 2003 年提供的如下公式计算获得：

$$DMI = (26.45 \times W^{0.75} + 0.99 \times ADG)/1000$$

式中　DMI——干物质进食量（kg/天）；

　　　 W——体重（kg）；

　　　 ADG——日增重（g/天）。

2. 表中代谢能（ME）、粗蛋白质（CP）数值参考自杨在宾等（1997）对青山羊数据资料。

3. 表中消化能（DE）需要量数值根据 ME/0.82 估算。

4. 表中钙需要量按表 4-14 中提供参数估算得到，总磷需要量根据钙、磷比为 1.5:1 估算获得。

5. 日粮中添加的食用盐应符合 GB 5461—2000 中的规定。

表4-9　育肥山羊每日营养需要量

体重 /kg	日增重 /（kg/天）	日粮干物质进食量 /（kg/天）	消化能 /（MJ/天）	代谢能 /（MJ/天）	粗蛋白质 /（g/天）	钙 /（g/天）	总磷 /（g/天）	食用盐 /（g/天）
15	0	0.51	5.36	4.40	43	1.0	0.7	2.6
15	0.05	0.56	5.83	4.78	54	2.8	1.9	2.8
15	0.10	0.61	6.29	5.15	64	4.6	3.0	3.1
15	0.15	0.66	6.75	5.54	74	6.4	4.2	3.3
15	0.20	0.71	7.21	5.91	84	8.1	5.4	3.6
20	0	0.56	6.44	5.28	47	1.3	0.9	2.8
20	0.05	0.61	6.91	5.66	57	3.1	2.1	3.1
20	0.10	0.66	7.37	6.04	67	4.9	3.3	3.3
20	0.15	0.71	7.83	6.42	77	6.7	4.5	3.6
20	0.20	0.76	8.29	6.80	87	8.5	5.6	3.8
25	0	0.61	7.46	6.12	50	1.7	1.1	3.0
25	0.05	0.66	7.92	6.49	60	3.5	2.3	3.3
25	0.10	0.71	8.38	6.87	70	5.2	3.5	3.5
25	0.15	0.76	8.84	7.25	81	7.0	4.7	3.8
25	0.20	0.81	9.31	7.63	91	8.8	5.9	4.0
30	0	0.65	8.42	6.90	53	2.0	1.3	3.3
30	0.05	0.70	8.88	7.28	63	3.8	2.5	3.5
30	0.10	0.75	9.35	7.66	74	5.6	3.7	3.8
30	0.15	0.80	9.81	8.04	84	7.4	4.9	4.0
30	0.20	0.85	10.27	8.42	94	9.1	6.1	4.2

2. 后备公山羊每日营养需要量

后备公山羊每日营养需要量见表4-10。

表4-10　后备公山羊每日营养需要量

体重 /kg	日增重 /（kg/天）	日粮干物质进食量 /（kg/天）	消化能 /（MJ/天）	代谢能 /（MJ/天）	粗蛋白质 /（g/天）	钙 /（g/天）	总磷 /（g/天）	食用盐 /（g/天）
12	0	0.48	3.78	3.10	24	0.8	0.5	2.4
12	0.02	0.50	4.10	3.36	32	1.5	1.0	2.5
12	0.04	0.52	4.43	3.63	40	2.2	1.5	2.6
12	0.06	0.54	4.74	3.89	49	2.9	2.0	2.7
12	0.08	0.56	5.06	4.15	57	3.7	2.4	2.8
12	0.10	0.58	5.38	4.41	66	4.4	2.9	2.9

（续）

体重 /kg	日增重 /(kg/天)	日粮干物质进食量 /(kg/天)	消化能 /(MJ/天)	代谢能 /(MJ/天)	粗蛋白质 /(g/天)	钙 /(g/天)	总磷 /(g/天)	食用盐 /(g/天)
15	0	0.51	4.48	3.67	28	1.0	0.7	2.6
15	0.02	0.53	5.28	4.33	36	1.7	1.1	2.7
15	0.04	0.55	6.10	5.00	45	2.4	1.6	2.8
15	0.06	0.57	5.70	4.67	53	3.1	2.1	2.9
15	0.08	0.59	7.72	6.33	61	3.9	2.6	3.0
15	0.10	0.61	8.54	7.00	70	4.6	3.0	3.1
18	0	0.54	5.12	4.20	32	1.2	0.8	2.7
18	0.02	0.56	6.44	5.28	40	1.9	1.3	2.8
18	0.04	0.58	7.74	6.35	49	2.6	1.8	2.9
18	0.06	0.60	9.05	7.42	57	3.3	2.2	3.0
18	0.08	0.62	10.35	8.49	66	4.1	2.7	3.1
18	0.10	0.64	11.66	9.56	74	4.8	3.2	3.2
21	0	0.57	5.76	4.72	36	1.4	0.9	2.9
21	0.02	0.59	7.56	6.20	44	2.1	1.4	3.0
21	0.04	0.61	9.35	7.67	53	2.8	1.9	3.1
21	0.06	0.63	11.16	9.15	61	3.5	2.4	3.2
21	0.08	0.65	12.96	10.63	70	4.3	2.8	3.3
21	0.10	0.67	14.76	12.10	78	5.0	3.3	3.4
24	0	0.60	6.37	5.22	40	1.6	1.1	3.0
24	0.02	0.62	8.66	7.10	48	2.3	1.5	3.1
24	0.04	0.64	10.95	8.98	56	3.0	2.0	3.2
24	0.06	0.66	13.27	10.88	65	3.7	2.5	3.3
24	0.08	0.68	15.54	12.74	73	4.5	3.0	3.4
24	0.10	0.70	17.83	14.62	82	5.2	3.4	3.5

注：日粮中添加的食用盐应符合 GB 5461—2000 中的规定。

3. 妊娠期母山羊每日营养需要量

妊娠期母山羊每日营养需要量见表4-11。

表 4-11 妊娠期母山羊每日营养需要量

妊娠阶段	日增重/(kg/天)	日粮干物质进食量/(kg/天)	消化能/(MJ/天)	代谢能/(MJ/天)	粗蛋白质/(g/天)	钙/(g/天)	总磷/(g/天)	食用盐/(g/天)
空怀期	10	0.39	3.37	2.76	34	4.5	3.0	2.0
	15	0.53	4.54	3.72	43	4.8	3.2	2.7
	20	0.66	5.62	4.61	52	5.2	3.4	3.3
	25	0.78	6.63	5.44	60	5.5	3.7	3.9
	30	0.90	7.59	6.22	67	5.8	3.9	4.5
1~90d	10	0.39	4.80	3.94	55	4.5	3.0	2.0
	15	0.53	6.82	5.59	65	4.8	3.2	2.7
	20	0.66	8.72	7.15	73	5.2	3.4	3.3
	25	0.78	10.56	8.66	81	5.5	3.7	3.9
	30	0.90	12.34	10.12	89	5.8	3.9	4.5
91~120d	15	0.53	7.55	6.19	97	4.8	3.2	2.7
	20	0.66	9.51	7.8	105	5.2	3.4	3.3
	25	0.78	11.39	9.34	113	5.5	3.7	3.9
	30	0.90	13.20	10.82	121	5.8	3.9	4.5
120d以上	15	0.53	8.54	7.00	124	4.8	3.2	2.7
	20	0.66	10.54	8.64	132	5.2	3.4	3.3
	25	0.78	12.43	10.19	140	5.5	3.7	3.9
	30	0.90	14.27	11.70	148	5.8	3.9	4.5

注：日粮中添加的食用盐应符合 GB 5461—2000 中的规定。

4. 泌乳期母山羊每日营养需要量

泌乳期母山羊每日营养需要量见表 4-12。泌乳后期母山羊每日营养需要量见表 4-13。山羊对常量矿物质元素每日营养需要量参数见表 4-14，山羊对微量矿物质元素每日营养需要量见表 4-15。

表 4-12 泌乳期母山羊每日营养需要量

体重/kg	日增重/(kg/天)	日粮干物质进食量/(kg/天)	消化能/(MJ/天)	代谢能/(MJ/天)	粗蛋白质/(g/天)	钙/(g/天)	总磷/(g/天)	食用盐/(g/天)
10	0	0.39	3.12	2.56	24	0.7	0.4	2.0
10	0.50	0.39	5.73	4.70	73	2.8	1.8	2.0
10	0.75	0.39	7.04	5.77	97	3.8	2.5	2.0
10	1.00	0.39	8.34	6.84	122	4.8	3.2	2.0
10	1.25	0.39	9.65	7.91	146	5.9	3.9	2.0
10	1.50	0.39	10.95	8.98	170	6.9	4.6	2.0
15	0	0.53	4.24	3.48	33	1.0	0.7	2.7
15	0.50	0.53	6.84	5.61	31	3.1	2.1	2.7
15	0.75	0.53	8.15	6.68	106	4.1	2.8	2.7
15	1.00	0.53	9.45	7.75	130	5.2	3.4	2.7
15	1.25	0.53	10.76	8.82	154	6.2	4.1	2.7
15	1.50	0.53	12.06	9.89	179	7.3	4.8	2.7
20	0	0.66	5.26	4.31	40	1.3	0.9	3.3
20	0.50	0.66	7.87	6.45	89	3.4	2.3	3.3
20	0.75	0.66	9.17	7.52	114	4.5	3.0	3.3
20	1.00	0.66	10.48	8.59	138	5.5	3.7	3.3
20	1.25	0.66	11.78	9.66	162	6.5	4.4	3.3
20	1.50	0.66	13.09	10.73	187	7.6	5.1	3.3
25	0	0.78	6.22	5.10	48	1.7	1.1	3.9
25	0.50	0.78	8.83	7.24	97	3.8	2.5	3.9
25	0.75	0.78	10.13	8.31	121	4.8	3.2	3.9
25	1.00	0.78	11.44	9.38	145	5.8	3.9	3.9
25	1.25	0.78	12.73	10.44	170	6.9	4.6	3.9
25	1.50	0.78	14.04	11.51	194	7.9	5.3	3.9
30	0	0.90	6.70	5.49	55	2.0	1.3	4.5
30	0.50	0.90	9.73	7.98	104	4.1	2.7	4.5
30	0.75	0.90	11.04	9.05	128	5.1	3.4	4.5
30	1.00	0.90	12.34	10.12	152	6.2	4.1	4.5
30	1.25	0.90	13.65	11.19	177	7.2	4.8	4.5
30	1.50	0.90	14.95	12.26	201	8.3	5.5	4.5

注：1. 泌乳前期指泌乳第 1 天到第 30 天。

2. 日粮中添加的食用盐应符合 GB 5461—2000 中的规定。

表 4-13　泌乳后期母山羊每日营养需要量

活体重 /kg	泌乳量 /（kg/天）	日粮干物质进食量 /（kg/天）	消化能 /（MJ/天）	代谢能 /（MJ/天）	粗蛋白质 /（g/天）	钙 /（g/天）	总磷 /（g/天）	食用盐 /（g/天）
10	0	0.39	3.71	3.04	22	0.7	0.4	2.0
10	0.15	0.39	4.67	3.83	48	1.3	0.9	2.0
10	0.25	0.39	5.30	4.35	65	1.7	1.1	2.0
10	0.50	0.39	6.90	5.66	108	2.8	1.8	2.0
10	0.75	0.39	8.50	6.97	151	3.8	2.5	2.0
10	1.00	0.39	10.10	8.28	194	4.8	3.2	2.0
15	0	0.53	5.02	4.12	30	1.0	0.7	2.7
15	0.15	0.53	5.99	4.91	55	1.6	1.1	2.7
15	0.25	0.53	6.62	5.43	73	2.0	1.4	2.7
15	0.50	0.53	8.22	6.74	116	3.1	2.1	2.7
15	0.75	0.53	9.82	8.05	159	4.1	2.8	2.7
15	1.00	0.53	11.41	9.36	201	5.2	3.4	2.7
20	0	0.66	6.24	5.12	37	1.3	0.9	3.3
20	0.15	0.66	7.20	5.90	63	2.0	1.3	3.3
20	0.25	0.66	7.84	6.43	80	2.4	1.6	3.3
20	0.50	0.66	9.44	7.74	123	3.4	2.3	3.3
20	0.75	0.66	11.04	9.05	166	4.5	3.0	3.3
20	1.00	0.66	12.63	10.36	209	5.5	3.7	3.3
25	0	0.78	7.38	6.05	44	1.7	1.1	3.9
25	0.15	0.78	8.34	6.84	69	2.3	1.5	3.9
25	0.25	0.78	8.98	7.36	87	2.7	1.8	3.9
25	0.50	0.78	10.57	8.67	129	3.8	2.5	3.9
25	0.75	0.78	12.17	9.98	172	4.8	3.2	3.9
25	1.00	0.78	13.77	11.29	215	5.8	3.9	3.9
30	0	0.90	8.46	6.94	50	2.0	1.3	4.5
30	0.15	0.90	9.41	7.72	76	2.6	1.8	4.5
30	0.25	0.90	10.06	8.25	93	3.0	2.0	4.5
30	0.50	0.90	11.66	9.56	136	4.1	2.7	4.5
30	0.75	0.90	13.24	10.86	179	5.1	3.4	4.5
30	1.00	0.90	14.85	12.18	222	6.2	4.1	4.5

注：1. 泌乳后期指泌乳第 31 天到第 70 天。

2. 日粮中添加的食用盐应符合 GB 5461—2000 中的规定。

第四章　羊的营养与饲料

表4-14　山羊对常量矿物质元素每日营养需要量参数

常量元素	维持 mg/kg 体重	妊娠 g/kg 胎儿	泌乳 g/kg 产奶	生长 /（g/kg）	吸收率 （%）
钙	20	11.5	1.25	10.7	30
总磷	30	6.6	1.0	6.0	65
镁	3.5	0.3	0.14	0.4	20
钾	50	2.1	2.1	2.4	90
钠	15	1.7	0.4	1.6	80
硫	0.16%～0.32%（以进食日粮干物质为基础）				—

注：1. 表中参数参考自 Kessler（1991）和 Haenlein（1987）资料信息。
　　2. 表中"—"表示暂无此项数据。

表4-15　山羊对微量矿物质元素需要量（以进食日粮干物质为基础）

微量元素	推荐量/（mg/kg）
铁	30～40
铜	10～20
钴	0.11～0.2
碘	0.15～2.0
锰	60～120
锌	50～80
硒	0.05

注：表中推荐数值参考自 AFRC（1998），以进食日粮干物质为基础。

提示　饲养标准是根据科学试验结果，结合实际饲养经验制订的。标准仅供参考，不能生搬硬套。由于各地区羊的品种、体重大小、生产性能不同，饲养地的自然条件、饲养管理技术水平不同，羊机体对营养需求也不一样，应根据本地的生产实际对饲养水平酌情调整。

第三节　羊的常用饲料

我国习惯上是按饲料的来源、理化性状、饲料的营养成分和生产价值等条件，将饲料分为植物性饲料、动物性饲料、矿物质性饲料和其他添加剂饲料。因其不能反映出饲料的营养特性，1983 年我国根据国际饲料命名及分类原则，按饲料营养特性分为 8 大类，并使其命名具有数字化，各种饲料均有编码，见表 4-16

表 4-16   饲料国际分类法及其限制条件

饲料编号	饲料归类	水分含量（%）	干物质纤维含量（%）	干物质粗蛋白质含量（%）
1—00—000	粗饲料	<45	≥18	—
2—00—000	青绿饲料	≥45	—	—
3—00—000	青贮饲料	≥45	—	—
4—00—000	能量饲料	<45	<18	<20
5—00—000	蛋白质饲料	<45	<18	>20
6—00—000	矿物质饲料	—	包括工业合成的及天然单一矿物质饲料等	
7—00—000	维生素饲料	—	指工业或提纯的单一或复合维生素	
8—00—000	添加剂	—	指非营养性添加剂，如防腐剂、抗氧化剂、抗生素等	

1. 粗饲料

主要包括干草类、农副产品类、树叶类、糟渣类等。粗饲料的来源广、种类多、价格低，是羊冬、春季的主要饲料来源。一般农户饲喂少量的羊，可以直接把收集来的粗饲料进行加工调制之后混合精料饲喂羊。

（1）干草   青草在结籽实以前刈割下来，经晒干制成。优良的干草饲料中可消化粗蛋白质的含量应在 12% 以上，干物质损失约为 18% ~ 30%。草粉是羊配合饲料的一种重要成分。它的含水量不得超过 12%。

（2）秸秆类   可饲用的有稻草、玉米秸、麦秸、豆秸等。秸秆类饲料通常要搭配其他粗饲料混合粉碎饲喂。

（3）秕壳类   它是农作物籽实脱壳后的副产品，营养价值的高低

随加工程度的不同而不同。其中，大豆荚是羊的一种较好的粗饲料。

> ➡ **[提示]** 有条件的可以把上述各种粗饲料进行混合青贮，既能提高这些粗饲料的适口性，又能增加粗饲料的消化率和营养价值。

2. 青绿饲料

主要包括天然牧草、人工栽培牧草、叶菜类、根茎类、水生植物及菜叶瓜藤类饲料等。青绿饲料能较好地被羊利用，且品种齐全，具有来源广、成本低、采集方便、加工简单、营养全面等优点，其重要性甚至大于精、粗饲料。

青绿饲料的营养特性是含水量高，陆生植物的水分含量约为75%~90%，而水生植物的水分含量大约在95%左右。青绿饲料的热能值低，每千克仅含消化能1250~2500kJ。因而，仅靠青绿饲料作为羊的日粮是难以满足其能量需要的，必须配合其他含能量较高的饲料组成日粮。一般禾本科牧草和蔬菜类饲料的粗蛋白质含量在1.5%~3%之间，其含赖氨酸较多，因此，它可以补充谷物饲料中赖氨酸的不足。青绿饲料干物质中的粗纤维含量不超过30%，叶、菜类干物质中的粗蛋白含量不超过15%，无氮浸出物含量为40%~50%。植物开花或抽穗之前，粗纤维含量较低。矿物质含量约占青绿饲料鲜重的1.5%~2.5%，可是它的钙磷比例较适宜。胡萝卜素在50~80mg/kg，维生素B_6很少，缺乏维生素D。青干苜蓿中的维生素B_2含量为6.4mg/kg，比玉米籽实高3倍。青绿饲料与由它调制的干草可长期单独组成羊的日粮。

> ⚠ **[注意]** 青绿饲料堆放时间长、保管不当，会发霉腐败，或者在锅里加热或煮后焖在锅里过夜，都会使青绿饲料亚硝酸盐含量大大增加，此时的青绿饲料不可再饲喂。

3. 青贮饲料

青贮饲料是由含水分多的植物性饲料经密封、发酵后而成，主要用于喂养反刍动物。青贮饲料比新鲜饲料耐储存，营养成分强于干饲料。青贮是调制和储藏青绿饲料的有效方法，青贮饲料能有效地保存青绿植物的营养成分。青贮饲料的特点和加工方法详见第五章内容。

4. 能量饲料

在绝对干物质中粗纤维含量低于18%，粗蛋白质含量低于20%的谷实类、糠麸类、草籽树实类、块根块茎瓜果等，一般每千克饲料绝对干物质中含消化能在10.46 MJ以上。

（1）谷实类饲料　含无氮浸出物约占干物质的71.6%～80.3%，其中主要是淀粉。谷实类饲料中的赖氨酸与蛋氨酸含量不足，分别为0.31%～0.69%与0.16%～0.23%；谷实类饲料中含钙量低于0.1%，而磷的含量可达0.31%～0.45%，这种钙磷比例对任何动物都是不适宜的。

⚠ ［注意］　在应用这类饲料时特别要注意钙的补充，必须与其他优质蛋白质饲料配合使用。

➡ ［提示］　粉碎的玉米如水分高于14%时，则不适宜长期储存，时间长了容易发霉。在高粱中含有单宁，有苦味，在调制配合饲料中，色深者只能加到10%。

（2）糠麸类饲料　糠麸类饲料包括碾米、制粉加工主要副产品。常用糠麸类饲料有稻糠、麦麸、高粱糠、玉米糠和小米糠。

（3）块根块茎及瓜类饲料　这类饲料包括胡萝卜、甘薯、木薯、甜菜、甘蓝、马铃薯、菊芋块茎、南瓜等。根类、瓜类水分含量高达75%～90%。就干物质而言，无氮浸出物含量很高，达到67.5%～88.1%。南瓜中的核黄素含量高，而甘薯（地瓜）、南瓜中的胡萝卜素含量高。块根与块茎饲料中富含有钾盐。马铃薯块茎干物质中的80%左右是淀粉，可作为羊的能量饲料。

⚠ ［注意］　绿色马铃薯和发芽的马铃薯含有龙葵素，动物吃了易中毒。刚收获的甜菜不宜马上投喂给羊吃，否则易引起下痢。

第四章　羊的营养与饲料

5. 蛋白质饲料

蛋白质饲料是指干物质中粗纤维含量在18%以下，粗蛋白质含量在20%以上的饲料。包括植物性蛋白质饲料、动物性蛋白质饲料、单细胞蛋白质饲料及非蛋白氮饲料。

(1) 植物性蛋白质饲料 它包括饼粕类饲料、豆科籽实及一些农副产品。饼粕类中常见的有大豆饼类、花生饼、芝麻饼、向日葵饼、胡麻饼、棉籽饼、菜籽饼等。

> **提示** 大豆饼粕中有抗胰蛋白酶、血细胞凝集素、产生甲状腺肿的物质、皂素等有害物质，影响动物的适口性、消化性和一些生理过程，但它不耐热，在适当水分下经加热即可分解，有害作用即可消失，但如加热过度，会降低部分氨基酸的活性甚至破坏氨基酸。棉籽饼中含有棉酚，菜籽饼中含有芥子碱、硫甘和单宁等有害成分，在饲喂前一定要进行处理，而且要注意掌握用量，不可过多。

(2) 动物性蛋白质饲料 它包括畜禽、水产副产品等。此类饲料蛋白质、赖氨酸含量高，但蛋氨酸含量较低。血粉虽然蛋白质含量高，但它缺乏异亮氨酸，异亮氨酸大约占干物质的0.99%。灰分、B族维生素含量高，尤其是维生素 B_2、维生素 B_{12} 含量很高。

(3) 饲料酵母 属单细胞蛋白质饲料，常用啤酒酵母制成。饲料酵母的粗蛋白质含量为50%～55%，氨基酸组成全面，富含赖氨酸，蛋白质含量和质量都高于植物性蛋白质饲料，消化率和利用率也高。饲料酵母含有丰富的B族维生素，因此，在羊的配合饲料中使用饲料酵母可补充蛋白质和维生素，并可提高整个日粮的营养水平。

(4) 非蛋白氮饲料 是指简单含氮化合物，如尿素、缩二脲和氨盐等。这些含氮化合物均可被瘤胃细菌用作合成菌体蛋白的原料，其中以尿素应用最为广泛。由于尿素中氨释放的速度快，使用不正确易造成氨中毒，为此饲料中应当含有充分的可溶性糖和淀粉等容易发酵的物质。饲料中含非蛋白氮不超过饲料中所需蛋白质的20%～35%为宜，非蛋白氮的含量控制在10%～12%之间，其具体应用要领如下：

1）将非蛋白氮饲料配制成高蛋白饲料，如将其制成凝胶淀粉尿素或氨基浓缩物，用以降低氨的释放速度。

2）将非蛋白氮（尿素）配制成混合料并将其制成颗粒料，其中尿素占混合料的1%～2%为宜，若超过3%，会影响到饲料的适口性，甚至可导致中毒事故的发生。

3）在饲喂尿素的过程中，应当采取逐步增加用量的方法，以使羊瘤胃中的微生物群逐步适应，等其大量增殖后，采食较大量的尿素也就较安全了，同时又可增强微生物的合成作用，增进菌体蛋白的合成量。

4）可将添加了非蛋白氮饲料添加剂的混合料压制成舔砖，也可在青贮饲料或干草中添加尿素，还可在用碱处理秸秆时添加尿素。

5）在添加非蛋白氮时，不能同时饲喂含脲酶的饲料（如豆类、南瓜等）。饲喂半小时内不能饮水，更不能将非蛋白氮溶解在水里后供给羊。

6）饲喂含非蛋白氮饲料添加剂的饲料时，应将非蛋白氮饲料添加剂（如尿素）在饲料中充分搅拌均匀，并分次来喂羊。

7）若发生氨中毒，当立即用2%～3.5%的醋酸溶液进行灌服，或采取措施将瘤胃中的内容物迅速排空解毒。

6. 矿物质饲料

动植物饲料中虽含有一定量的矿物质，但对舍饲条件下的羊常不能满足其生长发育和繁殖等生命活动的需要。因此，应补以所需的矿物质饲料。

（1）常量矿物质饲料　常用的有食盐、石粉、蛋壳粉、贝壳粉和骨粉等。

（2）微量矿物质饲料　常用的有氯化钴、硫酸铜、硫酸锌、硫酸亚铁、亚硒酸钠等。在添加时，一定要均匀搅拌配到饲料中。

7. 维生素饲料

维生素饲料是指工业合成或由天然原料提纯精制（或高浓缩）的各种单一维生素或复合维生素制剂或由其产生的复合维生素制剂，不包括某项维生素含量较多的如胡萝卜、松针粉等天然饲料。

维生素按其溶解性可分为脂溶性维生素和水溶性维生素两类。脂溶性维生素包括维生素 A、维生素 D、维生素 E、维生素 K；水溶性维生素常用的有 B 族维生素及维生素 C。此外，肌醇和氨基苯甲酸等也属水溶性维生素。

维生素饲料主要用于对天然饲料中某种维生素的营养补充、提高动物抗病或抗应激能力、促进生长以及改善畜产品的产量和质量等。维生素的需要量随羊的品种、生长阶段、饲养方式、环境因素的不同而不同。各国饲料标准所确定的需要量为羊对维生素的最低需要量，是设计生产添加剂的基本依据。考虑到实际生产应用中许多因素的影响，饲粮中维生素的添加量都要在饲养标准所列需要量的基础上加"安全系数"。在某些维生素单体的供给量上常常以 2～10 倍设计添加超量，以保证满足羊生长发育的真正需要。由于羊的品种、生产性能、饲料条件以及生产目的等方面的差异，在不同企业生产的维生素预混料中，含有各单体维生素的活性单位量有很大差异。

8. 饲料添加剂

饲料添加剂是羊的配合饲料的添加成分，多指为强化基础日粮的营养价值、促进羊的生长发育、防治疾病，而加进饲料的微量添加物质。添加剂成分大体分为两类，即非营养添加剂和营养添加剂。非营养添加剂包括生长促进剂、着色剂、防腐剂等。营养添加剂包括维生素、矿物质、微量元素、工业生产的氨基酸等。

目前，我国用于饲料添加剂的氨基酸有蛋氨酸、赖氨酸、色氨酸、甘氨酸、丙氨酸和谷氨酸 6 种。其中以蛋氨酸和赖氨酸为主。在配合饲料中常用的是粉状 DL-蛋氨酸和 L-盐酸赖氨酸。

近几年来，各地用中草药代替青绿饲料喂动物较为普遍，中草药饲料添加剂无毒副作用和抗药性，而且资源丰富、来源广泛、价格便宜、作用广泛，它既有营养作用，又有防病治病的作用。

第四节　羊饲料的加工调制

试验研究与生产实践证明，对饲料进行加工调制，可明显地改善适口性，利于咀嚼，提高消化率和吸收率，提高生产性能，便于储藏和运输。混合饲料的加工调制包括青绿饲料的加工调制、粗饲料的加工调制、能量饲料的加工调制。

青绿饲料的加工调制

青绿饲料含水分高，宜现采现喂，不宜储藏运输。只有制成青干草或干草粉后，才能长期保存。干草的营养价值取决于制作原料的种类、生长阶段和调制技术。一般豆科干草含较多的粗蛋白，有效能值在豆科、禾本科和禾谷类作物干草间无显著差别。在调制过程中，一般调制时间越短养分损失越小。在自然干燥条件下晒制的干草，养分损失为15%～20%，在人工条件下调制的干草，养分损失仅为5%～10%，所含胡萝卜素多，为晒制的3～5倍。

调制干草的方法一般有两种：地面晒干法和人工干燥法。人工干燥法又有高温和低温两种方法。低温法是在45～50℃下于室内停放数小时，使青草干燥；高温法是在50～100℃的热空气中脱水干燥6～10s，即可干燥完毕，一般植株温度不超过100℃，几乎能保存青草的全部营养价值。

粗饲料的加工调制

粗饲料质地坚硬，含纤维素多，其中木质素比例大，适口性差，利用率低，通过加工调制可使这些性状得到改善。

1. 物理处理

利用机械、水、热力等物理作用，改变粗饲料的物理性状，提高利用率。具体方法有以下几种：

（1）切短 使之有利于羊咀嚼，而且容易与其他饲料配合使用。

（2）浸泡 即在100kg温水中加入5kg食盐，将切短的秸秆分批在桶中浸泡，24h后取出，可软化秸秆，提高秸秆的适口性，便于采食。

（3）蒸煮 将切短的秸秆于锅内蒸煮1h，闷2～3h即可。这样可软化纤维素，增加适口性。

（4）热喷 将秸秆、荚壳等粗饲料置于饲料热喷机内，用高温、高压蒸气处理1～5min后，立即放在常压下使之膨化。热喷后的粗饲料结构疏松，适口性好。羊的采食量和消化率均能提高。

第四章 羊的营养与饲料

2. 化学处理

化学处理就是用酸、碱等化学试剂处理秸秆等粗饲料，分解其中难以消化的部分，以提高秸秆的营养价值。

（1）氢氧化钠处理 氢氧化钠可使秸秆结构疏松，并可溶解部分难消化物质，而提高秸秆中有机物质的消化率。最简单的方法是将2%的氢氧化钠溶液均匀喷洒在秸秆上，经24h可饲喂。

（2）石灰液钙化处理 石灰液具有同氢氧化钠类似的作用，而且可补充钙质，更主要的是该方法简便，成本低。其方法是每100kg秸秆用1kg石灰、1~1.5kg食盐，加水200~250kg搅匀配好，把切碎的秸秆浸泡5~10min，然后捞出放在浸泡池的垫板上，熟化24~36h后即可饲喂。

（3）碱酸处理 把切碎的秸秆放入1%的氢氧化钠溶液中，浸泡好后，捞出压实，过12~24h再放入3%的盐酸中浸泡。捞出后沥干即可饲喂。

（4）氨化处理 用氨或氨类化合物处理秸秆等粗饲料，可软化植物纤维，提高粗纤维的消化率，增加粗饲料中的含氮量，改善粗饲料的营养价值。

3. 微生物处理

就是利用微生物产生纤维素酶分解纤维素，以提高粗饲料的消化率。比较成功的方法有以下几种：

（1）EM处理法 EM是"有效微生物"的英文缩写，是由光合细菌、放线菌、酵母菌、乳酸菌等10个属80多种微生物复合培养而成。处理要点如下：

1）秸秆粉碎。可先将秸秆用铡草机铡短，然后在粉碎机内粉碎成粗粉。

2）配制菌液。取EM原液2000mL，加糖蜜或红糖2kg、净水320kg，在常温下充分混合均匀。

3）菌液拌料。将配置好的菌液喷洒在1t粉碎好的粗饲料上，充分搅拌均匀。

4）厌氧发酵。将混拌好的饲料一层层地装入发酵窖（池）内，随装随踩实。当料装至高出窖口30~40cm时，上面覆盖塑料薄膜，再盖 20 ~ 30cm 厚的细土，拍打严实，防止透气。少量发酵时，也可用塑料袋，其关键是压实，以创造厌氧环境。

5）开窖喂用。封窖后夏季 5 ~ 10 天，冬季 20 ~ 30 天即可开窖喂用。开窖时要从一端开始，由上至下，一层层喂用。窖口要封盖，防止阳光直射、泥土污物混入和杂菌污染。优质的发酵饲料具有苹果香味，酸甜兼具，经适当驯食后，羊即可正常采食。

（2）秸秆微贮法 发酵活杆菌是由木质纤维分解菌和有机酸发酵菌通过生物工程技术制备的高效复合杆菌剂，用来处理作物秸秆等粗饲料，效果较好。制作方法如下：

1）秸秆粉碎。将麦秸、稻草、玉米秸等粗饲料以铡草机切碎或粉碎机粉碎。

2）菌种复活。秸秆发酵活杆菌菌种每袋 3g，可调制干秸秆 1t，或青秸秆 2t。在处理前，先将菌种倒入 200mL 温水中充分溶解，然后在常温下放置 1 ~ 2h 后使用，当日用完。

3）菌液配制。以每吨麦秸或稻草需要活菌制剂 3g，食盐 9 ~ 12kg（用玉米秸可将食盐降至 6 ~ 8kg），水 1200 ~ 1400kg 的比例配制菌液，充分混合。

4）秸秆入窖。分层铺放粉碎的秸秆，每层厚 20 ~ 30cm，并喷洒菌液，使物料含水率为 60% ~ 70%，喷洒后踏实，然后再铺第二层，一直铺到高出窖口 40cm 时再封口。

5）封口。将最上面的秸秆压实，均匀洒上食盐，用量为每平方米 250g，以防止上面的物料霉烂，最后盖塑料薄膜，往膜上铺 20 ~ 30cm 厚的麦秸或稻草，最后覆盖厚 15 ~ 20cm 的土，密封，进行厌氧发酵。

6）开窖和使用。封窖 21 ~ 30 天后即可喂用。发酵好的秸秆应具有醇香和果香酸甜味，手感松散，质地柔软湿润。取用时应先将上层泥土轻轻取下，从一端开窖，一层层取用，取后将窖口封严，防止雨水浸入和掉进泥土。开始饲喂时，羊可能不习惯，约有 7 ~ 10 天的适应期。

三 能量饲料的加工调制

能量饲料的营养价值及消化率一般都较高，但是常常因为籽实

类饲料的种皮、颖壳、内部淀粉粒的结构及某些混合精料中含有不良物质而影响了营养成分的消化吸收和利用。所以这类饲料喂前也应经一定的加工调制，以便充分发挥其营养物质的作用。

1. 粉碎

这是最简单、最常用的一种加工方法。经粉碎后的籽实便于咀嚼，并能增加饲料与消化液的接触面，使消化作用进行得更完全，从而提高饲料的消化率和利用率。

2. 浸泡

将饲料置于池子或缸中，按1:（1～1.5）的比例加入水。谷类、豆类、油饼类的饲料经浸泡后，会因吸收水分而变得膨胀柔软，更容易咀嚼，便于消化。而且浸泡后某些饲料的毒性和异味便减轻，从而提高适口性。但是浸泡的时间应掌握好，浸泡时间过长，会因养分被水溶解而造成损失，适口性也降低，甚至变质。

3. 蒸煮

马铃薯、豆类等饲料因含有不良物质不能生喂，必须蒸煮以解除毒性，同时还可提高适口性和消化率。蒸煮时间不宜过长，一般不超过20min。否则可引起蛋白质变性和某些维生素被破坏。

4. 发芽

谷实籽粒发芽后，可使一部分蛋白质分解成氨基酸，同时糖分、胡萝卜素、维生素E、C及B族维生素的含量也大大增加。此法主要是在冬、春季缺乏青绿饲料的情况下使用。方法是将准备发芽的籽实用30～40℃的温水浸泡一昼夜（可换水1～2次）。后把水倒掉，将籽实放在容器内，上面盖上一块温布（温度保持在15℃以上），每天早晚用15℃的清水冲洗1次，3天后即可发芽。在开始发芽但尚未盘根以前，最好翻转1～2次，一般经6～7天，芽长为3～6cm时即可饲喂。

5. 制粒

制粒就是将配合饲料制成颗粒饲料。羊具有啃咬坚硬食物的特性，这种特性可刺激消化液分泌，增强消化道蠕动，从而提高对食物的消化吸收。将配合饲料制成颗粒，可使淀粉熟化；大豆和豆饼及谷物中的抗营养因子发生变化，减少对羊的危害；保持饲料的均质性，因而，可显著提高配合饲料的适口性和消化率，提高生产性能，减少饲料浪费；便于储存运输，同时还有助于减少疾病传播。颗粒饲料虽有诸多优点，但在加工时应注意以下几项影响饲喂效果的因素：

（1）原料粉粒的大小 制造羊用颗粒饲料所用的原料粉粒过大会影响羊的消化吸收，过小易引起肠炎。一般原料粉粒直径以 1～2mm 为宜。其中添加剂的粒度以 0.18～0.60mm 为宜，这样才有助于搅拌均匀和消化吸收。

（2）粗纤维含量 颗粒料所含的粗纤维以 12%～14% 为宜。

（3）水分含量 为防止颗粒饲料发霉，应控制水分，北方低于 14%，南方低于 12.5%。由于食盐具有吸水作用，在颗粒饲料中，其用量以不超过 0.5% 为宜。另外，在颗粒饲料中还加入 1% 的防霉剂丙酸钙，0.01%～0.05% 的抗氧化剂丁基化羟基甲苯（BHT）或丁基化羟基氧基苯（BHA）。

（4）颗粒饲料的大小 制成的饲料颗粒直径应为 4～5mm，长应为 8～l0mm，用此规格的颗粒饲料喂羊收效最好。

第五节　羊日粮配合

一　日粮配合的意义

传统养羊一般是以放牧或者放牧加补饲的方式为主，多以单一饲料或简单几种饲料混合喂羊，在规模化舍饲条件下，羊的饲料基本上是完全由人工供给，以传统的方法养羊是不能满足羊的营养需要的，饲料营养不平衡，因此也会影响羊的生产性能。因为任何一种饲料都不可能满足羊不同生理阶段对各种营养物质的需要，而只有多种不同营养特点的饲料相互搭配，取长补短，才能满足羊的营养需要，克服单一饲料营养不全面的缺陷。

配合饲料就是根据不同品种、生理阶段、生产目的和生产水平等对营养的需要和各种饲料的有效成分含量，把多种饲料按照科学配方配制而成的全价饲料。利用配合饲料喂羊，能最大限度地发挥羊的生产潜力，提高饲料利用率，降低成本，提高效率。

羊的营养与饲料　第四章

⊙ 【提示】 虽然羊的全价饲料具有营养需要量和饲料营养价值表的科学依据，但是这两方面都仍在不断研究和完善过程中。因此，应用现有的资料配制的全价饲料应通过实践检验，根据实际饲养效果因地制宜地作些修正。

二 日粮配合的一般原则

1. 因羊制宜

要根据羊的不同品种、性别、生理阶段，参照营养标准及饲料成分表进行配制，还要根据实际情况不断调整，不可照搬饲养标准，也不可让所有的羊都吃一种料。即使是同一品种，不同生理阶段、不同季节的羊的饲料应有所变化。而同一品种和同一生产阶段，不同生产性能的羊的饲料同样也应有所不同。

2. 因时制宜

配方要根据季节和天气情况而灵活设计。在农村，夏、秋季节青绿饲料可充足供应时，只要设计混合精料补充料即可；而在冬、春季节，青绿饲料缺乏，在设计配方时，应增补维生素，并适当补喂多汁饲料；在多雨季节应适当增加干料；在季节交替时，饲料应逐渐过渡等。

3. 适口性

一组营养较全面而适口性不佳的饲料，也不能说是好饲料。适口性的好坏直接影响到羊的采食量，适口性好的饲料羊就爱吃，就可提高饲养效果；如果适口性不好，即使饲料的营养价值很高，也会降低其饲养效果。因此，在设计配方时，应熟悉羊的喜好，选用合适的饲料原料。羊喜吃味甜、微酸、微辣、多汁、香脆的植物性饲料；不爱吃有腥味、干粉状和有其他异味（如霉味）的饲料。

4. 多样性

多样性即"花草花料"，防止单一。羊对营养的需求是多方面的，任何一种饲料都不可能满足羊的全部营养需要。因而应该尽量选用多种饲料合理搭配，以实现营养的互补，一般不应少于 3 ~ 5 种。

5. 廉价性

选择饲料种类，要立足当地资源。在保证营养全价的前提下，尽量选择那些当地生产、数量大、来源广、容易获得、成本低的饲料种类。要特别注意开发当地的饲料资源，如农副产品下脚料（酒糟、醋糟、粉渣等）。

6. 安全性

选择任何饲料，都应对羊无毒无害，符合安全性的要求。在此强调，青绿饲料及果树叶，要防止农药污染；有毒饼类（如棉饼、菜籽饼等）要脱毒处理，在未脱毒或脱毒不彻底的情况下，要限量使用；块根块茎类饲料应无腐烂；其他混合精料如玉米、麸皮等应避免受潮发霉；选用药渣如土霉素渣、四环素渣、洁霉素渣等要保证质量，并限量使用，一般在育肥后期停用。

三 日粮配合的步骤

1. 查羊的饲养标准

根据欲配制饲料的羊的不同生理阶段查相关饲养标准，确定欲配合日粮的羊群的营养需要量，并列出所用饲料的养分含量表。

2. 确定各类粗饲料的喂量

粗饲料是羊日粮中的主体，配合日粮时应根据当地粗饲料的来源、品质及价格，最大限度地选用粗饲料。一般粗饲料的干物质含量占体重的2%～3%，或总干物质采食量的70%～80%应来自粗饲料，在粗饲料中最好有2/3为青绿饲料和青贮饲料，实际计算时可按3kg青绿饲料或青贮饲料相当于1kg青干草或干秸秆的比例进行折算。

3. 计算应由精料提供的养分量

每日的总营养需要与各类粗饲料所提供的养分之差，便需由精料来满足。

4. 确定混合精料的配合比例及数量

根据经验草拟一个配方，再按照试差法、十字交叉法或联立方程法对不足或过剩的养分进行调整。

5. 检查、调整与验证

上述步骤完成之后，将所有饲料提供的各种养分进行总和，如果实际提供量与其需要量之比在 95% ~ 105% 之间，说明配方合理。如超出此范围，可按前面所讲的方法，适当调整个别精料的用量，以充分满足其需要。

6. 计算精料补充料配方

求出全日粮型日粮配方后，应求出精料补充料的配方，以便生产配合饲料。

四　羊日粮配方设计示例

用青贮玉米、干燥牧草、玉米、高粱等为平均体重在 25 ~ 30kg 的育成及空怀母羊配合日粮。

1. 查饲养标准

列出羊相关生理阶段的营养需要量和拟用饲料的养分含量表（表 4-17、表 4-18）。

表 4-17　育成及空怀母羊营养需要

体重/kg	风干饲料/kg	消化能/MJ	粗蛋白/g	钙/g	磷/g	食盐/g
25 ~ 30	1. 2	13. 4	90	4	3	8

表 4-18　拟用饲料养分含量表

饲料名称	饲料干物质含量（%）	消化能/（MJ/kg）	粗蛋白（%）	钙（%）	磷（%）	食盐（%）
干燥牧草	85. 2	9. 22	8	0. 48	0. 36	—
青贮玉米	22. 7	9. 9	7	0. 44	0. 26	—
玉米	88. 4	16. 36	9. 7	0. 09	0. 24	—
高粱	89. 3	15. 04	9. 7	0. 10	0. 41	—
食盐	100	—	—	—	—	100

2. 确定各类粗饲料的喂量

干燥牧草干物质占总干物质的 25%，即用（1. 2 × 25%）kg = 0. 3kg，青贮饲料占一半，即（1. 2 × 50%）kg = 0. 6kg。

3. 计算粗饲料可提供的养分量和应由精料补充的养分量

根据表 4-18 中两种粗饲料的养分含量与饲料干物质供应量（干燥牧草干物质 0. 3kg、青贮玉米干物质 0. 6kg），计算出粗饲料可提供的养分量（表4-19）。

表4-19 粗饲料已供养分量及需要由精饲料补充的养分量

项目	饲料干物质供应量/kg	消化能/MJ	粗蛋白/g	钙/g	磷/g
需要量	1.2	13.4	90	4	3
干燥牧草	0.3	2.8	24	1.44	1.08
青贮玉米	0.6	5.9	42	2.64	1.56
粗饲料之和	0.9	8.7	66	4.08	2.64
应由精料补充*	0.3	4.7	24	余0.08	0.36

注：*养分总需要量与已供养分量之差，即为应由精料补充的养分量。

4. 初步拟定一个精料补充料配方并检查、调整、验证

根据经验，先初步拟定一个精料补充料配方，假设基本精料含玉米71%、高粱26.5%、食盐2.5%。将上述基本精料代入，求各精料的供给量（即上述比例与0.3kg的总精料干物质供量之积）和精料可供养分量（精料供量与养分含量之积），与应由精料补充的养分量进行对比，检验余缺（表4-20）。从表上可看出，粗蛋白余4.3g，在允许范围95% ~ 105%之间；钙磷比例为4.35∶3.47，在（1∶1）~（2∶1）的范围内；消化能和食盐与标准平衡。

表4-20 初拟精料养分供应量

饲料	饲料干物质含量/kg	能量/MJ	粗蛋白/g	钙/g	磷/g	食盐/g
玉米71%	0.213	3.5	20.6	0.19	0.51	0
高粱26.5%	0.079	1.2	7.7	0.08	0.32	0
食盐2.5%	0.008	—	—	—	—	0.008
精料合计100%	0.3	4.7	28.3	0.27	0.83	0.008
应由精料补充（表4-19）	0.3	4.7	24	余0.08	0.36	0.008
余缺	0	0	余4.3	余0.08	余0.47	0

5. 计算精料补充料配方

为了便于实际饲喂和生产精料补充料，应将上述各种饲料的干

物质喂养量换算成饲养状态时的喂量（干物质量/饲喂态时干物质含量），并计算出精料补充料的配合比例。为了补偿饲喂和采食过程中的浪费，一般按设计量多提供10%的粗饲料，即每天每只分别投喂0.385kg野干草和2.9kg青贮玉米。精料补充料可按表4-21中的比例进行配制，投喂量为0.337kg（饲喂态各种精料之和）。本日粮中的精料为0.3kg，粗饲料为0.9kg。日粮精、粗比例为1:3。至此，该日粮的配合工作已全部完成。

表 4-21　日粮组成

项目	采食量（干物质）/kg	采食量（饲喂态）/kg	精料组成（%）
野干草	0.3	0.35	—
青贮玉米	0.6	2.64	—
玉米	0.213	0.241	71
高粱	0.079	0.088	26.5
食盐	0.008	0.008	2.5

——第五章——
饲草青贮

第一节　饲草青贮的特点、原理及种类

　　饲草青贮是调制储藏青绿饲料和秸秆饲草的有效技术手段。饲草青贮技术本身并不复杂，只要明确其基本原理，掌握加工制作要点，就可以依各自需要，采用适当的方法制作适合自己要求规模的青贮饲料。

　　用青贮饲料饲喂羊，如同一年四季都能使羊采食到青绿多汁饲草一样，可使羊群常年保持高水平的营养状况和最高的生产力。农区采用青贮，可以更合理地利用大量秸秆，牧区采用青贮，可以更合理地利用天然草场资源。采用青贮饲料，摆脱了完全"靠天养羊"的困境。因为它可以保证羊群全年都有均衡的营养物质供应，是实现高效养羊生产的重要技术。国家对此项技术十分重视。近年来，在许多省区大力推广，获得了可观的效益。

一　饲草青贮的特点

1. 饲草青贮能有效地保存青绿植物的营养成分

　　青贮的特点是能有效地保存青绿植物中的蛋白质和维生素等营养成分。一般青绿植物在成熟或晒干后，营养价值降低30%～50%，但经过青贮处理后，营养价值只降低3%～10%。

2. 青贮能保持原料的鲜嫩汁液

　　干草含水量只有14%～17%，而青贮饲料的含水量为60%～70%，适口性好，消化率高。

3. 青贮饲料可以扩大饲料来源

一些优质的饲草羊并不喜欢采食，或不能利用，而经过青贮发酵，就可以变成羊喜欢采食的优质饲草，如向日葵、玉米秸等适口性稍差的饲草，青贮后不仅可以提高适口性，也可软化秸秆，增加可食部分，提高饲草的利用率和消化率。苜蓿青贮后，大大提高了利用率，减少了粉碎的抛洒浪费，减少了粉碎的机械和人力，还可以将叶片保留下来，提高了可食比例，对羊的适口性亦有显著的提高。

4. 青贮是保存和储藏饲草经济而安全的方法

青贮饲料占地面积小，每立方米可堆积青贮饲料 450 ~ 700kg（干物质 150kg）。若改为干草堆放则只能达到 70kg（干物质 60kg）。只要制作青贮技术得当，青贮饲料可以长期保存，既不会因风吹日晒引起变质，也不会发生火灾等意外事故。例如，采用窖贮甘薯、胡萝卜、饲用甜菜等块根类青饲料，一般能保存几个月。而采用青贮方法则可以长期保存，既简单，又安全。

5. 青贮能起到杀菌、杀虫和消灭杂草种子的作用

除厌氧菌属外，其他菌属均不能在青贮饲料中存活，各种植物寄生虫及杂草种子在青贮过程中也被杀死或破坏。

6. 发酵、脱毒

青贮处理可以将菜籽饼、棉饼、棉秆等有毒植物及加工副产品的毒性物质脱毒，使羊能安全食用。采用青贮玉米秸秆与这些饲草混合储藏的方法，可以有效地脱毒，提高其利用效率。

7. 青贮饲草是合理配合日粮及高效利用饲草资源的基础

在高效养羊生产体系中，要求饲草的合理配合与高效利用，日粮中 60% ~ 70% 是经青贮加工的饲草。采用青贮处理，羊饲料中绝大部分的饲料品质得到了有效的控制，也有利于按配方、按需要和按生产性能供给全价日粮。饲草青贮后，既能大大降低饲草成本，也能满足养羊生产的营养需要。

二 饲草青贮的生物学原理

1. 青贮饲料制作原理

青贮是在缺氧环境下，让乳酸菌大量繁殖，从而将饲料中的淀

粉和可溶性糖变成乳酸，当乳酸积累到一定浓度后，抑制腐败菌等杂菌的生长，从而将青贮饲料的营养物质长时间保存下来。

青贮主要依靠厌氧的乳酸菌发酵作用，其过程大致可分为三个阶段：

第一阶段为有氧呼吸阶段，约3天。在青贮制作过程中原料本身有呼吸作用，以氧气为生存条件的菌类和微生物尚能生存，但由于压实、密封，氧的含量有限，氧很快被消耗完。

第二阶段为无氧发酵阶段，约10天。乳酸菌在有氧情况下惰性很大，而在无氧条件下非常活跃，产生大量的乳酸菌，保存青贮饲料不霉烂变质。

第三阶段为稳定期。乳酸菌发酵，其他菌类被杀死或完全抑制，进入青贮饲料的稳定期。此时青贮饲料的pH为3.8～4.0。

> ◆ 【提示】 青贮成败的关键是在于能否为乳酸菌创造一定的条件，保证乳酸菌的迅速繁殖，形成有利于乳酸发酵的环境和排除有害的腐败过程的发生和发展。

2. 乳酸菌大量繁衍应具备的条件

（1）青贮饲料要有一定的含糖量 含糖量多的原料，如玉米秸秆和禾本科青草制作青贮较好。若对含糖量少的原料进行青贮，则必须考虑添加一定量的糖源。

（2）原料的含水量适当 以65%～75%为宜，原料中含水量过多或过少，都将影响微生物的繁殖，必须加以调整。

（3）温度适宜 一般以19～37℃为佳。制作青贮的时间尽可能在秋季进行，天气寒冷时的效果较差。

（4）高度缺氧 将原料压实、密封、排除空气，以造成高度缺氧环境。

三 青贮的种类

1. 按青贮的方法分类

（1）一般青贮 这种青贮的原理是在缺氧环境下进行。其实质就是青贮饲料收割后尽快在缺氧条件下储存。对原料的要求是含糖量不低于 2%，水分为 65% ~75%。

（2）低水分青贮 又叫半干青贮，是将青贮原料收割后放 1 ~2 天后，使其水分降低到 40% ~55% 时，然后再缺氧保存。低水分青贮的本质是在高度厌氧条件下进行。由于低水分青贮是微生物处于干燥状态下及生长繁殖受到限制的情况下进行，所以原料中的糖分或乳酸的多少以及 pH 的高低对其无关紧要，从而扩大了青贮的适用范围，使一般不易青贮的原料，如豆科植物，也可以顺利青贮。

（3）添加剂青贮 在青贮饲料中添加各种添加剂进行青贮。添加剂主要有三类：第一是促进乳酸发酵添加剂，如添加各种可溶性碳水化合物，接种乳酸菌，加酶制剂等，可迅速产生大量乳酸；第二是抑制不良发酵的添加剂，如各种酸类、抑制剂等，防止腐生菌等不利于青贮的微生物生长；第三是提高青贮饲料的营养物质含量的添加剂，如添加尿素、氨化物，可增加蛋白质的含量等，还可以扩大青贮原料的范围。

（4）水泡青贮 水泡青贮是短期保存青贮饲料的一种简易方法。其主要是用清水淹没原料，充分压实造成缺氧。制作成功的水泡青贮，既能保存青饲料的多汁性和营养物质，又能提高适口性。一般野菜、树叶、菜叶都可水泡青贮。

2. 根据原料组成和营养特性分类

（1）单一青贮 单独青贮一种禾本科或其他含糖量高的植物原料。

（2）混合青贮 在满足青贮基本要求的前提下，将多种青贮原料或农副产品原料混合储存，它的营养价值比单一青贮的全面，适口性好。

（3）配合青贮 根据羊对各种营养物质的需要，在满足青贮基本要求的前提下，将各种青贮原料进行科学的合理搭配，然后混合青贮。

3. 根据青贮原料的形态分类

（1）切短青贮 将青贮原料切成 2 ~3cm 的短节，或将原料粉碎，以求能扩大微生物的作用面积，能充分压紧，高度缺氧。

（2）整株青贮 原料不切短，全株贮于青贮窖或青贮壕内，可在劳力紧张和收割季节短暂的情况下采用，要求充分压实，必要时配合使用添加剂，以保证青贮质量。

第二节　青贮原料

青贮饲料的来源十分广泛，它包括天然牧草，人工栽植的饲草、叶菜类、根茎类、水生植物类、农作物秸秆、树叶类等植物性饲料，具有来源广、成本低、易收集、易加工、营养比较全面等特点。

一　青贮原料应具备的条件

调制青贮饲料时必须设法创造有利于乳酸菌生长繁殖的条件，即原料应具有一定的含糖量、适宜的含水量、青贮原料的缓冲能力及厌氧环境，使之尽快产生乳酸。

1. 适宜的含糖量

适宜的含糖量是乳酸菌发酵的物质基础，原料含糖量的多少直接影响到青贮效果的好坏。一般而言，作物秸秆的干物质含糖量应超过6%，方可制成优质青贮饲料，含糖量过低时（低于2%）则制不成优质青贮饲料，含糖量的高低因青贮原料不同而有差异，如玉米、高粱秸秆、禾本科牧草、南瓜、甘蓝等饲料含有较丰富的糖分，易于青贮，可以制作单一青贮，而苜蓿、三叶草等豆科牧草含糖分较低，不宜单独青贮，可与禾本科牧草按一定比例混贮，也可在青贮时添加3%~5%的玉米粉、麸皮或者米糠，以增加含糖量，在对豆科植株青贮时，一般选择盛花期刈割并与禾本科植株混合或加入10%~20%的米糠混合青贮。一些青贮原料的含糖量如表5-1所示。

表5-1　一些青贮原料的含糖量

易于青贮的原料			不易青贮的原料		
饲料	青贮的pH	含糖量（%）	饲料	青贮的pH	含糖量（%）
玉米植株	3.5	26.8	草木樨	6.6	4.5
高粱植株	4.2	20.6	箭舌豌豆	5.8	3.62
魔芋植株	4.1	19.1	紫花苜蓿	6.0	3.72

（续）

易于青贮的原料			不易青贮的原料		
向日葵植株	3.9	10.9	马铃薯茎叶	5.4	8.53
胡萝卜茎叶	4.2	16.8	黄瓜蔓	5.5	6.76
饲用甘蓝	3.9	24.9	西瓜蔓	6.5	7.38
芜菁	3.8	15.3	南瓜蔓	7.8	7.03

2. 适宜的含水量

原料适宜的水分是保证青贮过程中乳酸菌正常活动的重要条件之一，水分过高或过低都会影响发酵过程和青贮料的品质。水分过多，容易腐烂，且渗出液多，养分损失大；水分过低，会直接抑制微生物发酵，且由于空气难以排净，易引起霉变。一般来说，最适于乳酸菌繁殖的青贮原料水分含量为65%～75%。

🔑【小常识】>>>>>

⇢ 判断青贮原料水分含量的简单方法是：将切碎的原料紧握手中，然后手自然松开，若仍保持球状，手有湿印，其水分含量在68%～75%之间；若草球慢慢膨胀，手上无湿印，其水分在60%～67%之间，适于豆科牧草的青贮；若手松开后，草球立即膨胀，其水分约在60%以下，只适于幼嫩牧草低水分青贮。

3. 青贮原料的缓冲能力

缓冲能力的高低将直接影响青贮发酵的品质，缓冲能力越高 pH 下降越慢，则发酵越慢，营养物质损失越多，青贮料品质越差。

一般认为，原料的缓冲能力与粗蛋白含量有关，二者成正比关系。不同生育时期，不同草种的缓冲能力不同，如豆科牧草、多花黑麦草、鸭茅等草类的缓冲能力较玉米、高粱等饲料作物强。苜蓿是豆科牧草的代表，其可溶性碳水化合物含量低，蛋白质含量高，缓冲能力高，发酵时不易形成低 pH 状态，这样对蛋白质有强分解作用的梭菌将氨基酸通过脱氨或脱梭作用形成氨，对糖类有强分解作用的梭菌降解乳酸生成具有腐臭味的丁酸、CO_2 和 H_2O，难以青贮成功。苜蓿青贮时通常添加一些富含糖类的物质，如一些糖分含量高的禾本科牧草进行混合青贮。

二 各类原料青贮后的营养特点

1. 青贮中青饲料的营养特点

与其他饲料相比，利用青饲料做青贮饲料，饲料中的的含水率高（60%以上），富含多种维生素和无机盐。此外，还含有1%～3%的蛋白质和多量的无氮浸出物。该种饲料的特点是青绿多汁，柔软、适口性强，消化率高，羊采食后的消化率可达85%左右。

2. 青贮中秸秆饲料的营养特点

秸秆是青贮的重要原料。它主要由茎秆和经过脱粒后剩下的叶片所组成，包括玉米秸、稻草、麦秸、高粱秆和谷草等。以玉米秸为例，羊对其的消化率为65%，对无氮浸出物的消化率为60%。玉米秸秆青贮时，胡萝卜素含量较多，每千克秸秆中含有3～7mg。

3. 青贮中树叶类饲草的营养特点

树叶外观虽硬，但营养成分全面，青嫩鲜叶很易被羊消化，树叶属于粗饲料，远优于秸秆和荚壳类饲草。

第三节　青贮设施

一 青贮设施的要求

青贮的场址宜选择在土质坚硬、地势高燥、地下水位低、靠近畜舍、远离水源和粪坑的地方。青贮容器的种类很多，但常用的有青贮窖和青贮塔。无论哪一种青贮设施，其基本的要求有以下几点：

1. 不透气

这是调制优良青贮饲料的首要条件。无论用哪种材料建造青贮设施，必须做到严密不透气。可用石灰、水泥等防水材料填充和抹青贮窖、壕壁的缝隙，如能在壁内衬一层塑料薄膜更好。

2. 不透水

青贮设施不要靠近水塘、粪池，以免污水渗入。地下或半地下式青贮设施的底面，必须高于地下水位（约0.5m），在青贮设施的周围挖好排水沟，以防地面水流入。如有水浸入会使青贮饲料腐败。

3. 墙壁要平直

青贮设施的墙壁要平滑垂直，墙角要圆滑，这会有利于青贮饲料的下沉和压实。下宽上窄或上宽下窄都会阻碍青贮饲料的下沉，或形成缝隙，造成青贮饲料霉变。

4. 要有一定的深度

青贮设施的宽度或直径一般应小于深度，宽:深为 1:1.5 或 1:2，以利于青贮饲料借助本身重力而压得紧实，减少空气，保证青贮饲料质量。

二 常见青贮设施类型

1. 青贮窖

青贮窖有地下式圆形、地下式方形、地上式和半地下式青贮窖 4 种，分别如图 5-1、图 5-2、图 5-3、图 5-4 所示。

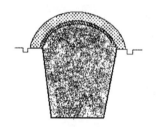 

图 5-1　地下式圆形青贮窖　　图 5-2　地下式方形青贮窖

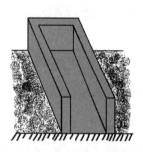 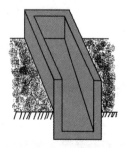

图 5-3　地上式青贮窖　　图 5-4　半地下式青贮窖

地下式青贮窖适于地下水位较低，土质较好的地区；半地下式青贮窖适于地下水位较高或土质较差的地区。青贮窖的形状及大小应根据羊的数量、青贮料饲喂时间长短以及原料的多少而定。青贮窖周壁用砖石砌成。长方形窖的四角砌成半圆形，用三合土或水泥抹面，做到坚固耐用、内壁光滑、不透气、不透水。同样容积的窖，四壁面积越小，储藏损失越少。

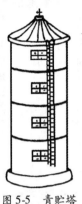

图 5-5　青贮塔

2. 青贮塔

青贮塔为地上的圆筒形建筑，一般用砖和混凝土修建而成，长久耐用，青贮效果好，塔边、塔顶的饲料很少霉变，便于机械化装料与卸料。青贮塔的高度应为直径的 2～3.5 倍，一般塔高为 12～14m，直径为 3.5～6m。在塔身一侧每隔 2m 高处开一个 0.6m×0.6m 的窗口，装时关闭，取空时敞开，如图 5-5 所示。

｛　　　｝>>>>

目前国外流行一种气密式青贮塔，塔身由镀锌钢板乃至钢筋混凝土构成，内边有玻璃层，防气性能好。提取青贮饲料可以从塔顶或塔底用旋转机械进行。塔内装填原料后，用气泵将塔内的空气抽空，使塔内保持缺氧状况，使养分最大限度得以保存。其可用于制作低水分青贮、湿玉米粒青贮或一般青贮，青贮饲料品质优良，但成本高。

3. 塑料袋青贮

塑料袋青贮是近年来国内外广泛采用的一种新型青贮设施，其优点是省工、投资少、操作简便、容易掌握、储存地方灵活。小型袋宽一般为 50cm，长为 80～120cm，每袋装 40～50kg 青贮饲料。青贮袋有两种装贮方式，一种是将切碎的青贮原料装入用塑料薄膜制成的青贮袋内，装满后用真空泵抽空密封，放在干燥的野外或室内；第二种是用打捆机将青绿牧草打成草捆，装入塑料袋内密封，置于野外发酵。青贮袋由双层塑料制成，外层为白色，内层为黑色，白色可反射阳光，黑色可抵抗紫外线对饲料的破坏作用。

三 青贮设施的设计

1. 青贮设施的大小

青贮设施的大小应适中。一般而言，青贮设施越大，原料的损耗就越少，质量就越好（表5-2）。在实际应用中，要考虑到饲养羊群头数的多少，每日由青贮窖内取出的饲料厚度不少于10cm，同时，必须考虑如何防止窖内饲料的二次发酵。

表5-2 青贮窖大小与青贮品质关系

项目	小型窖（500kg）	中型窖（2000kg）	大型窖（20000kg）
一立方米容量比	79	96	100
最高发酵温度/℃	17.0	21.9	22.0
窖内氢离子浓度/（μmol/L）	50	63	79.0
乳酸含量（%）	0.30	0.14	0
干物质消化率（%）	67.9	71.0	73.0

2. 青贮设施的容量

依羊群数量确定。原则上是原料少的做成圆形窖，原料多的做成长方形窖。

3. 青贮设施的容重

青贮饲料重量估计见表5-3。

表5-3 青贮饲料重量估计 （单位：kg/m³）

青贮原料种类	青贮饲料重量
全株玉米、向日葵	500～550
玉米秸	450～500
甘薯藤	700～750
萝卜叶、芜菁叶	600
叶菜类	800
牧草、野草	600

圆形窖储藏量（kg）＝（半径）^{2}×圆周率×高度×青贮单位体积重量

　　例如：某一养羊专业户，饲养奶山羊25～30头，全年均衡饲喂青贮饲料，辅以部分精料和干草。每天需喂青贮多少？全年共需青贮多少？修建何种形式的青贮设施及大小？

　　解：按每只羊每天平均饲喂青贮2.5kg计，一只羊一年需青贮912.5kg。

全群全年共需青贮饲料总量＝［(25 ～ 30)×2.5×365］kg

　　　　　　　　　　　　＝(22812.5 ～ 27375)kg

　　　　　　　　　　　　≈(22.8 ～ 27.4)t

　　修建成2个圆形青贮窖，其直径为3m，深为3m。所以

　　青贮窖体积＝［1.5^2×3.1416×3］m^3＝21.206m^3

　　若每立方米青贮饲料按500～700kg计，则

　　每个窖储存饲料量＝［21.206×(500 ～ 700)］kg

　　　　　　　　　　　≈(10.60 ～ 14.84)t

　　长方形窖的储藏量的计算公式如下：

长方形窖储藏量(kg)＝长度×宽度×高度×青贮饲料单位体积重量

　　例如：某羊场饲养300头生产母羊，全年均衡饲喂青贮饲料，辅以部分精料和干草，每天全群需喂多少青贮？共需多少青贮？修建何种形式的设施？面积如何？

　　解：每只羊每天按2.5～3.0kg青贮饲料的饲喂量计，每只每年需912.5～1095kg，全群全年需273.75～328.5t，全群每天需青贮750～900kg。

全群全年需青贮＝［300×(2.5 ～ 3.0)×365］kg

　　　　　　　　＝(273.75 ～ 328.5)t

　　青贮窖修建成长方形，其宽、深、长为7m×4m×35m，所以

　　青贮窖体积＝(7×4×35)m^3

　　　　　　　＝980m^3

　　若每立方米青贮饲料按500～700kg计，则

　　青贮窖的饲料储藏量＝［980×(500 ～ 700)］kg

　　　　　　　　　　　＝(490 ～ 686)t

第四节　青贮方法

一　青贮饲料的制作工艺流程

1. 全机械化作业的工艺流程（图5-6）

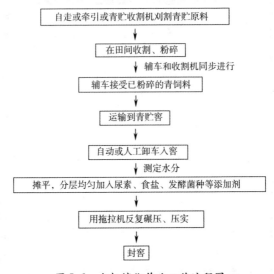

```
自走或牵引或青贮收割机刈割青贮原料
          ↓
     在田间收割、粉碎
          ↓ 辅车和收割机同步进行
   辅车接受已粉碎的青饲料
          ↓
      运输到青贮窖
          ↓
   自动或人工卸车入窖
          ↓ 测定水分
摊平，分层均匀加入尿素、食盐、发酵菌种等添加剂
          ↓
   用拖拉机反复碾压、压实
          ↓
        封窖
```

图 5-6　全机械化作业工艺流程图

2. 半机械化作业的工艺流程（图5-7）

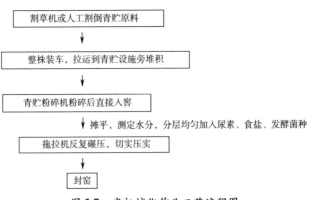

```
   割草机或人工割倒青贮原料
          ↓
  整株装车，拉运到青贮设施旁堆积
          ↓
 青贮粉碎机粉碎后直接入窖
          ↓ 摊平，测定水分，分层均匀加入尿素、食盐、发酵菌种
 拖拉机反复碾压，切实压实
          ↓
        封窖
```

图 5-7　半机械化作业工艺流程图

二 一般青贮方法

1. 选择好青贮原料

选择适当的成熟阶段收割植物原料，尽量减少太阳暴晒或雨淋，避免堆积发热，保证原料的新鲜和青绿。

2. 清理好青贮设施

已用过的青贮设施，在重新使用前必须将窖中的脏土和剩余的饲料清理干净，有破损处应加以维修。

3. 适度切碎青贮原料

羊用的原料，一般切成 2cm 以下的小段为宜，以利于压实和以后羊的采食。

4. 控制原料水分

大多数青贮作物，青贮时的含水量以 60% ~70% 为宜。新鲜青草和豆科牧草的含水量一般为 75% ~80%，拉运前要适当晾晒，待水分降低 10% ~15% 后才能用于制作青贮。

当原料水分过多时，适量加入干草粉、秸秆粉等含水量少的原料，调节其水分至合适范围。当原料水分较低时，将新割的鲜嫩青草交替装填入窖，混合储存，或加入适量的清水。

5. 青贮原料的快装与压实

一旦开始装填青贮原料，速度要快，尽可能在 2~4 天内结束装填，并及时封顶。装填时，应在 20cm 时一层一层的铺平，加入尿素等添加剂，并用履带拖拉机碾压或人力踩踏压实。

注意　在利用履带拖拉机碾压时特别注意避免将拖拉机上的泥土、油污、金属等杂物带入窖内。另外用拖拉机压过的边角，仍需人工再踩一遍，防止漏气。

6. 封窖和覆盖

青贮原料装满压实后，必须尽快密封和覆盖窖顶，以隔断空气，抑制好氧性微生物的发酵。覆盖时，先在一层细软的青草或青贮上覆盖塑料薄膜，而后堆土 30~40cm 厚，用拖拉机压实。覆盖后，连续 5~10 天检查青贮窖的下沉情况，及时把裂缝用湿土封好，窖顶的泥土必须高出青贮窖边缘，防止雨水、雪水流入窖内。

三 特殊的青贮方法

特殊青贮系指采用添加剂制作的青贮。

这种青贮方法可以促进乳酸菌更好的发酵，抑制对青贮发酵过程有害的乙酸发酵，提高青贮饲料的应用价值。常用的添加剂种类和使用方法见表5-4。

表5-4 添加剂的种类和使用方法

种 类	使 用 方 法
尿素	含氮量40%，用量为青贮原料的0.4%～0.5%。对水分大的原料，采用尿素干粉均匀分层撒入的方法。对水分小的原料，先将尿素溶解于水中，而后再用尿素水溶液喷洒入原料中
食盐	用量为青贮原料的0.5%～1.0%，常与尿素混合使用。使用方法与尿素相同
秸秆发酵菌剂	按秸秆发酵剂说明书的要求加入。可采用干粉撒入或拌水喷洒两种方法，具体操作与尿素和食盐相同
糖蜜	用量为青贮原料的1%～3%，溶于水中喷洒入原料中
甜菜渣	分层均匀拌入青贮原料中，用量为青贮原料重量的3%～5%
鸡粪	新鲜鸡粪可占原料的30%，干燥鸡粪可加5%～10%
酶制剂	使用方法与秸秆发酵剂相同
甲醛	甲醛含量为49%，用量为每千克青贮原料加1.7mL
甲酸	甲酸含量为100%，用量为青贮原料的0.3%～0.5%
硫酸和盐酸	硫酸和盐酸各半混合，每吨含干物质20%的青贮原料加混合液60mL，可使青贮pH降低，减少干物质损失
AA_3、K-2	AA_3为盐酸混合制剂，由4.5L水、1L盐酸和140g硫酸钠混合，每吨青贮原料添加30～80L。K-2为21L水、1L盐酸和1L硫酸制备而成，每吨青贮原料需加30～80L
蚁酸	用量为0.23%～0.5%，pH降至4.0左右，可保护饲料中的蛋白质和能量，提高消化率和采食量
丙酸	青贮时添加0.3%的丙酸溶液，可抑制微生物的生长，控制青贮饲料的发酵过程

种 类	使 用 方 法
蚁酸和丙酸	蚁酸和丙酸按 1:1 比例混合，按 0.5% 的量加入青贮原料中，能提高饲料中粗蛋白和含糖量
蚁酸和丙酸加尿素	蚁酸、丙酸、尿素以 1:1:1.6 的比例混合，添加量为每吨原料 7.7～15.4L。用于禾本科牧草较好
苯酸	每吨鲜青贮原料添加苯酸 2.5kg，可以提高粗蛋白的消化率
苯酸钠水溶液	添加量为每吨鲜青贮原料 8～15L，效果与苯酸相同
苯甲酸	添加量为 0.3%，青贮原料水分超过 75% 时使用，有较好的保护作用
苯甲酸加醋酸	苯甲酸用量为 0.1%，醋酸用量为 0.3%，即每吨青贮原料加苯甲酸 1kg，醋酸 3kg。对提高奶山羊的产奶性能有较好的作用
无水氨液	在含干物质 30% 的青贮玉米中，无水氨液按 0.3%～0.5% 的剂量加入，提高粗蛋白含量，防止青贮饲料的二次发酵
碳酸氢铵	每吨青贮原料添加碳酸氢铵 0.7%，对保护原料中维生素具有较好的作用
重硫酸钠	对禾本科和豆科牧草较好，重硫酸钠用量为每吨原料加 0.8%

四　防止青贮饲料的二次发酵的措施

青贮饲料的二次发酵，又叫好氧性腐败。在温暖季节开启青贮窖后，空气随之进入，好氧性微生物开始大量繁殖，青贮饲料中的养分遭受大量损失，出现好氧性腐败，产生大量的热。为避免二次发酵所造成的损失，应采取以下技术措施：

（1）**适时收割青贮原料**　如以玉米秸秆为主要原料，含水量不超过 70%，霜前收割制作。霜后制作青贮，乳酸发酵就会受到抑制，青贮中总酸量减少，开启窖后易发生二次发酵。

（2）**原料切短**　所用的原料应尽量切短，这样才能压实。

（3）**装填快、密封严**　装填原料应尽量缩短时间，封窖前切实压实，用塑料薄膜封顶，确保严密。

（4）**计算青贮间需要量、合理安排日取出量**　修建青贮设施时，

第五章　饲草青贮

应减小青贮窖的体积，或用塑料薄膜将大窖分隔成若干小区，分区取料。

（5）添加甲酸、丙酸、乙酸　应将甲酸、丙酸和乙酸等喷洒在青贮饲料上，防止二次发酵，也可用甲醛、氨水等处理。

第五节　青贮饲料的品质鉴定

用玉米、向日葵等含有糖量高，易青贮的原料制作青贮，只要方法正确，2～3周后就能制成优质的青贮饲料，而不易青贮的原料2～3个月才能完成。饲用之前，或在使用过程中，应对青贮饲料的品质进行鉴定。

一　青贮饲料的样品采取

1. 青贮窖或青贮塔中的样品采取

（1）取样部位　以青贮窖或塔中心为圆心，由圆心到距离墙壁33～55cm处为半径，划一圆周，然后从圆心及互相垂直并直接与圆圈相交的各点上采样。

（2）取样方法　用锐刀切取约20cm²的青贮样块，切忌掏取样品。取样要均匀，取样时沿青贮窖或塔的整个表面均匀、分层取样。冬天取出一层的厚度应不少于5～6cm，温暖季节取出一层的厚度应为8～10cm。

2. 青贮壕中的样品采取

先清除一端的覆盖物，与青贮窖或塔内取样方法不同，不清除壕面上的全部覆盖物，而是从壕的一端开始。由壕端自上而下采样，由一端自上而下分点采样。

二　青贮饲料的品质鉴定方法

1. 感观鉴定法

在农牧场或其他现场情况下，一般可采用感观鉴定方法来鉴定青贮饲料的品质，多采用气味、颜色和结构3项指标。

（1）颜色　品质良好的青贮饲料呈青绿色或黄绿色，品质低劣的青贮饲料多为暗色、褐色、墨绿色或黑色。

⚠ **注意** 当发现青贮料与青贮原料原来的颜色有明显的差异时，不宜饲喂羊只。

（2）气味 鉴定标准如表5-5所示。

表5-5 青贮饲料的气味及其评级

气味	评定结果	可饲喂的家畜
具有酸香味，略有醇酒味，给人以舒适的感觉	品质良好	各种家畜
香味极淡或没有，具有强烈的醋酸味	品质中等	除妊娠家畜及幼畜和马匹外，可喂其他牲畜
具有一种特殊臭味，腐败发霉	品质低劣	不适宜喂任何家畜，洗涤后也不能饲用

（3）结构 品质良好的青贮料压得很紧密，但拿到手上又很松散；质地柔软，略带湿润。若青贮饲料粘成一团好像一块污泥，则是不良的青贮饲料。这种腐烂的饲料不能饲喂羊，标准见表5-6、表5-7。

表5-6 青贮饲料感官鉴定标准

等级	色	味	气味	质地
上	黄绿色、绿色	酸味较浓	芳香味	柔软、稍湿润
中	黄褐色、墨绿色	酸味中等或较低	芳香、稍有酒精味或醋酸味	柔软、稍干或水分较多
下	黑色、褐色	酸味很淡	臭味	干燥松散或粘结成块

表5-7 青贮饲料总评

青贮饲料评定等级	总分数
最好	11～12
良好	9～10
中等	7～8
劣等	4～6
不能用	3以下

2. 实验室鉴定法

（1）试剂及其配制

第一种，青贮饲料指示剂为 A + B 的混合液。A 液：溴麝香草酚蓝 0.1g + 氢氧化钠（0.05mol/L）3mL + 水 250mL；B 液：甲基红 0.1g + 乙醇（95%）60mL + 水 190mL。

第二种，盐酸、乙醇、乙醚混合液，相对密度 1.19 的盐酸、95% 乙醇、乙醚的混合比例为 1:3:1。

第三种，硝酸。

第四种，3% 硝酸银。

第五种，盐酸（1:3 稀释）。

第六种，10% 氧化钡。

（2）鉴定方法 一般使用青贮饲料酸度测定法，取 400mL 的烧杯加半杯青贮料，注入蒸馏水浸没青贮饲料样品，不断用玻璃棒搅拌，经 15～20min，用滤纸过滤。

将两滴滤液滴在点滴板上，加入青贮饲料指示剂，或将 2mL 滤液注入试管中，加 2 滴指示剂。可在氢离子浓度 1～158μmol/L（pH 3.8～6.0）范围内表现不同的颜色，评级标准如表 5-8 所示。

表 5-8　青贮饲料综合评定标准

按指示剂的颜色评定		按青贮料气味评定		按青贮料颜色评定	
颜色	分数	气味	分数	颜色	分数
红	5	水果芳香味，弱酸味，面包味	5	绿色	3
橙红	4	微香味，醋酸味，酸黄瓜味	4	黄绿色、褐色	2
橙	3	浓醋酸味，丁酸味	2	黑绿色	1
黄绿	2	腐烂味，臭味，浓丁酸味	1		
黄	1				
绿	0				
蓝绿	0				

——第六章——
羊的繁育技术

羊的繁殖力受遗传、营养、年龄以及其他外界环境因素如温度、光照等的影响。提高繁殖力不仅要在羊的遗传方面下工夫，对改进羊的饲养管理、繁殖技术及其他环境条件方面也应该给予重视。

第一节　发情、配种与人工授精

羊为季节性繁殖的家畜，在北半球多在秋季和冬季。饲养条件优越，地处温暖地区，或经人工高度培养的一部分绵羊或山羊品种都可常年发情、配种。例如，小尾寒羊一年四季都可发情、配种、繁殖，不受季节的限制。公羊没有明显的配种季节，但秋季性欲较强，精液质量较高。

一　性成熟和初配年龄

羊的性成熟期，受品种、气候、个体、饲养管理等方面的影响。山羊的性成熟期一般比绵羊早，在饲养条件较好的情况下，山羊性成熟期为 4~6 月龄，绵羊为 7~8 月龄。某些地方品种如华北地区的小尾寒羊，性成熟较早，为 4~5 月龄，在较寒冷的北方，绒山羊及当地品种山羊的性成熟在 4~6 月龄之间，细毛羊成熟较迟，一般为 8~10 月龄，青山羊在 2~3 月龄即有发情征兆。因受遗传和环境因素的影响，同一品种不同个体的羊性成熟期也存在差异，一般发育快、个体大的羊性成熟早，反之则晚。

山羊的初配年龄较早，与气候条件、营养状况有很大的关系。

南方有些山羊品种 5 月龄即配种，而北方有些山羊品种初配年龄需到 1.5 岁。山羊的初配年龄多为 10～12 月龄。绵羊的初配年龄多为 12～18 月龄。分布江浙一带的湖羊生长发育较快，母羊初配年龄为 6 月龄。我国广大牧区的绵羊多在 1.5 岁时初配。尽管绵羊和山羊各品种初配年龄不一样，但均以羊的体重达到成年体重的 70% 时初配为宜。

羊一般在 3～4 岁时繁殖力最强，主要表现为繁殖率高、羔羊初生重大、发育快。绵羊的繁殖年限为 8～10 年，山羊略短，但公、母羊的繁殖利用年限一般不超过 6 年。

三 发情

1. 发情周期

在空怀情况下，从一个发情期开始到下一个发情期开始，所间隔的时间称为发情周期。绵羊的发情周期为 14～21 天（平均 16 天），山羊为 18～23 天（平均 20 天）。发情周期因品种、年龄、饲养条件、健康状况及气候条件等不同而有差异，如济宁青山羊发情周期为 14～16 天，萨能奶山羊为 19～21 天，营养良好的母羊或壮年母羊发情周期短，处女羊、老龄母羊或营养不良的母羊发情周期较长。

母羊一次发情持续的时间称为发情持续期。绵羊发情持续期为 24～36h（平均 30h），山羊为 2 天左右（平均 40h）。

2. 发情症状

大多数母羊发情时有明显的行为表现，如鸣叫不安，兴奋活跃，食欲减退，反刍和采食时间明显减少，频繁排尿，并不时地摇摆尾巴；母羊间相互爬跨、打响鼻等为一些公羊的性行为；接受抚摸按压及其他羊的爬跨，表现静立不动，对人表现温顺。同时生殖器官也有如下症状：外阴部充血肿胀，由苍白色变为鲜红色；阴唇黏膜红肿；阴道间断地排出鸡蛋清样的黏液，初期较稀薄，后期逐渐变得浑浊黏稠；子宫颈松弛开放。羊的发情行为表现及生殖器官的外阴部变化和阴道黏液是直观可见的，因此是发情鉴定的几个主要症状。

山羊的发情症状及行为表现很明显，特别是鸣叫、摇尾、相互爬跨等行为很突出。绵羊则没有山羊明显，甚至出现安静发情。安静发情与生殖激素水平有关，绵羊的安静发情较多。

提示　生产上绵羊常采取公羊试情的方法来鉴别母羊是否发情。

3. 发情鉴定的方法

（1）**外部观察**　直接观察母羊的行为、症状和生殖器官的变化来判断其是否发情，这是鉴定母羊是否发情最基本、最常用的方法。

（2）**阴道检查**　将羊用开膣器插入母羊阴道，检查生殖器官的变化，如阴道黏膜的颜色潮红充血、黏液增多、子宫颈松弛等，可判定母羊已发情。

（3）**公羊试情**　用公羊对母羊进行试情，根据母羊对公羊的行为反应，结合外部观察来判定母羊是否发情。试情公羊要求性欲旺盛、营养良好、健康无病，一般每100只母羊配备试情公羊2～3只。试情公羊需做输精管切断手术或戴试情布。试情布一般宽为35cm，长为40cm，在四角扎上带子，系在试情公羊腹部。然后把试情公羊放入母羊群，如果母羊已发情便会接受试情公羊的爬跨。

（4）**"公羊瓶"试情**　公山羊的角基部与耳根之间，分泌一种性诱激素，可用毛巾用力揩擦后放入玻璃瓶中，这就是所谓的"公羊瓶"。试验者手持"公羊瓶"，利用毛巾上的性诱激素的气味将发情母羊引诱出来。通过发情鉴定，及时发现发情母羊和判定发情程度，并在母羊排卵受孕的最佳时期输精或交配，可提高羊群的配怀率。

配种

1. 配种时机的选择

绵、山羊配种时期的选择，主要是根据什么时候产羔最合适来确定。在每年产一次羔的情况下，可分为冬羔和春羔两种。一般8～9月配种，翌年1～2月所产羔为冬羔；在10～12月配种，翌年3～5月所产羔为春羔，所产冬、春羔各有其优缺点，应根据当地自然条件和饲养管理水平等确定。

（1）**冬季产羔**　冬季产羔可利用当年羔羊生长快、饲料效益高的特点，进行肥羔生产，当年出售，加快羊群周转，提高商品率，从而减轻草场压力和保护草场。其好处有以下几点：

1）母羊配种季节一般在8~9月，青草野菜茂盛，参加配种的母羊膘情好，发情旺盛，受胎率高。

2）怀孕母羊营养好，有利于羔羊的生长发育，羔羊初生重大，身体结实，容易养活。

3）母羊产羔期膘情还未显著下降，产羔后奶水足，保障羔羊生长快，发育好。

4）冬季产的羔羊，到青草长出后，已有4~5月龄，能跟群放牧，舍饲羊也能吃上青饲料。当年过冬时体格大，能抵御风寒，保育率高。

但是产冬羔需保障提供必要的饲草及圈舍条件。例如，冬季产羔，在哺乳后期正值枯草季节，如缺乏良好的冬季牧草、充足的饲草、饲料准备，母羊容易缺奶，影响羔羊生长发育。因此，无论牧区还是农区都要备足草料；冬季产羔时气候寒冷，需要保温的产羔圈舍，否则影响羔羊成活。

> ➡ 【提示】 一般在农区和条件较好的牧区可采用产冬羔模式。

（2）春季产羔 产春羔有其优点和缺点，其优点有以下几点：

1）春季产羔时气候已转暖，母羊产羔后，很快就可吃到青草，母羊奶足，羔羊生长发育快，要求的营养条件能得到满足。

2）春羔出生不久，就能吃到青草，有利于羔羊获得较充足的营养，体壮、发育好。春季气候比较暖和，集中产羔不需建产羔保暖圈舍。

但是春季产羔也有一定缺点，须加注意以下几点：

1）春季气候多变，常有风霜，甚至下雪，母羊及羔羊容易得病，羊群发病率较高。

2）春季产的羔羊，在牧草长出时年龄尚小，不易跟群放牧。

3）春季产羔，特别是晚春羔，当年过冬死亡数较多。

> ➡ 【提示】 在气候寒冷或饲养条件较差的地区适宜产春羔。

（3）产羔体系 由于地理生态、羊的品种、饲料资源、管理条件、设备基础、投资需求、技术水平等因素不同，有以下几种产羔形式供选择：

一年一产：10月下旬配种，来年3月下旬产羔。

一年两产：10月初配种，来年3月初产羔；4月底配种，9月底产羔。这种安排，母羊利用率最高。

两年三产：11月初配种，来年4月初产羔；8月初配种，第三年1月初产羔；3月配种，8月产羔。这种计划是两年产三胎，每8个月产一次羔。为了达到全年均衡生产、科学管理的目的，在生产中，羊群被分成8个月产羔间隔错开的4个组。每两个月安排一次生产，这样每隔两个月就有一批羔羊屠宰上市。如果母羊在其组内配种未受胎，两个月后与下一组一起参加配种。用该方法进行生产，羔羊生产效率提高，设备等成本降低。

一年两产、两年三产、三年五产以及空怀及时补配，尽早产羔的这几种形式称为频繁产羔体系，（或密集繁殖体系）是随着现代集约化肉羊或肥羔生产而发展的高效生产体系。其优点是最大限度发挥母羊繁殖性能；全年均衡供应羊肉上市；提高设备利用率，降低固定成本支出；便于集约化科学管理。

2. 配种授精时间

繁殖季节中，母羊发情后要适时配种才能提高受胎率和产羔率。绵羊排卵的时间一般都在发情开始后20~30h，山羊为24~36h。所以最适当的配种授精时间是发情后12~24h。一般应在早晨试情后，挑出发情母羊立即配种。为了提高母羊的受胎率，尤其是增加一胎多羔的机会，以一个情期配种两次为宜。即第一次配种授精后间隔12h再配种一次。

3. 配种方法

羊的配种方法可分为自由交配、人工辅助交配和人工授精三种。前两种又称为本交。

（1）自由交配 这是养羊业上原始的交配方法，即将公羊放在母羊群中，让其自行与发情母羊交配（彩图23）。这种方法省力省事，但存在许多缺点：1只公羊只能配15~20只母羊，浪费种公羊；不能掌握母羊配种时间，无法推算预产期；不能选种选配；消耗公

羊体力，影响母羊抓膘；容易传播疾病。这种方法应尽量避免采用。

（2）**人工辅助交配** 是人为地控制，有计划地安排公、母羊配种。公、母羊全年都是分群放牧或分群舍饲。在配种季节内，通过试情将发情母羊挑出与指定的公羊交配。这种方法可准确记载母羊交配时间、与配公羊和进行选配，同时也可提高种公羊利用率，一般每只公羊可配种 60 ~ 70 只母羊。

（3）**人工授精** 即用器械将精液或冻精颗粒输入发情母羊的子宫颈内，使母羊受胎。这种方法可大大提高优良品种公羊的利用率，一个配种季节内每只种公羊的精液经稀释能给 300 只以上的母羊授精。河北省畜牧兽医研究所曾通过鲜精大倍稀释 10 ~ 15 倍，鲜、冻精结合、错开配种季节、一次输精等措施，创出了一只良种公羊配种 6655 只母羊，受胎率为 93% 的优异成绩。

四 人工授精

人工授精流程主要包括场地器械的准备→采精→精液检查→精液稀释和保存（包括冷冻保存）→解冻→输精（用冷冻精液则需经解冻）。

1. 准备工作

准备一间向阳、干净的配种间。配种间包括采精场地、精液品质检查场地和输精场地。如果在农户或者养羊较少的专业户，也必须准备一间干净的羊圈或羊棚作为输精场地，配种间要求光线充足，各部分工作场地要互相连接，以便利于工作，地面坚实（最好铺砖块），以便清洁和减少尘土飞扬，空气要新鲜，室温要求为 18 ~ 25℃。人工授精的各种器械要准备齐全，主要包括内容见表6-1。采精、输精前各种器械必须清洗和消毒；要用肥皂水洗刷除去污物，对新购入的金属器具必须先除去防锈油污，再用清水冲洗净，然后用蒸馏水冲洗一次，消毒备用。玻璃器械采用干热消毒法。其余器械可用蒸汽消毒。

表6-1 羊人工授精所需各种主要器械

名称	规格/单位	数量	用 途
普通显微镜	400 ~ 600 倍	1	检查精子密度、活力
假阴道	个	3 ~ 5	采集精液

名称	规格/单位	数量	用　　途
集精杯	个	5~10	收集精液
输精枪	个	5~10	输精
开腟器	个	3~5	打开母羊生殖道，便于观察子宫颈口
保温桶	个	1~2	储存精液
手电筒	个	2	输精时提供照明，照亮生殖道
消毒锅	个	1	消毒采精器械

2. 采精

（1）羊假阴道的准备　种公羊的精液用假阴道采取。假阴道为筒状结构，主要由外壳、内胎和集精杯组成，外壳是硬胶皮圆筒，长为20cm、直径为4cm，厚约为0.5cm；筒上有灌水小孔，孔上安有橡皮塞，塞上有气嘴。内胎为薄橡胶管，长为30cm，扁平直径为4cm。用时将内胎装入外壳，两端向假阴道两端翻卷，并用橡皮圈固定。内胎要展平，松紧适度。集精杯装在另一端（图6-1，彩图24）。

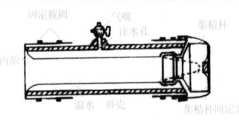

固定胶圈　气嘴　注水孔　集精杯
内胎
温水　外壳　集精杯固定套

图6-1　羊用假阴道

采精前，将安装好的假阴道内胎先用肥皂水清洗，后用温清水冲洗，外壳用毛巾擦干，内胎最好晾干。干后用95%酒精棉球涂抹内胎，装上集精杯，用蒸馏水或温开水和1%生理盐水冲洗。然后由小孔注入50℃热水150~180mL，再用消毒过的玻璃棒蘸上一些消毒过的凡士林，涂在内胎上，注意涂均匀，深度不超过阴道的2/3。由小孔上的气嘴向小孔吹气，使内胎鼓胀，以恰好装进公羊的阴茎为宜。临采精前，内层的温度应在40~42℃，温度过高或过低都会影响公羊射精。

（2）台羊的准备 对公羊来说，台羊（母羊）是重要的性刺激物，是用假阴道采精的必要条件。台羊应当选择健康的、体格大小与公羊相似的发情母羊。用不发情的母羊作为台羊不能引起公羊性欲时，可先用发情母羊训练数次即可。在采精时，须先将台羊固定在采精架上。对经过采精训练的公羊也可以利用假台羊进行采精（图6-2）。

假台羊

图6-2 固定在采精架上的台羊

（3）采精技术 公羊爬跨迅速，射精动作快。因此，采精人员应动作迅速、准确。采精时，采精人员右手拿假阴道，蹲伏在母羊或右侧后方，公羊爬跨并伸出阴茎时，迅速将假阴道靠在母羊右侧盆部与地面呈35°～40°角，左手托住公羊阴茎包皮，将阴茎快速导入假阴道内。当公羊身体剧烈耸动，表明已经射精。采精人员应将假阴道顺从公羊向后移下，然后竖起，使有集精杯的一端向下，及时打开气嘴放气，使精液流入集精杯。取下集精杯，加盖，送室内作精液品质检查（图6-4、彩图25、彩图26）。

采精后，假阴道外壳、内胎及集精杯要洗净，用肥皂、碱水洗刷，再用过滤开水洗刷3～4次，晾干备用。

3. 精液品质检查

最少在一个配种季节的开始、中期、末期检查3次。主要检查色泽、气味、射精量、活力、密度。采精后将精液倒入量精瓶，查色、味、量。

（1）射精量检查 一次射精量为绵羊有0.8～1.5mL，山羊有1mL左右，1mL精液有20亿以上精子。

（2）色泽和气味检查 正常精液呈乳白色或略带淡黄色，浓稠，无味或略带腥味。

（3）密度检查 精子密度的大小是精液品质优劣的重要指标之

一。用显微镜检查精子密度的大小，其制片方法是（用原精液制片）：用消毒过的干净玻璃棒取出原精液一滴，或用生理盐水稀释过的精液一滴，滴在消毒过的干净的干燥的载玻片上，并盖上干净的盖玻片，盖时使盖玻片与载玻片之间充满精液，避免气泡产生，然后放在显微镜下放大 300~600 倍进行观察。观察时盖玻片、载玻片、显微镜载物台的温度不得低于 30℃，室温不能低于 18℃。一般放在显微镜保温箱中进行检查（图 6-3）。

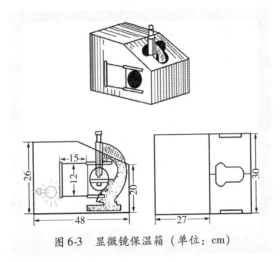

图 6-3　显微镜保温箱（单位：cm）

精子的密度分为"密""中"和"稀"三级（图 6-4）。

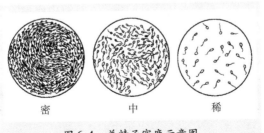

图 6-4　羊精子密度示意图

密：精液中精子数目较多，充满整个视野，精子与精子之间的空隙很小，不足一个精子的长度，由于精子非常稠密，所以很难看出单个精子的活动情形。

中：在视野中看到的精子也很多，但精子与精子之间有着明晰的空隙，彼此间的距离大约相当于 1~2 个精子的长度。

稀：在视野中只有少数精子，精子与精子之间的空隙很大，约超过两个精子的长度。

另外，在视野中如看不到精子则以"0"表示。

> ● 【提示】 公羊的精液含副性腺分泌物少，精子密度大，所以用于输精的精液，其精子密度至少是"中级"。

（4）活力检查 一般精子的活力检查同精子的密度检查同时进行，制片方法相同。评定精子的活率，是根据显微镜中视野下直线前进运动的精子所占的比例来确定精子活率等级，在显微镜下观察，可以看到精子有三种运动方式：

1）前进运动。精子的运动呈直线前进运动。

2）回旋运动。精子虽也运动，但绕小圈子回旋转动，圈子的直径很小，不到一个精子的长度。

3）摇摆运动。精子不改变其运动的位置，而在原地不断摆动，并不前进。

除以上三种运动方式之外，往往还可以看到没有任何运动的精子，呈静止状态。除第一种精子具有受精能力外，其他几种运动方式的精子不久即会死亡，没有受精能力，故在评定精子活率等级时，应根据在显微镜下活泼前进运动的精子在视野中所占的比例来决定：如有80%的精子作直线前进运动，其活率评为0.8，以此类推；一般公羊精子的活率应在0.7以上才能供羊输精用。

4. 精液稀释

检查合格的精液，稀释后才可输精。稀释液配方应选择易于抑制精子活动，减少能量消耗，延长精子寿命的弱酸性稀释液。常用的稀释液有：

（1）奶汁稀释液 奶汁先用 7 层纱布过滤后，再煮沸消毒 10~15min，降至室温，去掉表面脂肪即可。稀释液与精液一般以（3~7）∶1 稀释。

（2）生理盐水卵黄稀释液　1%氯化钠溶液99mL，加新鲜卵黄10mL，混合均匀。

精液稀释要根据精子密度、活力而定稀释比例。稀释后的精液，每毫升有效精子量不少于7亿。

精液与稀释液混合时，二者的温度必须保持一致，防止精子受温度剧烈变化的影响。因此，稀释前将两种液体放于同一水温中，同时在20~25℃时进行稀释。把稀释液沿着精液瓶缓缓倒入，为使混合均匀，可稍加摇动或反复倒动1~2次。在进行高倍稀释时需分两步进行，即进行低倍稀释，等数分钟后再作高倍稀释。稀释后，立即进行活力镜检，如活力不好要查出原因。

5. 精液分装、运输与保存

（1）精液分装　将稀释好的精液根据各输精点的需要量分装于2~5mL小细试管中，精液面距试管口不小于0.5cm，然后用玻璃纸和胶圈将试管口扎好，在室温下自然降温。

（2）短途运输　将降温到10~15℃已分装好精液的小试管用脱脂棉、纱布包好，套上塑料袋，放在盛满凉水的小保温瓶内，即可运到输精点。

> **[提示]**　在农村短途运输靠自行车运输，5km与10km对精子活力影响不显著。

（3）精液保存　精液在稀释后即可保存。现行保存精液的方法，按保存温度不同，分为常温保存（15~25℃）、低温保存（0~5℃）和冷冻保存（−79℃或−196℃）三种。

1）常温保存。精液运到输精点，不能马上用的精液或当晚、第二天早晨用的精液需常温保存。常温保存是将精液保存在温度为15~25℃的环境中，允许温度有一定的变动。该方法无需特殊的温度控制设备，比较简便。绵羊精液采用常温保存比低温或冷冻保存的效果好。一般绵羊、山羊精液常温保存48h后，存活率仍可达原精液的70%。

2）低温保存。将精液保存在0~5℃环境中称为低温保存。它是在精液不致结冰的情况下大幅度地降温，一般是将精液稀释后放入温度维持在 0 ~ 5℃的冰箱内或装有冰块的保温瓶中。低温对精子的冷刺激易造成不可逆转的休克现象，因此除了在稀释液中添加卵黄、奶类、甘油等保护物质外，还应注意降温的速度。从 30℃降到精子冷休克的敏感温度 0 ~ 10℃时，以每分钟下降 0.2℃左右为好，降温过程一般需 1 ~ 2h。由于绵、山羊精液的某些限制因素，采用低温保存的效果不理想。

3）冷冻保存。它是将分装好的精液直接放入液氮中，使之温度快速降到冰点以下，使之冻结起来，故又叫超低温保存，温度为 −196℃。在此温度下，精子代谢完全停止，故保存时间大为延长，经数月乃至数年仍可用于人工授精。

（4）冷冻精液解冻方法 细管、安瓿等分装的冻精，可以直接在 35 ~ 40℃的温水中解冻，只等细管或安瓿内的精液融化一半时，便可以从温水中取出来以备使用。解冻颗粒精液有干、湿两种方法：方法一，湿法解冻，就是在灭菌试管内注入 1.9% 的柠檬酸钠解冻液 1mL，将试管在水浴中加热至 35 ~ 40℃，取出颗粒精液投进试管内，摇动融化以备使用。方法二，干法解冻，即是直接将颗粒冻精置于灭菌试管内，然后在水浴中加热至 35 ~ 40℃解冻即可。冷冻精液解冻后立即进行镜检，活力达到 0.3 以上的就可以用于输精。

> **【提示】** 要提高冻精的受胎率，一般采用 1:1 的低倍稀释、40℃干法快速解冻、1 亿左右有效精子数的大量输精和一个情期二次重复输精等方法效果较好。

6. 输精

将洗干净的输精器用 70% 酒精消毒内部，再用温开水洗去残余酒精，然后用适量生理盐水冲洗数次后使用。开膣器洗净后放在酒精火焰上消毒，冷却后外涂消毒过的凡士林。

配种母羊置于固定架上，用 0.1% 的高锰酸钾溶液洗净外阴部，再用清水冲洗干净后，输精员右手持输精器，左手持开膣器，先将涂有润滑剂的开膣器顺着阴门插入阴道，旋转 90°，再将开膣器轻轻打开，插入输精针，用手电筒找到子宫颈口，再将输精针插入子宫颈口 0.5 ~ 1.0cm 深处，轻轻注入精液，然后缓慢取出输精针和开膣器（图 6-5、图 6-6、彩图 27、彩图 28）。开膣器在阴道内始终保持开张状态，不能闭合，以免夹伤生殖道。输精量一般为 0.1mL，有效精子数不少于 5 千万。输精后在母羊的腰椎部位用手捏一下，刺激宫颈收缩防止精液流出。

图 6-5　羊开膣器输精法　　　　　图 6-6　羊开膣器输精法

为提高母羊受胎率，每次发情，输精两次，在输精后的 8 ~ 12h 再重复输一次。一般每只母羊每次输精 0.1mL，有效精子不少于 0.5 亿个。若稀释 4 ~ 8 倍时，应增加到 0.2mL，处女羊进行阴道输精时，输精量也应加倍。

如果在打开开膣器后，发现母羊阴道内黏液过多或有排尿表现，应让母羊排尿或设法使母羊阴道内的黏液排净，然后将开膣器再插入阴道，细心寻找到子宫颈。发情母羊子宫颈附近黏膜颜色较深，当阴道打开后，向颜色较深的方向找子宫颈口，可以顺利找到。遇到初配母羊，由于阴道狭窄，开膣器打不开，只有进行阴道深部输精，但应当进行大剂量输精，输入 0.2 ~ 0.3mL。

输精后的母羊应保持 2 ~ 3h 的安静状态，不要接近公羊或强行牵拉，因为输入的精子通过子宫到达输卵管受精部位需要有一定时间。

母羊输精后应做好详细记录：主要记录输精母羊号、发情情况、羊龄、输精日期、精液类型及与配公羊号。

7. 山羊人工授精注意事项

山羊人工授精方法与绵羊大致相同，但应注意几个技术问题。山

羊比绵羊行动敏捷，种公羊性行为和性冲动反应快。一般配种室最好装一个长为30cm，宽为60cm，高为20cm的斜架台为采精台。成年公羊采精一周休息一天，每天可采2~3次，连续采两次间隔15~30min。采精前用温水清洗公羊包皮，然后用干净毛巾擦净。山羊精液密度大，一般稀释2~5倍后输精为宜，主要视精液密度和活力而定。

第二节　妊娠与分娩

一　妊娠期与预产期

羊从开始怀孕到分娩的期间称为妊娠期，绵羊的妊娠期平均为150天（146~157天），山羊的妊娠期平均为152天（146~161天）。但随品种、个体、年龄、饲养管理条件的不同而有差别。一般山羊的妊娠期略长于绵羊。早熟的肉毛兼用或肉用绵羊品种多在饲料优越的条件下育成，妊娠期较短，平均145天左右，如萨福克羊（彩图29）为144~147天；细毛羊在草原地区繁育，特别是我国北方草原条件较差，妊娠期150天左右，美利奴羊平均为149~152天。

母羊妊娠后，为做好分娩前的准备工作，应准确推算产羔期，即预产期。羊的预产期可用公式推算，即配种月加5，配种日期数减2。

例1：某羊于2013年3月26日配种，它的预产期为

$$（3 + 5）月 = 8 月$$
$$（26 - 2）日 = 24 日$$

综上，该羊的预产日期是2013年8月24日。

例2：某羊于2012年10月9日配种，它的预产期为

超过12月，可将分娩年份推迟一年，并将该年份减去12月，余数就是下一年预产月数。即

$$[（10 + 5）- 12] 月 = 3 月$$

又
$$（9 - 2）日 = 7 日$$

综上，该母羊的预产期是2013年3月7日。

二　妊娠特征

1. 母羊妊娠外部特征

母羊配种后经1~2个发情周期不再发情，即可初步认为怀孕。

妊娠羊性情安静、温顺，举动小心迟缓，食欲好，吃草和饮水增多，被毛光泽，妊娠后半期（3～4个月）腹部逐渐变大，腹壁右侧（孕侧）比左侧更为下垂突出，肋腹部凹陷，乳房也逐渐胀大。

2. 妊娠诊断

配种后，如能尽早进行妊娠诊断，对于保胎、减少空怀、提高繁殖率及有效地实施生产经营管理都是相当重要的。常用的妊娠诊断方法主要有以下几种：

（1）外部观察法 就是观察到母羊出现一些妊娠外部特征，就基本上可判定母羊进入妊娠期。外部观察法的最大缺点是不能早期（配种后第一个情期前后）确诊是否妊娠，而且没有某一或某几个表现时也不能就肯定没有妊娠。对于某些能够确诊的观察项目一般都在妊娠中后期才能明显看到，这就可能影响母羊的再发情配种。

（2）腹壁探测法 一般两个月后可用腹壁探测法检查母羊是否怀孕。检查在早晨空腹时进行，将母羊的头颈夹在两腿中间，弯下腰将两手从两侧放在母羊的腹下乳房的前方，将腹部微微托起。左手将羊的右腹向左侧微推，左手的拇指、食指叉开就能触摸到胎儿。60天以后的胎儿能触摸到较硬的小块，90～120天就能摸到胎儿的后腿腓骨，随着日龄的增长，后腿腓骨由软变硬。当手托起腹部手感觉有一硬块时，胎儿仅有一羔；若两边各有一硬块时为双羔，在胸的后方还有一块时为三羔；在左或右胸的上方各有一块时为四羔。

⚠ **【注意】** 检查时手要轻巧灵活，仔细触摸各个部位，切不可粗暴生硬，以免造成胎儿受伤，流产。

（3）阴道检查法 利用羊阴道开膛器打开母羊阴道，根据母羊阴道黏膜的色泽、黏液性状及子宫颈口形状的规律变化来判断母羊是否妊娠的方法。

1）阴道黏膜变化。母羊怀孕后，阴道黏膜由空怀时的淡粉红色变为苍白色，但用开膛器打开阴道后，很短时间内即由白色又变成粉红色。空怀母羊黏膜始终为粉红色。

2）阴道黏液变化。孕羊的阴道黏液呈透明状，而且量很少，因此也很浓稠，能在手指间牵成线。相反，如果黏液量多、稀薄、颜

色灰白的母羊为未孕。

3）子宫颈变化。孕羊子宫颈紧闭，色泽苍白，并有糊糊状的粘块堵塞在子宫颈口，人们称之为"子宫栓"。

（4）超声波探测法 超声波探测仪是一种先进的诊断仪器，超声波仪有直肠探头和普通探头两种，探头和所探测部位均以液状石蜡、食用油或凡士林为耦合剂，根据妊娠时间可采用直肠探测和腹部探测两种不同的持探头方法。检查方法是将待查母羊保定后，直肠探测应用于妊娠早期（40天以前），将探头插入直肠内，以探测到特征性的胎水或子叶为判定妊娠阳性依据。腹部探测一般在妊娠40天后进行，因为这时胎儿的鼻和眼已经分化，易于诊断。具体方法是在腹下乳房前毛稀少的地方涂上凡士林或液状石蜡，将超声波探测仪的探头对着骨盆入口方向探查。此法以探头中点为原点，左右两侧各作15°～45°摆动，然后贴皮肤移动再作摆动，同时密切注意屏幕上可能显示的任何阳性信息图像，以探测到胎儿，包括胎头、胎心、脊椎或胎蹄等为判定阳性依据。

三 分娩接羔

1. 产羔前的准备

大群养羊的场户，要有专门的接产育羔舍，即产房。舍内应有采暖设施，如安装火炉等，但尽量不要在产房内点火升温，以免因烟熏而患肺炎和其他疾病。产羔期间要尽量保持恒温和干燥，一般5～15℃为宜，湿度保持为50%～55%。

产羔前应把产房提前3～5天打扫干净，墙壁和地面用5%碱水或0.1%的新洁尔灭消毒，在产羔期间还应消毒2～3次。

产羔母羊尽量在产房内单栏饲养，因此在产羔比较集中时要在产房内设置分娩栏，既可避免其他羊干扰又便于母羊认羔，分娩栏一般可按产羔母羊数的10%设置。提前将栏具及料槽和草架等用具检查、修理，用碱水或石灰水消毒。准备充足碘酒、酒精、高锰酸钾、药棉、纱布及产科器械。

2. 分娩征兆观察

母羊临产时，骨盆韧带松弛，腹部下垂，尾根两侧下陷。乳房胀大，乳头竖立，手挤时有少量浓稠的乳汁。阴唇肿大潮红，有黏液流出。肋窝凹陷，经常爬卧在圈内一角，或站立不安，常发出鸣叫。时常回头看视其腹部，排尿次数增多，临产前阴门有努责现象。有以上现象即说明将临产，应准备接产。

3. 正常分娩羊的接产

（1）接产准备　接产准备工作主要包括产房的准备、饲草饲料的准备、接产人员的准备以及接产用具和器械的准备。

（2）接产方法　首先剪去临产母羊乳房周围和后肢内侧的毛，以免妨碍初生羔羊哺乳和吃下脏毛。有些品种细毛羊眼睛周围密生有毛，为不影响视力，也应剪去。用温水洗净乳房，并挤出几滴初乳。再将母羊的尾根、外阴部、肛门洗净，用消毒液进行全面的消毒。

正常分娩的经产母羊，在羊膜破后10～30min，羔羊即能顺利产出。一般两前肢和头部先出，若先看到前肢的两个蹄，接着是嘴和鼻，即是正常胎位。到头也露出来后，即可顺利产出，不必助产。产双羔时，先后间隔5～30min，也有长达10h以上的。母羊产出第一只羔羊后，如仍表现不安，卧地不起，或起立后又重新躺下、努责等，可用手掌在母羊腹部前方适当用力向上推举。如是双羔，则能触到一个硬而光滑的羔体，应准备助产。

羔羊产出后，应迅速将羔羊口、鼻、耳中的黏液抠出，以免呼吸困难窒息死亡，或者吸入气管引起异物性肺炎。羔羊身上的黏液必须让母羊舔净，如母羊恋羔羊，可把胎儿黏液涂在母羊嘴上，引诱母羊把羔羊身上舔干。如天气寒冷，则用干净布或干草迅速将羔羊身体擦干，免得受凉。

⚠ **【注意】**　不能用一块布擦同时产羔的几只母羊的羔羊，以免母羊弃仔的发生。

羔羊出生后，一般母羊站起，脐带自然断裂，这时在脐带断裂端涂5%碘酒消毒。如脐带未断，可在离脐带基部6～10cm处将内部血液向两边挤，然后在此处剪断，涂抹浓碘酒消毒。

四　难产及助产

初产母羊应适时予以助产。一般当羔羊嘴已露出阴门后，以手用力捏挤母羊尾根部，羔羊头部就会被挤出，同时用手拉住羔羊的两前肢顺势向后下方轻拖，羔羊即可产出。

阴道狭窄、子宫颈狭窄、母羊阵缩及努责微弱、胎儿过大、胎位不正等，均可引起难产。在破水后 20min 左右，母羊不努责，胎膜也未出来，应及时助产。助产必须适时，过早不行，过晚则母羊精力消耗太大，羊水流尽不易产出。

助产的方法主要是拉出胎羔。助产员要剪短、磨光指甲，洗净手臂并消毒，涂抹润滑剂。先帮助母羊将阴门撑大，把胎儿的两前肢拉出来再送进去，重复 3 次。然后手拉前肢，一手扶头，配合母羊的努责，慢慢向后下方拉出，注意不要用力过猛。

难产有时是由于胎势不正引起的，一般常见的胎势不正，有头出前肢不出，前肢出头不出，后肢先出，胎儿上仰，臀部先出，四肢先出等。首先要弄清楚属于哪种不正常胎势，然后将不正常胎势变为正常胎势，即用手将胎儿轻轻摆正，让母羊自然产出胎儿。

五 假死羔羊救治

有些羔羊产出后，心脏虽然跳动，但不呼吸，称为"假死"。抢救"假死"羔羊的方法很多。首先应把羔羊呼吸道内吸入的黏液、羊水清除掉，擦净鼻孔，向鼻孔吹气或进行人工呼吸。可把羔羊放在前低后高的地区仰卧，手握前肢，反复前后屈伸，用手轻轻拍打胸部两侧。或提起羔羊两后肢，使羔羊悬空并拍击其背、胸部，使堵塞咽喉的黏液流出，并刺激肺呼吸。

有的群众把救治"假死"羔羊的方法编成顺口溜："两前肢，用手握，似拉锯，反复做，鼻腔里，喷喷烟，刺激羔，呼吸欢"。

严寒季节，放牧离舍过远或对临产母羊护理不慎，羔羊可能产在室外。羔羊因受冷，呼吸迫停、周身冰凉。遇此情况时，应立即移入温暖的室内进行温水浴。洗浴时水温由 38℃ 逐渐升到 42℃，羔羊头部要露出水面，切忌呛水，洗浴时间为 20~30min。同时要结合急救"假死"羔羊的其他办法，使其复苏。

第三节 提高羊繁殖力的措施

现代养羊业的一个突出特点就是要在种羊选择、培育、科学管理、授精、保胎、羔羊育成等方面采用最新技术，有效地提高肉羊的繁殖性能。

一 提高公羊繁殖力的措施

公羊的繁殖力主要表现在交配能力、精液的数量、精液的质量以及公羊本身具有的遗传结构。

1. 选择繁殖力高的种公羊

一般繁殖力高的公羊，其后代多具有同样高的繁殖力。睾丸的大小可作为多产性最有用的早期标准，大睾丸公羊的初情期也比小睾丸公羊初情期早。同时，阴囊围大的公羊，其交配能力较强。

选留公羔和年青公羊时，注意在不良环境条件下进行抗不育性的选择，因为在不良环境下更容易显示和发现繁殖力低的种羊。要选留品质好、繁殖力强的种公羊，以提高羊群遗传素质。

选留公羊，除要注意血统、生长发育、体质外形和生产性能外，还应对睾丸情况严加检测，凡属隐睾、单睾、睾丸过小、畸形、质地坚硬、雄性特征不强的，都不能留种。

经常检查精液品质，包括 pH、精子活力、密度等。长期性欲低下，配种能力不强，射精量少，精子密度稀、活力差、畸形精子多、受胎率低等，都不能作为种羊使用。

2. 科学管理

包括繁殖前进行训练、调教。每只公羊本交母羊不超过 50 只，在配种前每隔 15～30 天检查睾丸 1 次，在配种 3～6 周前剪毛。配种时，每天采精 1 次，隔 5～6 天休息 1 次。

3. 全年均衡饲养种公羊

种公羊在非配种季节应有中等或中等以上的营养水平，配种季节间要求更高，保持健壮，精力充沛，又不过肥。在配种前的 30～45 天就要加强营养和饲养管理，按配种季节的营养标准饲喂。在配种季节，每日每头供青饲料 1～1.3kg，混合精料 1～1.5kg，干草适量。采精次数多，每日再补鸡蛋 2～3 个。

种公羊应集中饲养，科学补饲草料，保证种公羊有良好的种用体况。

三 提高母羊繁殖力的措施

1. 加强母羊的选择

母羊产羔数量的多少与羊的遗传性能有很大的关系。实践证明，选取双羔率多的种母羊的后代作种母羊，其后代所产双羔概率就会明显高，对提高羊群的繁殖能力也有一定的影响。

光脸型母羊（脸部裸露、眼下无细毛）比毛脸型母羊（脸部被覆细毛）产羔率高11%。年轻、体型较大而且脸部裸露的母羊所生双羔应优先利用。

初配就空怀的处女羊，以后也易空怀。连续两年发生难产，产后弃羔，母性不强，所生羔羊断奶后重量过小的母羊就淘汰。

产羔率还与年龄有关。如绵羊在3.5～7.5岁时的蛋白质代谢过程最旺盛，一般到4岁前后才能达到排卵的最高峰。双羔率2岁左右即1～2胎时较低，3～6岁时最高，7岁以后逐渐下降，因此7岁以上母羊要及时淘汰。通过合理调整羊群结构，使2～7岁羊占70%，1岁羊占25%，保持羊群最佳结构和繁殖力。

2. 提高母羊的营养

体重和排卵之间有正相关关系，据资料报道，配种前体重每增加1kg，产羔率相应可增2.1%。提高母羊各阶段营养，保证良好体况，直接影响繁殖率。实践表明，配种前2～3周提高羊群的饲养水平，可增加10%的一胎多羔率。

配种前期要催情补饲，使母羊到配种季节时达到满膘，全群适龄母羊全部发情、排卵。怀孕母羊，特别是胎儿快速发育的怀孕后期两个月，不仅要使母羊吃饱，而且要满足母羊对各种营养的需要。坚持补饲混合精料（玉米、饼粕、麸皮、微量元素等）以及优质青干草、多汁饲料（萝卜等块根块茎）。为保障泌乳期充足的乳汁及母羊体况，需根据母羊膘情及产单双羔的不同，在泌乳期补饲混合精料和青干草等。一般双羔母羊日补混合精料0.4kg，青干草1.5kg；单羔母羊补混合精料0.2kg，青干草1kg。

加强妊娠后期和哺乳期母羊的饲养，可明显提高羔羊初生体重和发育。妊娠期体重增加7kg以上，所产单羔体重可达4kg以上，双羔体重为3.5kg以上，哺乳日增重为180g以上。

3. 同期发情控制技术

就是使用激素等药物，人为地调控母羊的生理过程，使母羊在 1~3 天内同时发情排卵。

目前比较实用的方法是孕激素阴道栓塞法：取一块泡沫塑料，大小如墨水瓶盖，拴上细线，浸入孕激素制剂溶液，塞入母羊子宫颈口，细线的一端引至阴门外（便于拉出），放置 10~14 天后取出，取出阴道栓当天肌内注射孕马血清促性腺激素（PMSG）400~500 国际单位，一般 30h 左右即有发情表现，在发情当天和次日各输精一次，或放进公羊自然交配。

孕激素制剂可选用以下任何一种：黄体酮，500~1000mg；甲孕酮（MAP），50~70mg；氯孕酮（FGA），20~40mg；氯地孕酮（CAP），20~30mg。后三种制剂效力大大超过黄体酮。孕马血清促性腺激素可诱发发情。其他还有前列腺素 F2α（PGF2α）注射法、15-甲基前列腺素 F2α（15-甲基 PGF2α）、孕马血清促性腺激素（PMSG）注射法、孕激素—前列腺素注射法，但因成本高，应用不多。

4. 繁殖季节的控制

绵羊的繁殖季节是晚夏、秋季及气候温和地区的早冬，繁殖季节的控制就是在集约化肥羔生产中，延长繁育季节。这方面包括对由于季节原因处于乏情的空怀母羊或由于哺乳处于乏情的带羔母羊，采取技术措施，引其正常发情、排卵、受精；在正常配种季节到来之前一个月左右，采取一定措施，使配种季节提前开始，合理安排生产计划和提高繁殖率；目的是缩短产羔间隔增加产羔频率。

（1）羔羊实行早期断奶（4 周） 断奶之后对母羊用孕激素制剂处理 10 余天，停药后再注射孕马血清促性腺激素。具体做法与同期发情处理相同，处理时间可多几天，用药量适当提高。但在乏情季节诱导发情配种，排卵率、受胎率和产羔率都比正常繁殖季节低。

（2）调节光照周期 即在配种前进行短日照处理（8h 日照，16h 黑暗），可改善乏情季节公母羊的繁殖力和性欲，使配种季节提前到来。

（3）公羊效应 公、母羊分群一个月以上，然后在正常配种繁育季节开始之前将结扎输精管的试情公羊放入母羊群中，可对母羊产生性刺激，使母羊提前发情、排卵。新西兰试验用此办法可使80%的母羊在6天内发情配种。若使用种公羊，还能刺激其睾丸发育和性驾驭能力，并改善公羊精液质量。

5. 诱产双胎

最迟在配种前一个月改进日粮，催情补饲，抓好膘情。配种体重每增加5kg，双羔率可提高9%。

孕马血清促性腺激素（PMSG）对提高母羊繁殖率有明显的效果。在发情周期的第12或第13天，一次皮下注射孕马血清促性腺激素500~1000国际单位，可促使单羔母羊排双卵。适宜剂量因品种而异。

给配种季节母羊肌内注射孕马血清促性腺激素800国际单位和15-甲基前列腺素 $F_2\alpha$1mg，双羔率明显提高。注射后3天内发情率95%以上，繁殖率156.3%。

在同期发情处理后的周期第12~13天注射促性腺激素释放激素（GnRH）可使垂体释放促黄体素和促卵泡素，诱发母羊发情排卵，一般以4mg静脉注射或肌内注射。

除用以上激素处理方法外，还可用免疫法提高排卵率。即以人工合成的外源性固醇类激素作抗原，给母羊进行主动免疫，使机体产生生殖激素抗体，减弱绵羊卵巢固醇类激素对下丘脑垂体轴的负反馈作用，导致促性腺激素释放激素的释放增长，从而提高排卵率。国内产品有：兰州畜牧研究所和内蒙古等地生产的双羔苗（素）于母羊配种前5周和2~3周颈部皮下各注射1次，每次每只1mL，可提高排卵率55%左右，提高产羔率20%以上。

6. 分娩控制

在产羔季节，控制分娩时间，有针对性地提前或延后，有利于统一安排接羔工作，节约劳力和时间，并提高羔羊成活率，也是有效提高羊群繁殖力有效的方法。

诱发分娩提前到来，常用的药物有地塞米松（15~20mg）、氟米松（7mg），在预产前1周内注射，一般36~72h即可完成分娩。晚上注射比早晨注射引产时间快些。

114

注射雌激素也可诱发分娩。注射 15 ~ 20mg 苯甲酸雌二醇（ODB），48h 内几乎全部分娩。用雌激素引产对乳腺分泌有促进作用，提高泌乳量，有利于羔羊增重和发育，但有报道说难产增多。

注射前列腺素 F2α（PGF2α）15mg 也可诱发母羊分娩，注射后至分娩平均间隔时间 83h 左右。

在生产中经发情同期化处理，并对配种的母羊进行同期诱发分娩最有利，预产期接近的母羊可作为一批进行同期诱发分娩。例如，同期发情配种的母羊妊娠第 142 天晚上注射，第 144 天早上开始产羔，持续到第 145 天全部产完。

——第七章——
羊的饲养管理

绵羊和山羊属于同科但不同属、种的两个物种。在生物学特性上，它们既有许多共同点，也存在着一定的差异。科学的饲养管理，对养羊生产实现优质高效和促进养羊业的发展具有重要意义。

第一节　羊的日常管理

一　羊的保定

在进行羊只体型外貌鉴定、称重、配种、断尾、去角、去势、剪毛、免疫接种、检疫、疾病诊疗等操作时，需对羊进行适当保定。抓羊应抓腰背处皮毛，不应直接抓腿，以防扭伤羊腿。因羊腿细而长，不可将羊按倒在地使其翻身，否则易造成肠套叠、肠扭转而引起死亡。羊被抓后，即可实施保定。

（1）**围抱保定**　对于羔羊和体格小的羊，保定人员用两臂在羊的胸前及股后围抱即可固定。必要时，用手握住两角或两耳，固定头部。

（2）**骑跨保定**　保定人员骑跨羊背，以大腿内侧夹持羊的两侧胸壁，两手紧握两角，或一手抓住角或耳，另一手托住下颌即可保定。若使羊的股部抵在墙角，保定则会更牢固。

（3）**倒卧保定**　实施去势等手术时，应倒卧保定，操作时保定者俯身从羊的对侧一手抓住两前肢系部，或抓一前肢系部，另一手抓住腹肋部膝襞处扳倒羊体，然后抓两后肢系部，前后一起按住即可。或放倒羊后，一手抓住两前肢系部，另一手捏两后肢系部，使四肢交替叠压在腹侧。

二 羊只编号

羊的个体编号是开展绵羊、山羊育种中或进行生产记录工作不可缺少的技术工作。总的要求是简明、便于识别，不易脱落或字迹不清，有一定的科学性、系统性，便于资料的保存、统计和管理。

羊的编号常采用金属耳标或塑料标牌，也有采用墨刺法的。农区或半农半牧区饲养山羊，由于羊群较小，可采用耳缺法或烙角法编号。

1. 耳标法

即用金属耳标或塑料标牌（图7-1）在羊耳的适当位置（耳上缘血管较少处）打孔、安装。金属耳标可在使用前按规定统一打号后分戴。耳标上可打上场号、年号、个体号，个体号可单数代表公羊，双数代表母羊。总字符数不超过8位，有利于资料微机管理。现

图7-1　羊塑料耳标

以"48~50只半细毛羊"育种中采用的编号系统为例加以说明。

1）场号以场名的两个汉字拼音字母代表，如"宜都种羊场"，取"宜都"两字的汉语拼音"Y"和"D"作为该场的场号，即"YD"。

2）年号取公历年份的后两位数，如"2013"取"13"作为年号，编号时以畜牧年度计。

3）个体号根据各场羊群大小，取三位或四位数；尾数单号代表公羊，双数代表母羊。可编出1000~10000只羊的耳号。

例如，"YD13034"代表宜都种羊场2013年度出生的母羔，个体为34。

塑料标牌在佩带前用专用书写笔写上耳号，编号方法同上。对在丘陵山区或其他灌丛草地放牧的绵羊和山羊，编号时提倡佩带双耳标，以免因耳标脱落给育种资料管理造成损失。使用金属耳标时，

可将打有字号的一面戴在耳郭内侧，以免因长期摩擦造成字迹缺损和模糊。

2. 耳缺法

不同地区在耳缺的表示方法及代表数字大小上有一定差异，但原理是一致的，即用耳部缺口的位置、数量来对羊进行个体编号。数字排列、大小的规定可视羊群规模而异，但同一地区、同一羊场的编号必须统一。耳缺法一般遵循上大、下小、左大、右小的原则。编号时尽可能减少缺口数量，缺口之间的界线应清晰、明了，编号时要对缺口认真消毒，防止感染。

3. 墨刺法

即用专用墨刺钳在羊的耳郭内刺上羊的个体号。这种方法简便经济，无掉号危险。但常常由于字迹模糊而难于辨认，目前已较少使用。

4. 烙角法

即用烧红的钢字将编号依次烧烙在羊的角上。此法对公、母羊均有角的品种较适用。在细毛羊育种中，可作为种公羊的辅助编号方法。此法无掉号危险，检查起来也很方便，但编号时较耗费人力和时间。

三 羔羊断尾

断尾仅针对长瘦尾型的绵羊品种，如纯种细毛羊、半细毛羊及其杂种羊。目的是保持羊体清洁卫生、保护羊种品质，便于配种。羔羊出生后 2～3 周龄内断尾。断尾时间应选在晴天的早上，用断尾铲进行断尾。具体方法有以下两种：

（1）热断法 这种方法使用较普遍。断尾时，需一特制的断尾铲和两块 20cm 见方（厚 3～5cm）的木板，在一块木板的一端的中部，锯一个半圆形缺口，两侧包以铁皮。术前，用另一木板衬在条凳上，由一人将羔羊背贴木板进行保定，另一人携带缺口的木板卡住羔羊尾根部（距肛门约 4cm），并用烧至暗红的断尾铲将尾切断，下切的速度不宜过快，用力均匀，使断口组织在切断时受到烧烙，起到消毒、止血的作用。尾断下后，如有少量出血，可用断尾铲烫一烫即可止住，最后用碘酒消毒。

（2）**结扎法** 用橡胶圈在距尾根 4cm 处将羊尾紧紧扎住，阻断尾下段的血液流通，约经 10 天左右，尾下段自行脱落。此法在国内尚不普及，但值得提倡。

四 山羊去角

羔羊去角是山羊饲养管理的重要环节。山羊有角容易发生创伤，不便于管理，个别性情暴烈的种公羊可攻击饲养员，造成人身伤害。因此，采用人工方法去角十分重要。羔羊一般在生后 7~10 天内去角，对羊的损伤小。人工哺乳的羔羊，最好在学会吃奶后进行。有角的羔羊出生后，角蕾部呈漩涡状，触摸时有一较硬凸起。去角时，先将角蕾部分的毛剪掉，剪的面积要稍大一些（直径约 3cm）。去角的方法主要有以下两种：

（1）**烧烙法** 将烙铁于炭火中烧至暗红（亦可用功率为 300W 左右的电烙铁）后，对保定好的羔羊的角基部进行烧烙，烧烙的次数可多一些，但每次烧烙的时间不超过 10s，当表层皮肤破坏，并伤及角原组织后可结束，对术部应进行消毒。在条件较差的地区，也可用 2~3 根，40cm 长的锯条代替烙使用。

（2）**化学去角法** 即用棒状苛性碱（氢氧化钠）在角基部摩擦，破坏其皮肤和角原组织。术前应在角基部周围涂抹一圈医用凡士林，防止碱液损伤其他部分的皮肤。操作时先重、后轻。将角基擦至有血液浸出即可。摩擦面积要稍大于角基部。术后应将羔羊后肢适当捆住（松紧程度以羊能站立和缓慢行走即可）。由母羊哺乳的羔羊，在半天以内应与母羊隔离；哺乳时，也应尽量避免羔羊将碱液污染到母羊的乳房上而造成损伤。去角后，可给伤口撒上少量的消炎粉。

五 公羊去势

凡不宜作种用的公羔要进行去势，去势时间一般为 1~2 月龄，多在春、秋两季气候凉爽、晴朗的时候进行。羔羊去势手术简单、操作容易，去势后羔羊恢复较快。去势的方法有阉割法和结扎法两种。

（1）**阉割法** 将羊保定后，用碘酒和酒精对术部消毒，术者左手握紧阴囊的上端将睾丸压迫至阴囊的底部，右手用刀在阴囊下端与阴囊中隔平行的位置切开，切口大小以能挤出睾丸为宜；睾丸挤出后，将阴囊皮肤向上推，暴露精索，采用剪断或拧断的方法均可。在精索断端涂以碘酒消毒，在阴囊皮肤切口处撒上少量消炎粉即可。

（2）结扎法 术者左手握紧阴囊基部，右手撑开橡皮圈将阴囊套入，反复扎紧，以阻断下部的血液流通。约经15天，阴囊连同睾丸自然脱落。此法较适合1月龄左右的羔羊。在结扎后，要注意检查，以防止橡皮圈断裂或结扎部位发炎、感染。

六 绵羊剪毛

（1）剪毛次数 细毛羊和半细毛羊及其生产同质毛的杂种羊，一般每年在春季剪毛一次，如果一年进行两次剪毛，则羊毛的长度达不到精纺的要求，羊毛价格低，影响经济收入。粗毛羊和生产异质毛的杂种羊，可在春秋季节各剪毛一次。

（2）剪毛时间 剪毛具体时间主要取决于当地的气候条件和羊的体况，春季剪毛，要求在气候变暖，并趋于稳定的时候进行。剪毛过早和过迟对羊体均不利。过早剪毛羊体易受冻害；过迟一则会阻碍羊体热散发，羊只感到不适而影响放牧抓膘；二则羊毛自行脱落造成经济损失；再则绵羊皮肤受到烈日照射易招致皮肤病。北方牧区（包括西南高寒山区），在5月中、下旬剪毛；而在气候较温暖的地区，可在4月中、下旬剪毛。在生产上，一般按羯羊、公羊、育成羊和带仔母羊的顺序来安排剪毛，患有疥癣、痘疹的病羊留在最后剪，以免感染其他健康羊。

（3）剪毛方法 绵羊剪毛的技术要求高，劳动强度大，在有条件的大、中型羊场，应提倡采用机械剪毛。化学脱毛的方法在国内、外都有研究，但仍未能普遍采用。

剪毛应在干净、平坦的场地进行，将羊保定后，先从体侧至后腿剪开一条缝隙，顺此向背部逐渐推进（从后向前剪），一侧剪完后，将羊体翻一下，由背向腹剪毛（以便形成完整的毛套），最后剪下头颈部、腹部和四肢下部的羊毛，毛套去边后单独堆放打包，边角毛、头腿毛和腹毛装在一起，作为等外毛处理。

剪毛时，羊毛留茬高度为0.3~0.5cm，尽可能减少皮肤损伤；当因技术不熟练则留茬过长时，不要补剪，因为剪下的二刀毛几乎没有纺织价值，既造成浪费，又会影响织品的质量，必须在剪毛时引起重视。

剪毛前，绵羊应空腹12h，以免在翻动羊体时造成肠扭转。剪毛后一周内，尽可能在离羊舍较近的草场放牧，以免突遇降温降雪天气而造成羊只损失。

七　山羊抓绒

绒山羊有两层毛，绒毛在底层，上层为长粗毛，从绒山羊体上抓取下来的细绒毛叫做山羊绒，简称羊绒。一般应先抓绒，后剪毛。但也有在抓绒前为了便于抓绒，先将毛稍剪掉后，再抓绒，以后就不再剪毛。在羊绒开始脱落时抓绒，羊绒的质量越好，价格越高，养羊户的收入也就越高。但是，如果错过抓绒的最佳时间，或抓绒方法不当，不仅绒产量下降，而且羊绒的品质变差，以致影响收入。因此，抓绒要适时得法，掌握要领，才能抓到高质量的羊绒。

（1）**抓绒的时间**　具体的抓绒日期应根据当地的气候条件而定，绒山羊每年在4月上旬（清明节前后）气温开始回暖时，绒毛开始脱落，脱落的顺序是先从头部开始逐渐移向颈、肩、胸、背腰及臀部。一般体壮膘情好的羊先脱绒，瘦弱羊后脱绒；成年羊先脱绒，育成羊后脱绒；母羊先脱绒，公羊后脱绒。当发现头部、耳根及眼圈周围的绒毛开始脱落时，就是抓绒的最佳时间，一般抓绒要分两次进行，第一次抓绒后间隔两周后进行第二次抓绒，第二次的抓绒量约是第一次的20%。抓完绒后的一周再进行剪毛。

（2）**抓绒的工具**　抓绒专用工具有两种，一种是密梳，它由直径为0.3cm的钢丝12~14根组成，梳齿间距为0.5~1.0cm；另一种是稀梳，是由7~8根钢丝组成，梳齿间距为2~2.5cm。梳齿的顶端要磨成钝圆形，以免抓伤羊皮肤（图7-2）。

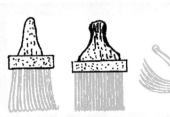

图7-2　抓绒工具

（3）**羊的保定**　把羊侧卧在抓绒架板或铺垫苫布的地面上，将羊的头部和靠近地面（或绒架板）的前后肢分别用绳子固定在抓绒架板上；在地面抓绒的羊，先把铁钎扦插在地上，然后用绳子将羊的头部和靠近地面的前后肢固定在铁钎上；上面的前后肢用绳子捆在一起，用一人保定。这种保定法避免了羊在抓绒时挣扎磨破皮。

（4）抓绒的方法　抓绒前要将羊只禁食 12h 以上。把羊捉住后，先用稀梳，按顺毛方向由颈、肩、胸、背、腰及臀部，自上而下将羊身上的碎草、粪便等杂物梳掉，再用绳子将羊的两前腿及一后腿捆在一起，放倒在干燥而洁净的地方（最好在室内），然后用密梳开始抓绒。其方向及顺序与前面相反。方向是逆毛抓梳，顺序依次为臀、腰、背、胸及肩颈部。抓绒时梳子要贴近皮肤，用力要均匀，不要用力过猛，以免抓伤羊皮肤。每抓几下，必须把梳子上的羊绒按向梳子底部，羊绒上满梳子时，用手沾少许水轻轻地涂在梳背上，在平整光滑的石板上用力左右揉几下，就很容易将羊绒从梳子上卸下来，并使之形成一个羊绒团。在抓梳过程中，往往因抓梳时间长而梳齿上油腻厚，抓不下绒来，可将梳子在地上磨擦去油后再用。

（5）羊绒的储存　将抓取的羊绒，应按不同的色别、质量分别包装，存放在干燥而通风的地方。在储存期一定要经常检查，如发现过热、过湿应立即晾晒。绒毛的储存期不宜过长，应及时出售或调运。

八　羊只修蹄

修蹄是重要的保健工作内容。对舍饲奶山羊尤为重要。羊蹄过长或变形，会影响羊的行走，产生蹄病，甚至造成羊只残疾。奶山羊每 1~2 个月应检查和修蹄 1 次，其他羊只可每半年修蹄 1 次。

修蹄可选在雨后进行，此时蹄壳较软，容易操作。修蹄的工具主要有蹄刀、蹄剪（也可用其他刀、剪代替）。修蹄时，羊呈坐姿保定，背靠操作者；一般先从左前肢开始，术者用左腿架住羊的左肩，使羊的左前膝靠在人的膝盖上，左手握蹄，右手持刀、剪，先除去蹄下的污泥，再将蹄底削平，剪去过长的蹄壳，将羊蹄修成椭圆形。

修蹄时要细心操作，动作准确、有力，要一层一层地往下削，不可一次切削过深；一般削至可见到淡红色的微血管为止，不可伤及蹄肉。修完前蹄后，再修后蹄。修蹄时若不慎伤及蹄肉，造成出血时，可视出血多少采用压迫止血或烧烙止血方法；烧烙时应尽量减少对其他组织的损伤。

九 药浴保健

药浴的目的是预防和治疗羊体外寄生虫病，如羊疥癣、羊虱等。

疥癣等外寄生虫病对绵羊的产毛量和羊毛品质都有不良影响；一旦发生疥癣，就很容易在羊群内蔓延，造成巨大的经济损失。除对病羊及时隔离并严格进行圈舍消毒、灭虫外，药浴是防止疥癣等外寄生虫病的有效方法。定期药浴是绵羊饲养管理的重要环节。

药浴时间一般在剪毛后 10～15 天。这时羊皮肤的创口已基本愈合，毛茬较短，药液容易浸透，防治效果很好。常用的药品有螨净等。在专门的药浴池或大的容器内进行。目前，国内、外也在推广喷雾法药浴，但设备投资较高，国内中、小羊场和农户一时还难以采用。

为保证药浴安全有效，除按不同药品的使用说明书正确配制药液外，在大批羊只药浴前，可用少量羊只进行试验，确认不会引起中毒时，才能让大批羊只药浴。在使用新药时，这点尤其重要。

羊只药浴时，要保证全身各部位均要洗到，药液要浸透被毛，要适当控制羊只通过药浴池的速度；对头部，需用人工浇一些药液淋洗，但要避免将药液灌入羊的口腔。药浴的羊只较多时，中途应补充水和药液，使其保持适宜的浓度。对疥癣病患羊可在第一次药浴后 7 天，再进行一次药浴，结合局部治疗，使其尽快痊愈。

十 奶羊挤奶

挤奶技术要求高、劳动强度大。技术的好坏，不仅影响羊奶产量，而且会由于操作不当而造成羊患乳房疾病。挤奶的程序是：

1. 羊固定在挤奶台

将羊牵引上挤奶台（已习惯挤奶的母羊，可自动走上挤奶台），用颈枷或绳子固定，在挤奶台前方的小食槽内撒上一些混合精料，使其安静采食，便于挤奶。

2. 擦洗乳房

用清洁毛巾在温水中打湿后擦洗乳房 2～3 遍，再用干毛巾

擦干。

3. 按摩

在擦洗乳房时、挤奶前和挤奶过程中要对乳房进行按摩，以柔和的动作左右对揉几次，再由上而下进行按摩，促使羊的乳房充盈而变得有一定的硬度和弹性。每次挤奶需按摩 3～4 次，挤出部分奶汁后，可再按摩 1 次，有利于将奶挤干净。

4. 挤奶

最初挤出的几把奶不要。挤奶的方法一般采用拳握法或滑挤法，以拳握法较好。每天挤奶2～3 次。

5. 称奶和记录

每次挤完奶后要及时称重，并做好记录，尤其在奶山羊的育种工作中，母羊的产奶量记录最为重要，必须做到准确、完整，并符合育种资料记录记载的具体要求。

6. 过滤、消毒羊奶

称重后经四层纱布过滤后装入盛奶桶，及时送往收奶站或经消毒处理后短期保存。消毒方法一般采用低温巴氏消毒，即将羊奶加热（最好是间接加热）至 60～65℃，并保持 30min，可起到灭菌和保鲜的作用。羊奶鲜销时必须经巴氏消毒处理后才能上市。

7. 清扫

挤奶完毕后，须将挤奶间的地面、挤奶台、饲槽、清洁用具、毛巾、奶桶等清洗打扫干净，毛巾等可煮沸消毒后晾干，以备下次挤奶使用。

十一 捉羊引羊

在饲养山羊的过程中，经常需要捉羊、引羊前进。所以捉羊、引羊是每个饲养员应掌握的实用技术。如果乱捉、乱引山羊，方法和姿势不对，都会造成不良后果。特别是种公羊，胆子大、性烈，搞不好将会伤羊、伤人，这种现象在生产上常有发生。

1. 捉羊

捉羊的正确方法是趁羊没有防备的时候，迅速地用一手捉住山羊的后胁。因为此处皮肤松、柔软，容易抓住。或者用手迅速抓住后肢飞节以上的部位。但不要抓飞节以下的部位，以免引起脱臼，除这两部位外，其他部位不可乱抓，特别是背部的皮肤最容易与肌肉分离，如果抓羊时不够细心，往往会使皮肤下的微细血管破裂，受伤的皮肤颜色变深，要两周后才能恢复正常。

2. 引羊

就是牵引山羊前进。山羊性情固执，不能强拉前进，而应用一手扶在山羊的颈下部，以便左右其前进方向；另一手在山羊尾根部搔痒，山羊即随人意前进。如此方法不生效，可用两手分别握山羊的两后肢，将后躯提高，使两后躯离地。因其身体重心向前移，再加上捉羊人用力向前推，山羊就会向前推进。

第二节　羊饲养管理的一般原则

1. 青粗饲料为主，精料为辅

羊属草食性反刍动物，应以饲喂青粗饲料为主，根据不同季节和生长阶段，将营养不足的部分用精料补充。有条件的地区尽量采取放牧、青刈等形式来满足其对营养物质的需要，而在枯草期或生长旺期可用精料加以补充。配合饲料时应以当地的青绿多汁饲料和粗饲料为主，尽量利用本地价格低、数量多、来源广、供应稳定的各种饲料。这样，既符合羊的消化生理特点，又能利用植物性粗饲料，从而达到降低饲料成本、提高经济效益的目的。

2. 合理地搭配饲料，力求多样化，保证营养的全价性

为了提高羊的生产性能，应依据本场羊的种类、年龄、性别、生物学不同时期和饲料来源、种类、贮备量、质量、羊的管理条件等，科学合理地搭配饲料，以满足羊对营养物质的需要。做到饲料多样化，可保证日粮的全价性，提高机体对营养物的利用效率，是提高羊生产性能的必备条件。同时，饲料的多样化和全价性，能提高饲料的适口性，增强羊的食欲，促进消化液的分泌，提高饲料利用效率。

3. 坚持饲喂的规律性

羊在人工圈养条件下，其采食、饮水、反刍、休息都有一定的规律性（彩图30）。每日定时、定量、有顺序地饲喂粗、精料，投喂要有先后顺序，使羊建立稳固的条件反射，有规律地分泌消化液，促进饲料的消化吸收。现羊场多实行每昼夜饲喂 3 次，自由饮水终日不断的饲喂方式。先投粗饲料，吃完后再投混合精料。对放牧饲养的羊群，应在归牧后补饲精料。羊在饲养过程中，严格遵守饲喂的时间、顺序和次数，就会给羊形成良好的进食规律，减少疾病的发生，提高生产力。

4. 保持饲料品质、饲料量及饲料种类的相对稳定

养羊生产具有明显的季节性，季节不同，羊所采食的饲料种类也不同。因此，饲养中要随季节变更饲料。羊对采食的饲料具有一种习惯性。瘤胃中的微生物对采食的饲料也有一定的选择性和适应性，当饲料组成发生骤变时，不仅会降低羊的采食量和消化率，而且可影响瘤胃中微生物的正常生长和繁殖，进而使羊的消化机能紊乱和营养失调，因此，饲料的增、减、变换应有一个相适应的渐进过程。这里必须强调的是混合精料量的增加一定要逐渐进行，谨防加料过急，引起消化障碍，在以后的很长时间里吃不进混合精料，即所谓"顶料"。为防止顶料，在增加饲料时最好每四五天加料一次，减料可适当加大幅度。

5. 充分供应饮水

水对饲料的消化吸收，机体内营养物质的运输和代谢，整个机体的生理调节均有重要作用。羊在采食后，饮水量大而且次数多，因此，每日应供给羊只足够的清洁饮水。夏季高温时要加大供水量，冬季以饮温水为宜。

⚠ **注意** 要注意水质清洁卫生，经常刷洗和消毒水槽，以防各种疾病的发生。

6. 合理布局与分群管理

应根据羊场规模与圈舍条件、羊的性别与年龄等进行科学合理布局和分群（彩图 31）。一般在生产区内，公羊舍占上风向，母羊舍占下风向，羔羊居中。

根据羊的种类、性别、年龄、健康状况、采食速度等进行合理的分群，避免混养时强欺弱、大欺小、健欺残的现象，使不同的羊只均得到正常的生长发育、生产性能发挥和有利于弱病羊只体况的

恢复。

一　种公羊的饲养管理

在现代养羊业中，人工授精技术得到广泛的应用，需要的种公羊不多，因而对种公羊品质的要求越来越高。种公羊的饲养应常年保持结实健壮的体质，达到中等以上的种用体况，并具有旺盛的性欲和良好的配种能力，精液品质好。要达到这样的目的，必须做到以下几点：

第一，应保证饲料的多样性，精粗饲料合理配比，尽可能保证青绿多汁饲料全年较均衡地供给。在枯草期较长的地区，要准备较充足的青贮饲料。同时，要注意矿物质、维生素的补充。

第二，日粮应保持较高的能量和粗蛋白水平，即使在非配种季节内，种公羊也不能单一饲喂粗料或青绿多汁饲料，必须补饲一定的混合精料。

第三，种公羊必须有适度的放牧和运动时间，这对非配种季节种公羊的饲养尤为重要，以免因过肥而影响配种能力。

1. 非配种季节的饲养管理

种公羊在非配种季节的饲养以恢复和保持其良好的种用体况为目的。配种结束后，种公羊的体况都有不同程度的下降，为使体况很快恢复，在配种刚结束的 1～2 个月内，种公羊的日粮应与配种季节基本一致，但对日粮的组成可作适当调整，增加优质青干草或青绿多汁饲料的比例，并根据体况的恢复情况，逐渐转为饲喂非配种季节的日粮。

在我国的北方地区，羊的繁殖季节很明显，大多集中在 9～11 月（秋季），非配种季节较长。在冬季，种公羊的饲养要保持较高的营养水平，既有利于体况恢复，又能保证其安全越冬度春。做到精粗料合理搭配，补喂适量青绿多汁饲料（或青贮料），在混合精料中应补充一定的矿物质微量元素。混合精料的用量不低于 0.5kg，优质干草 2～3kg。种公羊在春、夏季以放牧为主，每日补喂少量的混合

精料和干草。

在我国南方大部分低山地区，气候比较温和，雨量充沛，牧草的生长期长、枯草期短，加之农副产品丰富，羊的繁殖季节可表现为春、秋两季，部分母羊可全年发情配种。因此，对种公羊全年均衡饲养尤为重要。除搞好放牧、运动外，每天应补饲0.5~1.0kg混合精料和一定的优质干草。

2. 配种季节的饲养管理

种公羊在配种季节内要消耗大量的养分和体力，因配种任务或采精次数不同，个体之间对营养的需要量相差很大。对配种任务繁重的优秀种公羊，每天应补饲1.5~3.0kg的混合精料，并在日粮中增加部分动物性蛋白质饲料（如蚕蛹粉、鱼粉、血粉、肉骨粉、鸡蛋等），以保持其良好的精液品质。配种季节种公羊的饲养管理要做到认真、细致，要经常观察羊的采食、饮水、运动及粪、尿排泄等情况。保持饲料、饮水的清洁卫生，如有剩料应及时清除，减少饲料的污染和浪费。青干草要放入草架饲喂。

在南方地区，夏季高温、潮湿，对种公羊不利，会造成精液品质下降。种公羊的放牧应选择高燥、凉爽的草场，尽可能充分利用早、晚进行放牧，中午将公羊赶回圈内休息。种公羊舍要通风良好。如有可能，种公羊舍应修成带漏缝地板的双层式楼圈或在羊舍中铺设羊床。

在配种前1.5~2个月，逐渐调整种公羊的日粮，增加混合精料的比例，同时进行采精训练和精液品质检查。开始时每周采精检查一次，以后增至每周两次，并根据种公羊的体况和精液品质来调节日粮或增加运动。

对精液稀薄的种公羊，应增加日粮中蛋白质饲料的比例；当精子活力差时，应加强种公羊的放牧和运动。种公羊的采精次数要根据羊的年龄、体况和种用价值来确定。对1.5岁左右的种公羊每天采精1~2次为宜，不要连续采精；成年公羊每天可采精3~4次，有时可达5~6次，每次采精应有1~2h的间隔时间。特殊情况下（种公羊少而发情母羊多），成年公羊可连续采精2~3次。采精较频繁时，也应保证种公羊每周有1~2天的休息时间，以免因过度消耗养分和体力而造成体况明显下降。

二 母羊的饲养管理

母羊是羊群发展的基础。母羊数量多，个体差异大。为保证母羊正常发情、受胎，实现多胎、多产，羔羊全活、全壮，母羊的饲养管理不仅要从群体营养状况来合理调整日粮，对少数体况较差的母羊应单独组群饲养。对妊娠母羊和带仔母羊，要着重搞好妊娠后期和哺乳前期的饲养和管理。

1. 空怀期的饲养管理

羊的配种繁殖因地区及气候条件的不同而有很大的差异。北方牧区，羊的配种集中在 9 ~ 11 月。母羊经春、夏两季放牧饲养，体况恢复较好。对体况较差的母羊，可在配种开始前 1 ~ 1.5 个月放到牧草生长良好的草场进行抓膘。

对少数体况很差的母羊，每天可单独补喂 0.3 ~ 0.5kg 混合精料，使其在配种季节内正常发情、受胎。南方地区，母羊的发情相对集中在晚春和秋季（4 ~ 5 月，9 ~ 11 月）或四季均可发情。为保持母羊良好的配种体况，应尽可能做到全年均衡饲养，尤其应搞好母羊的冬春补饲。母羊配种受胎后的前 3 个月内，对能量、粗蛋白的要求与空怀期相似，但应补喂一定的优质蛋白质饲料，以满足胎儿生长发育和组织器官分化对营养物质（尤其是蛋白质）的需要。初配母羊的营养水平应略高于成年母羊，日粮的混合精料比例为5% ~ 10%。

2. 妊娠期的饲养管理

对怀孕母羊饲养管理的任务是保好胎，并使胎儿发育良好。胎儿最初的 3 个月对母体营养物质的需要量并不太大，以后随着胎儿的不断发育，对营养的需要量越来越大。怀孕后期是羔羊获得初生体重大、毛密、体型良好以及健康的重要时期，因此应当精心喂养。补饲精料的标准要根据母羊的生产性能、膘情和草料的质量而定。在种羊场母羊生产性能一般都很高，同时也有饲料基地，可按营养要求给予补饲。草料条件不充足的经济羊场和专业户羊群，可本着优先照顾、保证重点的原则安排饲料。在饲喂过程中，应注意以下几点：

（1）怀孕母羊的饲养管理　对怀孕母羊的饲养管理不当，很容易引起流产和早产。要严禁喂发霉、变质、冰冻或其他异常饲料，禁忌空腹饮水和饮冰渣水，不饮温度很低的水。出牧、归牧、饮水、补饲都要有序、慢、稳，防止拥挤、滑跌，严防跳崖、跳沟，应特别注意不要无故拽捉、惊扰羊群，及时阻止两羊间的角斗。母羊在怀孕后期不宜进行防疫注射。

（2）妊娠前期的饲养管理　妊娠前期（约 3 个月）因胎儿发育较慢，需要的营养物质少，一般放牧或给予足够的青草，适量补饲即可满足需要。

（3）妊娠后期的饲养管理　在妊娠后期胎儿的增重明显加快，母羊自身也需贮备大量的养分，为产后泌乳做准备。妊娠后期母羊腹腔容积有限，对饲料干物质的采食量相对减小，饲料体积过大或水分含量过高均不能满足母羊的营养需要。因此，要搞好妊娠后期母羊的饲养，除提高日粮的营养水平外，还必须考虑组成日粮的饲料种类，增加混合精料的比例。在妊娠前期的基础上，能量和可消化蛋白质分别提高 20% ~ 30% 和 40% ~ 60%，钙、磷增加 1 ~ 2 倍［钙、磷比例为（2 ~ 2.5）∶1］。产前 8 周，日粮的混合精料比例提高到 20%，产前 6 周为 25% ~ 30%，而在产前 1 周，要适当减少混合精料用量，以免胎儿体重过大而造成难产。妊娠后期母羊的管理要细心、周到，在进出圈舍及放牧时，要控制羊群，避免拥挤或急驱猛赶；补饲、饮水时要防止拥挤和滑倒，否则易造成流产。除遇暴风雪天气外，母羊的补饲和饮水均可在运动场内进行，增加母羊户外活动的时间，干草或鲜草用草架投喂。产前 1 周左右，夜间应将母羊放于待产圈中饲养和护理。

3. 哺乳前期的饲养管理

母羊产羔后泌乳量逐渐上升，在 4 ~ 6 周内达到泌乳高峰，10 周后逐渐下降（乳用品种可维持更长的时间）。随着泌乳量的增加，母羊需要的养分也应增加，当草料所提供的养分不能满足其需要时，母羊会大量动用体内贮备的养分来弥补，泌乳性能好的母羊往往比较瘦弱，这是一个重要原因。在哺乳前期（羔羊出生后两个月内），母乳是羔羊获取营养的主要来源。为满足羔羊生长发育对养分的需要，保持母羊的高泌乳量是关键。在加强母羊放牧的前提下，应根据带羔的多少和泌乳量的高低，搞好母羊补饲。带单羔的母羊，每天补喂混合精料 0.3～0.5kg；带双羔或多羔的母羊，每天应补饲 0.5～1.5kg。对体况较好的母羊，产后 1～3 天内可不补喂混合精料，以免造成消化不良或发生乳房炎。为调节母羊的消化机能，促进恶露排出，可喂少量轻泻性饲料（如在温水中加入少量麦麸喂羊）。3 日后逐渐增加精料的用量，同时给母羊饲喂一些优质青干草和青绿多汁饲料，可促进母羊的泌乳机能。

4. 哺乳后期的饲养管理

哺乳后期母羊的泌乳量下降，即使加强母羊的补饲，也不能继续维持其高的泌乳量，单靠母乳已不能满足羔羊的营养需要。此时羔羊也已具备一定的采食和利用植物性饲料的能力，对母乳的依赖程度减小。在泌乳后期应逐渐减少对母羊的补饲，到羔羊断奶后母羊可完全采用放牧饲养，但对体况下降明显的瘦弱母羊，需补喂一定的干草和青贮饲料，使母羊在下一个配种季节到来时能保持良好的体况。

三 羔羊的饲养管理

哺乳期的羔羊是一生中生长发育强度最大而又最难饲养的一个阶段，稍有不慎不仅会影响羊的发育和体质，还可造成羔羊发病率和死亡率增加，给养羊生产造成重大损失。羔羊在哺乳前期主要依赖母乳获取营养，母乳充足时羔羊发育好、增重快、健康活泼。母乳可分为初乳和常乳，母羊产后第一周内分泌的乳叫初乳，以后的为常乳。初乳浓度大，养分含量高，尤其是含有大量的抗体球蛋白和丰富的矿物质元素，可增强羔羊的抗病力，促进胎粪排泄。应证羔羊在产后 15～30min 内吃到初乳。羔羊的早期诱食和补饲，是羔羊培育的一项重要工作。

羔羊出生后 7～10 天，在跟随母羊放牧或采食饲料时，会模仿母羊的行为，采食一定的草料。此时，可将大豆、蚕豆、豌豆等炒熟，粉碎后撒于饲槽内对羔羊进行诱食。初期，每只羔羊每天喂 10～50g 即可，待羔羊习惯以后逐渐增加补喂量。羔羊补饲应单独进行，当羔羊的采食量达到 100g 左右时，可用含粗蛋白 24% 左右的混合精料进行补饲。到哺乳后期，羔羊在白天可单独组群，划出专用草场放牧，结合补饲混合精料；优质青干草可投放在草架上任其自由采食，以禾本科和豆科青干草为好。羔羊的补饲应注意以下几个问题：

①尽可能提早补饲；②当羔羊习惯采食饲料后，所用的饲料要多样化、营养好、易消化；③饲喂时要做到少喂勤添；④要做到定时、定量、定点；⑤保证饲槽和饮水的清洁卫生。

要加强羔羊的管理，适时去角（山羊）、断尾（绵羊）、去势，搞好防疫注射。羔羊出生时要进行称重；7~15天内进行编号、去角或断尾；2月龄左右对不符合种用要求的公羔进行去势。生后7天以上的羔羊可随母羊就近放牧，增加户外活动的时间。对少数因母羊死亡或缺奶而表现瘦弱的羔羊，要搞好人工哺乳或寄养工作。

羔羊一般采用一次性断奶。断奶时间要根据羔羊的月龄、体重、补饲条件和生产需要等因素综合考虑。在国外工厂化肥羔生产中，羔羊的断奶时间为4~8周龄；国内常采用4月龄断奶。

对早期断奶的羔羊，必须提供符合其消化特点和营养需要的代乳饲料，否则会造成巨大损失。羔羊断奶时的体重对断奶后的生长发育有一定影响。根据我们的实践经验，半细毛改良羊公羔体重达15kg以上，母羔达12kg以上，山羊羔体重达9kg以上时断奶比较适宜。体重过小的羔羊断奶后，生长发育明显受阻。如果受生产条件的限制，部分羔羊需提早断奶时，必须单独组群，加强补饲，以保证羔羊生长发育的营养需要。

羔羊时期发生最多的是"三炎一痢"，即肺炎、肠胃炎、脐带炎和羔羊痢。要减少羔羊发病死亡，提高羔羊的成活率，应注意做到：

初生羔羊体质较弱，适应能力低，抵抗力差，容易发病。因此要加强护理，保证成活及健壮。

（1）吃好初乳　羔羊出生后，一般十几分钟即能站起，寻找母羊乳头。第一次哺乳应在接产人员护理下进行，使羔羊尽早吃到初乳。如果一胎多羔，不能让第一个羔羊把初乳吃净，要使每个羔羊都能吃到初乳。

（2）羔舍保温　羔羊出生后体温调节机能不完善，羔舍温度过低，会使羔羊体内能量消耗过多，体温下降，影响羔羊健康和正常发育。一般冬季羔舍温度保持在5℃为宜。冬季注意产后3~7天内，不要把羔羊和母羊牵到舍外有风的地方。7日龄后母羊可到舍外放牧或食草，但不要走得太远。

（3）**代乳或人工补乳** 一胎多羔或产羔母羊死亡或因母羊乳房疾病无奶等原因引起羔羊缺奶，应及时采取代乳和人工哺乳的方法解决。加强对缺奶羔羊的补饲，无母羊的羊羔应尽早找保姆羊。对缺奶羔羊进行牛奶或人工乳补饲时，要掌握好温度、时间、喂量和卫生。

人工初乳的奶源包括牛奶、羊奶、代乳品和全脂奶粉。应定时、定量、定温、定次数。一般7日龄内每天5~9次，8~12日龄每天4~7次，以后每天3次。

人工哺乳在羔羊少时用奶瓶，多时用哺乳器（一次可供8只羔羊同时吸乳）。使用牛奶、羊奶应先煮沸消毒。10日龄以内的羔羊不宜补喂牛奶。若使用代乳品或全脂奶粉，宜先用少量羔羊初试，证实无腹泻、消化不良等异常表现后再大面积使用。

⚠️ 【注意】 初生羔羊不能喂玉米糊或小米粥。

（4）**搞好圈舍卫生** 羔羊舍应宽敞，干燥卫生，温度适中，通风良好。羔羊痢的发生多在产羔10日后开始增多，原因就在于此时的棚圈污染程度加重。此时应认真做好脐带消毒，哺乳和清洁用具的消毒，严重病羔要隔离，死羔和胎衣要集中处理。

（5）**安排好吃乳和放牧时间** 若母子分群放牧时，应合理安排放牧母羊时间，使羔羊吃乳的时间均匀一致。初生羔饲养7天后可将羔羊赶到日光充足的地区自由活动，3周后可随母羊放牧，开始走近些，选择平坦、背风向阳、牧草好的地区放牧。30日龄后，羔羊可编群游牧，不要去低湿、松软的牧地放牧。

⚠️ 【注意】 放牧时，注意从小就训练羔羊听从口令。

（6）**疫病防治** 羔羊出生后一周，容易患痢疾，应采取综合措

施防治。在羔羊出生后 12h 内，可喂服土霉素，每只每次 0.2 ~ 0.5g，每天 1 次，连喂 3 天。

对羔羊要经常仔细观察，做到有病及时治疗。一旦发现羔羊有病，要立刻隔离，认真护理，及时治疗。羊舍粪便、垫草要焚烧。被污染的环境及土壤、用具等要用 0.1% 的新洁尔灭喷雾消毒。

（7）杜绝人为事故发生　主要是管理人员缺乏经验，责任心不强。事故主要是放牧丢失，下夜疏忽、看护不周等。

（8）适时断乳　断乳应逐渐进行，一般经 7 ~ 10 天完成。开始断乳时，每天早晚仅让母子在一起哺乳 2 次，以后 1 次，逐渐断乳。断乳时间在 3 ~ 4 月龄，断乳羔羊应按性别、大小分群饲养。

> ➡ **【提示】**　只要对羔羊认真做到早喂初乳，早期补饲。生后 7 ~ 10 天开始喂青干草和饮水，10 ~ 20 天喂混合精料，早断乳、及时查食欲、查精神、查粪便，就能保证羔羊成活，减少死亡发生。

四　育成羊的饲养管理

育成羊是指断奶后至第一次配种前这种年龄段的幼龄羊。在生产中一般将羊的育成期分为两个阶段，即育成前期（4 ~ 8 月龄）和育成后期（8 ~ 18 月龄）。

育成前期，尤其是刚断奶不久的羔羊，生长发育快，瘤胃容积有限而且机能不完善，对粗料的利用能力较弱。这种阶段饲养的好坏，是影响羊的体格大小、体型和成年后的生产性能的重要阶段，必须引起高度重视，否则会给整个羊群的品质带来不可弥补的损失。育成前期羊的日粮应以混合精料为主，结合放牧或补喂优质青干草和青绿多汁饲料，日粮的粗纤维含量以 15% ~ 20% 为宜。

育成后期羊的瘤胃消化机能基本完善，可采食大量的牧草和农作物秸秆。这种阶段，育成羊可以放牧为主，结合补饲少量的混合精料或优质青干草。粗劣的秸秆不宜用来饲喂育成羊，即使要用，在日粮中的比例也不可超过 20% ~ 25%，使用前还应进行合理的加工调制。

五 育肥羊的饲养管理

肉羊的育肥是在较短的时期内采用不同的育肥方法，使肉羊达到体壮膘肥，适于屠宰。根据肉羊的年龄，分为羔羊育肥和成年羊育肥。羔羊育肥是指1周岁以内没有换永久齿幼龄羊的育肥；成年羊育肥是指成年羯羊和淘汰老弱母羊的育肥。

我国绵羊、山羊的育肥方法有放牧育肥、舍饲育肥和半放牧半舍饲育肥三种形式。

(1) 放牧育肥 放牧育肥是我国常用的最经济的肉羊育肥方法。通过放牧让肉羊充分采食各种牧草和灌木枝叶，以较少的人力、物力获得较高的增重效果。放牧育肥的技术要点有以下几方面：

1）选育放牧草场，分区合理利用。根据羊的种类和数量，选择适宜的放牧地。育肥绵羊宜选择地势较平坦、以禾本科牧草和杂类草为主的放牧地；而育肥山羊宜选择灌木丛较多的山地草场（彩图32）。充分利用夏秋季天然草场牧草和灌木枝叶生长茂盛、营养丰富的时期搞好放牧育肥。放牧地较宽的，应按地形划分成若干小区实行分区轮牧，每个小区放牧2~3天后再移到另一个小区放牧，使羊群能经常吃到鲜绿的牧草和枝叶，同时也使牧草和灌木有再生的机会，有利于提高产草量和利用率。

2）加强放牧管理，提高育肥效果。放牧育肥的肉羊要尽量延长每日放牧的时间。夏秋时期气温较高，要做到早出牧晚收牧，每天至少放牧12h以上，甚至可采用夜间放牧，让肉羊充分采食，加快增重长膘。在放牧过程中要尽量减少驱赶羊群的次数，使羊能安静采食，减少体能消耗。中午阳光强烈、气温过高时，可将羊群驱赶到背阴处休息（彩图32）。

3）适当补饲，加快育肥。在雨水较多的夏秋季，牧草含水分较多，干物质含量相对较少，单纯依靠放牧的肉羊，有时不能完全满足快速增重的要求。因此，为了提高育肥效果，缩短育肥时期，增加出栏体重，在育肥后期可适当补饲混合精料，每天每只羊约0.2~0.3kg，补饲期约1个月，育肥效果可明显提高。

(2) 舍饲育肥 舍饲育肥就是以育肥饲料在羊舍饲喂肉羊。其优点是增重快，肉质好，经济效益高。适于缺少放牧草场的地区和

工厂化专业肉羊生产使用。舍饲育肥的羊舍可建造成简易的半敞式羊舍，或利用旧房改造，并备有草架和饲槽。舍饲育肥的关键，是合理配制与利用育肥饲料。育肥饲料由青粗饲料、各种农副产品和各种混合精料组成，如干草、青草、树叶、作物秸秆，各种糠、糟、油饼、食品加工糟渣等。

育肥时期大约 2~3 个月。初期青粗饲料大约占日粮的 60%~70%，混合精料占 30%~40%，后期混合精料可加大到 60%~70%。为了提高饲料的消化率和利用率，秸秆饲料可进行氨化处理，粮食籽粒要粉碎，有条件的可加工成颗粒饲料。青粗饲料要任羊自由采食，混合精料可分为上、下午两次补饲。

舍饲育肥期的长短要因羊而异，羔羊断奶后大约经 60~100 天，体重达到 30~40kg 时即可出栏。成年羊约经 40~60 天短期舍饲育肥出栏。育肥时期过短，增重效果不明显；时间过长，到后期肉羊体内积蓄过多的脂肪，不适合市场要求，饲料报酬也不高。育肥饲料中要保持一定数量的蛋白质营养。蛋白质不足，肉羊体内瘦肉比例会减少，脂肪的比例会增加。为了补充饲料中的蛋白质，或弥补蛋白质饲料的缺乏，可补饲尿素。补饲尿素的数量只能占饲料干物质总量的 2%，不能过多，否则会引起尿素中毒。尿素应加在混合精料中充分混匀后饲喂，不能单独喂，也不能加在饮水中喂。一般羔羊断奶后每天可喂 10~15g，成年羊可喂 20g。

(3) 半放牧半舍饲育肥 半放牧半舍饲育肥是放牧与补饲相结合的育肥方式，我国农村大多数地区可采用这种方式，既能利用夏秋牧草生长旺季进行放牧育肥，又可利用各种农副产品及少量混合精料进行后期催肥，提高育肥效果。半放牧半舍饲育肥可采用两种方式：一种是前期以放牧为主，舍饲为辅，少量补料；后期以舍饲为主，多补混合精料，适当就近放牧采食。另一种是前期利用牧草生长旺季全天放牧，使羔羊早期骨骼和肌肉充分发育，后期进入秋末冬初转入舍饲催肥，使肌肉迅速增长，贮积脂肪，大约经 30~40天催肥，即可出栏。一些老残羊和瘦弱的羯羊在秋末集中 1~2 个月舍饲育肥，可利用农副产品和少量混合精料补饲催肥，也是一种费用较少、经济效益较高的育肥方式。

绵羊、山羊放牧采食能力强，适宜放牧饲养。羊只在放牧的过程中不断地游走，增加了运动量，同时也能长时间的接受太阳光的照射，这些都有利于羊体的健康。天然牧草是羊重要的饲料来源。羊的放牧饲养方式在世界养羊业中仍占主导地位。

一　四季牧场的规划与合理利用

采用按季节转场轮牧的生产方式，可充分、合理地利用不同类型的草地资源。放牧后的牧场有较长的休闲期，有利于牧草的恢复和再生，使牧场保持较高的生产力。部分牧场采用放牧后封育、增加施肥，可作为人工割草地，在夏、秋季晒制大量干草，以备冬、春补饲之用。牧场在休闲期间应严禁放牧，否则会由于过度放牧而引起草场退化。

（1）春季牧场　在补饲条件相对较差的北方牧区和西南高寒山区，羊春季的体况普遍较差。春季又是母羊产羔和哺乳的时期，气候变化频繁、草料匮乏，稍有不慎，就会造成羊只大量损失。春季牧场要求地势平坦，或选在缓坡和阳坡、有一定水源的地块。牧场积雪较少，融雪早，有利于牧草的萌发。在西南地区，春季牧场多选在浅丘地带。

春季牧草萌发较早，但养分贮备有限，过早进场放牧，不利于牧草的生长。进入春季牧场放牧的时间不要过早。较为适合的时期是：禾本科冬牧草处于分蘖至拔节初期，豆科牧草及杂草在长出腋芽时；草丛高度8～10cm。进场初期，可采用早晨放冬场，下午放春场，尽可能利用冬场上残存的枯草，以减轻对春季牧场的压力。即使冬季牧场面积受限，也应限制在春场的放牧时间，可给羊补饲一定的草料。也可将春场划区后进行轮牧，保证部分牧场在早春有一定的休闲期。春场放牧结束的时间相对要早一些，"晚进早出"是春季牧场放牧利用应遵循的原则。

（2）夏季牧场　夏季牧场要因地制宜。北方干旱草原或半荒漠草原区，应选择在地势较为低洼的凹地或河流两岸水源较充足的地

块；在西南高寒牧区，应选择高山牧场作为夏季牧场。总的要求是：水源接近、受旱程度低，牧草生长良好，有利于羊的放牧抓膘。

夏季牧场牧草生长的好坏，对羊的体况恢复有重要影响。在高山牧场放牧时，放牧地段可由高到低，分段利用。夏季中午气温较高，放牧时应选择可庇荫的地块，防止蚊蝇骚扰。并尽可能延长在夏季牧场放牧的时间。在高寒山区，由于牧草生长周期较短，放牧时间不宜太长。一般在开始降霜或下雪之前，使羊群逐渐向中、低山牧场转移，避免牧场放牧过度。

（3）秋季牧场 在北方牧区，一般选择在其他季节因缺水而不能利用的牧场。在西南山区，可选择中、低山牧场或农作物收获后的茬地作为秋季牧场。

对秋季牧场利用的时间长短和强度，要根据各地的气候特点来确定。一般在牧草结束生长前 30 天左右转场，使牧草能贮备一定的养分，有利于牧草的越冬和翌年的再生。也可采用划区放牧，地势较高、离牧场较远的地块先放，再逐渐向地势低或距离近的地块转移。这样，既有利于充分、合理地利用草地资源，又可避免羊只的往返奔波和掉膘。

（4）冬季牧场 选择地势较平坦，靠近水源，牧草生长良好，冬季积雪较少的牧场。在北方纯牧区，冬季牧场一般靠近人的定居点。牧场积雪厚度 15~20cm，过厚会给羊的采食造成困难。

冬季牧场一般采用分段放牧。初冬，可将羊放于地势低洼或避风较差的地块，以免因积雪过厚而不能利用。其次，要先利用距离较远的地块。遇暴风雪天气，应将羊赶入圈内进行补饲。近年来，我国北方地区在冬季采用塑料大棚养羊，能较显著地改善羊的放牧饲养条件，取得了较高的经济效益，值得在高寒地区广泛推广。

二 放牧羊群的组织和放牧方式

1. 放牧羊群的组织

合理组织羊群，有利于羊的放牧和管理，是保证羊吃饱草、快长膘和提高草场利用率的一个重要技术环节。在我国北方牧区和西南高寒山区，草场面积大，人口稀少，羊群规模一般较大；而在南方丘陵和低山区，草场面积小而分散，农业生产较发达，羊的放牧条件较差，在放牧时必须加强对羊群的引导和管理，才能避免对农作物的啃食，羊群规模一般较小。羊群的组织应根据羊的类型、品种、性别、年龄（如羔羊、育成羊、成年羊）、健康状况等综合考虑，也可根据生产和科研的特殊需要组织羊群。生产中，羊群一般可分为公羊群、母羊群、育成公羊群、育成母羊群、羔羊群（按性别分别组群）、羯羊群等。羯羊数量很少时，可随成年的母羊组群放牧。在羊的育种工作中，还可按选育性状组建核心育种群，即把育种过程中产生的理想型个体单独组群和放牧。

采用自然交配时，配种前 1 个月左右，将公羊按 1:（25 ~ 30）的比例放入母羊群中饲养，配种结束后，公羊再单独组群放牧。

在南方省区，养羊一般采用放牧与补饲相结合的方式，除组织羊群的一般要求，还必须考虑羊舍面积、补饲和饮水条件、牧工的劳动强度等因素，羊群的大小要有利于放牧和日常管理。

2. 放牧技术

要使羊生长快、不掉膘。羊的放牧要立足于"抓膘和保膘"，使羊常年保持良好的体况，充分发挥羊的生产性能。要达到这样的目的，必须了解和掌握科学的放牧方法和技术。

在绵羊的放牧中，除应了解和熟悉草场的地形、牧草生长情况和气候特点外，还要做到两季慢（春、秋两季放牧要慢）、三坚持（坚持跟群放牧、早出晚归、每日饮水）、三稳（放牧、饮水、出入羊圈要稳）、四防（防"跑青"、防"扎窝子"、防病、防兽害）；同时，要根据不同季节的气候特点，合理地调整放牧的时间和距离，以保证羊能吃饱、吃好。

在南方地区，夏季气候炎热，应延长羊的早、晚放牧时间，午间将羊赶回羊舍或其他庇荫处休息。此外，在我国广大的农区和半农半牧区，发展了一些简便、实用的山羊放牧方法，适合小规模分散养羊的特点。现简要介绍如下：

（1）**领着放**　羊群较大时，由放牧员走在羊群前面，带领羊群前进，控制其游走的速度和距离。适用于平原、浅丘地区和牧草茂盛季节，有利于羊对草场的充分利用。

（2）**赶着放**　即放牧员跟在羊群后面进行放牧，适合于春、秋

两季在平原或浅丘地区的放牧，放牧时要注意控制羊群游走的方向和速度。

（3）陪着放 在平坦牧地放牧时，放牧员站在羊群一侧；在坡地放牧时，放牧员站在羊群的中间；在田边放牧时，放牧员站在地边。这种方法便于控制羊群，四季均可采用。

（4）等着放 在丘陵山区，当牧地相对固定，而且羊群对牧道熟悉时，可采用此法。出牧时，放牧员将羊群赶上牧道后，自己抄近路走到牧地等候羊群。采用这种方法放牧，要求牧道附近无农田、无幼树、无兽害，一般在植被稀疏的低山草场或在枯草期采用。

（5）牵牧 利用工余时间或老、弱人员用绳子牵引羊只，选择牧草生长较好的地块，让羊自由采食，在农区使用较多。

（6）拴牧 又叫系牧，即用一条长绳，一端系在羊的颈部，另一端拴一小木桩，选择好牧地后，将木桩打入地下固定，让羊在绳子长度控制的范围内自由采食。一天中可换几个地区放牧，既能使羊吃饱吃好，又节省人力，多在农区采用。南方农区这种放牧方式较多。

羊的放牧要因地、因时制宜，采用适当的放牧技术。在春、秋放牧时，要控制好羊群的游走速度，避免过分消耗体力，引起羊只掉膘。夏季放牧时，羊群可适当松散，午间气温较高时，应将羊赶到能遮阴的地区采食或休息；在有条件的地区，可在牧地上搭建临时遮阴棚架，作为羊中午休息或补饲、饮水的场所。冬季放牧时，要随时了解天气的变化，晴好天气可放远一些，雪后初晴时就近放牧；大风雪天应将羊群赶回圈舍饲养。

3. 山羊放牧应注意的事项

（1）要训练好带头山羊 山羊合群性强，放牧时，群体山羊总是跟随在头羊后面。要选择全群中最健康、精力充沛的山羊作头羊，加强训练。训练时要严格，也要有感情，要注意口令严厉、准确。

（2）要注意数羊 每天出牧前，收牧后要清点山羊数，以防个别羊只落队。

（3）要防野兽、毒蛇、毒草危害 防兽害就是防止野兽为害放牧山羊。在山地放牧防兽害的经验是："早防前，晚防后，中午要防洼洼沟"。即早上要防野兽从羊群前出现；晚上要防野兽从羊群后面出现；中午要防野兽从低洼沟出现。防毒蛇危害，牧民的经验是冬季挖土找群蛇、放火烧死蛇；其他季节是"打草惊蛇"。防毒草危害，这些毒草多生长在潮湿的阴坡上，幼嫩时毒性大。牧民经验是"迟牧、饱牧"。即等毒草长大后，让山羊吃饱草后再放这些混生毒草地区，可免受其害。

三 四季放牧要点

1. 春季放牧

春季气候逐渐转暖，枯草逐渐转青，是羊只由补饲逐渐转入全放牧的过渡时期。初春时，绵羊经漫长的冬季，膘情差，体质弱，产冬羔的母羊处于哺乳期，加之气候不稳定，容易出现"春乏"的现象。这时，牧草刚开始萌发，羊看到一片青，却难以采食，疲于奔青找草，增加了体力消耗，更易加速瘦弱羊的死亡。因此，羊的春季放牧要突出一个"稳"字，放牧员应走在羊群的前面，控制好羊群的游走速度，防止羊只因"跑青"而掉膘。对弱羊和带仔母羊要单独组群、就近放牧、加强补饲。

在南方农区和半农半牧区，牧草返青早，生长快，有利于羊的放牧，但当草场中豆科牧草比例较大时，放牧要特别小心。因此时的豆科牧草生长旺盛、质地细嫩，含有较多的非蛋白质，而其他牧草多处于枯黄或刚开始萌芽阶段产量有限，羊采食过多豆科牧草会引起瘤胃胀气，常造成羊只死亡。在这些地区，春季是膨胀病的高发期，必须引起重视。出牧前，可先补饲一定量的干草或混合精料，适量饮水，使羊在放牧时不致大量抢食豆科牧草。发现胀气的羊只要及时处理。

2. 夏季放牧

夏季牧草茂盛，营养价值高，是羊恢复体况和抓膘的有利时期。春末的五、六两月也是牧区最繁忙的阶段。羊的整群鉴定、剪毛抓绒量、防疫注射、药浴驱虫及冬羔的断奶、组群等工作，都需在此期间完成，同时，还要做好转场放牧的准备工作。因此，必须精心组织和合理调配劳动力，做到不误时节。

夏季一般选择干燥凉爽的山坡地放牧，可减少蚊蝇的侵袭，使

141

羊能安心吃草，中午气温较高时，要把羊赶到阴凉的场地休息或采食，要经常驱动羊群，防止出现"扎窝子"；应避免在有露水或雨水的苜蓿草地放羊，防止膨胀病的发生。尽量延长羊群早、晚放牧的时间。在山顶上放牧，采用"满天星"的放牧队形（即散放）。

放牧绵羊时，上山下山要盘旋而行，避免直上直下和紧追快赶；要经常检查羊只的采食情况和体况；对病、弱羊要查明原因，及时进行治疗或补饲，确保母羊进入繁殖季节后能正常发情和受胎；加强羔羊、育成羊的放牧和补饲，搞好春羔的断奶工作。

3. 秋季放牧

羊秋季放牧的重点是抓膘、保膘、搞好羊的配种。

秋季气候凉爽、蚊蝇较少，牧草正值开花、结实期，营养丰富，秋季抓膘的效果比夏季好，也是羊放牧育肥的有利时期。

经夏季放牧后，羊的体况明显恢复，精力旺盛，活动量大，再加之逐渐进入繁殖季节，公羊吃草不专心、游走范围增大，争斗增加，常对母羊进行骚扰，影响母羊采食。为使羊群不掉膘，应加强放牧管理，控制好羊群的放牧速度和游走范围。

群众的经验是"夏抓肉膘，秋抓油膘。抓好夏膘放肥羊，抓好秋膘奶胖羊"。为此，秋季放牧要延长时间，做到"早出、晚归、中午不休息"。配种开始前，要对羊群进行一次全面的健康检查，开展驱虫、修蹄等工作。

秋季放牧时，要避免将羊放在以有芒、有刺的植物为主的草场，以免带刺的种子落入羊的被毛而刺入皮肤和内脏器官，造成损伤。同时，要充分利用打草和农作物收获后的茬地放牧，使羊能吃到鲜嫩的牧草。秋季要搞好母羊的配种繁殖工作。

4. 冬季放牧

冬季放牧的主要任务是保膘，保胎，防止母羊发生流产。

入冬前，对羊的体况进行一次检查，并根据冬草场的面积、载畜量和草料贮备情况，确定存栏规模，淘汰部分年老、体弱羊和"漂沙"母羊（指连续两年以上不能配种受胎的母羊）；在干旱年份更应该适当加大出栏，以减轻对草场的压力。每只成年母羊的年干草贮备量为250~300kg，混合精料50~150kg。

在冬季积雪较多的地区，首先要利用地势低洼的草地放牧，后利用地势较高的坡地或平地，以免积雪过厚羊不能利用而造成牧草浪费；天气晴好放远处，雪后初晴放近处，大风雪天将羊留在圈内饲养。在放牧中突遇暴风雪，应将羊及时赶回或赶到山坡的背风面，不能让羊四处逃跑，以免造成丢失和死亡。冬季早晨出牧的时间可稍推迟，待牧草上的水分稍干后再放牧，可减少母羊的流产。

羊的棚、圈设施要因地制宜，大小适当、防寒保暖、方便管理。入冬前，要对圈舍进行检查、维修，避免"贼风"的侵袭。近年来，我国北方采用的塑料大棚，增温效果好、建造成本低、经济实用，在高寒牧区很有推广价值。

第八章
羊场的建造

第一节 羊舍选址的基本要求和原则

一 羊舍选址的基本要求

1. 地形、地势

绵羊、山羊均喜干燥，厌潮湿。所以干燥通风、冬暖夏凉的环境是羊只最适宜的生活环境。因此羊舍地址要求地势较高、避风向阳、地下水位低、排水良好、通风干燥、南坡向阳。

> **【禁忌】** 切忌选在低洼涝地、山洪水道、冬季风口之地。

2. 水源

羊的生产需水量比较大，除了羊只饮用以外，羊舍的冲洗也需要大量的水。水源在选择场址时应该重点考虑。水源供应充足、清洁、无严重污染源，上游地区无严重排污厂矿、无寄生虫污染危害区。主要以舍饲为主时，水源以自来水为最好，其次是井水。舍饲羊日需水量大于放牧，夏秋季大于冬春季。

3. 交通便利，能保证防疫安全

距离主干道距离500m以上，有专用道路与公路相连，避免将养殖区连片建在紧靠主要公路的两侧。有良好的水、电、路等公用设施配套条件。场内兽医室、病畜隔离室、贮粪池、尸坑等应位于羊舍的下风方向，距离500m以外。各圈舍间应有一定的隔离距离。羊

舍的位置还应该考虑远离居民区和其他人口比较密集的地区。

4. 避免人畜争地

选择荒坡闲置地或农业种植区域，禁止选择在基本农田保护区。有广袤的种植区域，较大的粪污吸纳量及建设配套的排污处理设施场地。使有机废弃物经处理达标后能够循环利用。禁止在旅游区、自然保护区、人口密集区、水源保护区和环境公害污染严重的地区及国家规定的禁养区建设。

二 修建羊场应遵循的原则

1. 因地制宜

是指羊场的规划、设计及建筑物的营造绝对不可简单模仿，应根据当地的气候、场址的形状、地形地貌、小气候、土质及周边实际情况进行规划和设计。例如，平地建场，必须搭棚盖房。而在沟壑地带建场，挖洞筑窑作为羊舍及用房将更加经济适用。

2. 经济适用

是指建场修圈不仅必须能够适应集约化、程序化肉羊生产工艺流程的需要和要求，而且投资还必须要少。也就是说，该建的一定要建，而且必须建好，与生产无关的绝对不建，绝不追求奢华。因为肉羊生产毕竟仅是一种低附加值的产业，任何原因造成的生产经营成本的增加，要以微薄的盈利来补偿都是不易的（彩图33、彩图34）。

3. 急需先建

是指羊场的选址、规划、设计全都搞好以后，一般不可从一开始就全面开放，等把全部场舍都建设齐全以后再开始养羊。应当根据经济能力办事，先根据达到能够盈利规模的需要进行建设，并使羊群尽快达到这种规模。

4. 逐步完善

由于一个羊场，特别是大型羊场，基本设施的建设一般都是应该分期分批进行的，像单身母羊舍、配种室、怀孕母羊舍、产房、带仔母羊舍、种公羊舍、隔离羊舍、兽医室等设计、要求、功能各不相同的设施，绝对不能一下都修建齐全以后才开始养羊。在这种情况下为使功用问题不至影响生产，若为复合式经营，可先建一些功能比较齐全的带仔母羊舍以代别的羊舍之用。至于办公用房、产

房、配种室、种公羊圈，可在某栋带仔母羊舍某一适当的位置留出一定的间数，暂改他用，以备生产之急需。等别的专用羊舍、建筑建好腾出来以后，再把这些临时占用的带仔母羊舍逐渐恢复起来，用于饲养带仔母羊。

第二节　羊舍建造的基本要求

一　不同生产方向所需羊舍的面积

羊舍应有足够的面积，以羊在舍内不拥挤，能自由活动为宜（彩图35）。羊舍面积过小，则舍内潮湿、脏污和空气不良，有碍羊只健康，且不便管理。若面积过大，不但浪费，且不利于冬季保温。羊舍面积可视羊群规模大小、品种、性别、生理状况和当地气候等情况确定，一般以保持舍内干燥、空气新鲜，利于冬季保暖、夏季防暑为原则。不同生产方向的羊群，以及处于不同生长发育阶段的羊只，所需要的面积是不相同的。具体不同方向的羊舍使用面积见表8-1～表8-3。另外，产羔室可按基础母羊数的20%～25%计算面积。每间羊舍不应圈养很多羊，否则不但不利于管理，而且会增加疫病传播的机会。

表 8-1　各种羊所需羊舍面积　　（单位：m^2／只）

项目	细毛羊、半细毛羊	奶山羊	绒山羊	肉羊	毛皮羊
面积	1.5～2.5	2.0～2.5	1.5～2.5	1.0～2.0	1.2～2.0

表 8-2　同一生产方向各类羊只所需羊舍面积　　（单位：m^2／只）

项目	产羔母羊	公羊单饲	公羊群饲	育成公羊	周岁母羊	羔羊去势后	3～4月龄断奶羔羊
面积	1～2	4～6	2～2.5	0.7～1	0.7～0.8	0.6～0.8	母羊的20%

表 8-3　不同发育阶段羊只所需羊舍面积　　（单位：m^2／只）

羊只类型	所需羊舍面积
周岁母羊	0.7～0.8
成年空怀母羊	0.8～1.0
妊娠或哺乳母羊	2.0～2.3
去势羔羊	0.6～0.8
成年羯羊或育成公羊	0.7～1.0
群饲公羊	2.0～2.5
单饲公羊	4.0～6.0

二 地面

地面是羊运动、采食和排泄的地区，按建筑材料不同有土、砖、水泥和木质地面等。

1. 土质地面

属于暖地面（软地面）类型。土质地面柔软，富有弹性也不光滑，易于保温，造价低廉。缺点是不够坚固，容易出现小坑，不便于清扫消毒，易形成潮湿的环境。用土质地面时，可混入石灰增强黄土的粘固性，也可用三合土（石灰:碎石:黏土＝1:2:4）地面。

2. 砖砌地面

属于冷地面（硬地面）类型。因砖的空隙较多，导热性小，具有一定的保温性能。成年母羊舍粪尿相混的污水较多，容易造成不良环境。又由于砖地易吸收大量水分，破坏其本身的导热性而变冷变硬。砖地吸水后，经冻易破碎，加上本身磨损的特点，容易形成坑穴，不便于清扫消毒。所以用砖砌地面时，砖宜立砌，不宜平铺。

3. 水泥地面

属于硬地面。其优点是结实、不透水、便于清扫消毒。缺点是造价高，地面太硬，导热性强，保温性能差。为防止地面湿滑，可将表面做成麻面。

图8-1　漏缝地板

4. 漏缝地板

集约化饲养的羊舍可建造漏缝地板，用厚为3.8cm、宽为6～8cm的水泥条筑成，间距为1.5～2.0cm。漏缝地板羊舍需配以污水处理设备，造价较高，国外大型羊场和我国南方一些羊场已普遍采用（图8-1、彩图36、彩图37）。

三 羊床

羊床是羊躺卧和休息的地区，要求洁净、干燥、不残留粪便和便于清扫，可用木条或竹片制作，木条宽为3.2cm、厚为3.6cm，缝隙宽要略小于羊蹄的宽度，以免羊蹄漏下折断羊腿。羊床大小可根据圈舍面积和羊的数量而定。

> ⊘ 【提示】 商品漏缝地板是一种新型畜床材料，在国外已普遍采用，但国内目前价格较贵。

四 墙体

墙体对羊舍的保温与隔热起着重要作用，一般多采用土、砖和石等材料。近年来建筑材料科学发展很快，许多新型建筑材料如金属铝板、钢构件和隔热材料等，已经用于各类羊舍建筑中。用这些材料建造的羊舍，不仅外形美观、性能好，而且造价也不比传统的砖瓦结构建筑高多少，是未来大型集约化羊场建筑的发展方向。

五 屋顶和天棚

屋顶应具备防雨和保温隔热功能。挡雨层可用陶瓦、石棉瓦、金属板和油毡等制作。在挡雨层的下面，应铺设保温隔热材料，常用的有玻璃丝、泡沫板和聚氨酯等保温材料。

六 运动场

单列式羊舍应坐北朝南排列，所以运动场应设在羊舍的南面；双列式羊舍应南北向排列（彩图38），运动场设在羊舍的东西两侧，以利于采光。运动场地面应低于羊舍地面，并向外稍有倾斜，便于排水和保持干燥（彩图39）。

七 围栏

羊舍内和运动场四周均设有围栏，其功能是将不同大小、不同性别和不同类型的羊相互隔离开，并限制在一定的活动范围之内，以利于提高生产效率和便于科学管理。

围栏高度为1.5m较为合适，材料可是木栅栏、铁丝网、钢管等。围栏必须有足够的强度和牢度，因为与绵羊相比，山羊的顽皮性、好斗性和运动撞击力要大得多。

八　食槽和水槽

尽可能设计在羊舍内部，以防雨水和冰冻。食槽可用水泥、铁皮等材料建造，深度一般为15cm，不宜太深，底部应为圆弧形，四角也要用圆弧角，以便清洁打扫。水槽可用成品陶瓷水池或其他材料，底部应有放水孔（彩图40、彩图41）。

第三节　羊舍的类型及式样

羊舍的功能主要是为了保暖、遮风避雨和便于羊群的管理。适用于规模化饲养的羊舍，除了具备相同的基本功能外，还应该充分考虑不同生产类型绵羊、山羊的特殊生理需要，尽可能保证羊群能有较好的生活环境。羊舍主要分为以下几种类型：

一　长方形羊舍

这是中国养羊业采用较为广泛的一种羊舍形式。这种羊舍具有建筑方便、变化样式多、实用性强的特点。可根据不同的饲养地区、饲养方式、饲养品种及羊群种类，设计内部结构、布局和运动场（图8-2、彩图42）。

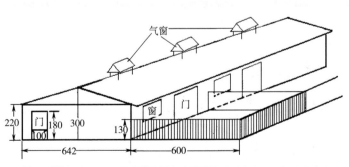

图8-2　长方形羊舍设计外观示意图（单位：cm）

在牧区，羊群以放牧为主，除冬季和产羔季节才利用羊舍外，其余大多数时间均在野外过夜，羊舍的内部结构相对简单些，只需要在运动场安放必要的饮水、补饲及草料架等设施（彩图43）。以舍饲或半舍饲为主的养羊区或以饲养奶山羊为主的羊场和专业户，应在羊舍内部安置草架、饲槽和饮水槽等设施。

以舍饲为主的羊舍多修为双列式。双列式又分为对头式和对尾式两种。双列对头式羊舍中间为走道，走道两侧各修一排带有颈枷的固定饲槽，羊只采食时头对头。这种羊舍有利于饲养管理及对羊只采食的观察。双列对尾式羊舍的走道和饲槽、颈枷靠羊舍两侧窗户而修，羊只尾对尾。双列羊舍的运动场可修在羊舍外的一侧或两侧。羊舍内可根据需要隔成小间，也可不隔如分娩羊舍见彩图44、彩图45；运动场同样可分隔，也可不分隔。

二 楼式羊舍

在气候潮湿的地区，为了保持羊舍的通风干燥，可修建漏缝地板式羊舍。夏秋季，羊住楼上，粪尿通过漏缝地板落入楼下地圈；冬春季，将楼下粪便清理干净后，楼下住羊，楼上堆放干草饲料，防风防寒，一举两得。漏缝地板可用木条、竹子敷设，也可敷设水泥预制漏缝地板，漏缝缝隙为1.5～2cm，间距为3～4cm，离地面距离为2.0m左右。楼上开设较大的窗户，楼下则只开较小的窗户，楼上面对运动场一侧，既可修成半封闭式，也可修成全封闭式。饲槽、饮水槽和补饲草架等均可修在运动场内（图8-3、彩图46、彩图47）。

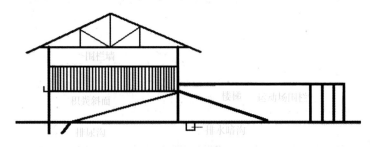

图8-3 楼式羊舍示意图

三 塑料薄膜大棚式羊舍

用塑料薄膜建造羊舍，提高舍内温度，可在一定的程度上改善寒冷地区冬季养羊的生产条件，十分有利于发展适度规模专业化养羊生产，而且投资少，易于修建。塑料薄膜大棚羊舍的修建，可利用已有的简易敞圈或羊舍的运动场，搭建好骨架后扣上密闭的塑料薄膜而成。骨架材料可选用木材、钢材、竹竿、铁丝、铅丝和铝材等。塑料薄膜可选用白色透明、透光好、强度大，厚度为 100~120μm、宽度为 3~4m，抗老化和保温好的膜，例如：聚氯乙烯膜、聚乙烯膜等。塑料薄膜棚羊舍可修成单斜面式、双斜面式、半拱形和拱形。薄膜可覆盖单层，也可覆盖双层。棚内圈舍排列，既可为单列，也可修成双列。结构最简单、最经济实用的为单斜面式单层单列式膜棚（图8-4、彩图48）。

图8-4　塑料薄膜大棚式羊舍

建筑方向坐北向南。棚舍中梁高为2.5m，后墙高为1.7m，前沿墙高为1.1m。后墙与中梁间用木材搭棚，中梁与前沿墙间用竹片搭成弓形支架，上面覆盖单层或双层膜。棚舍前后跨度为6m、长为10m，中梁垂直地面与前沿墙距离为2~3m。山墙一端开门，供饲养员和羊群出入，门高为1.8m、宽为1.2m。在前沿墙基5~10cm处留进气孔，棚顶开设1~2个排气百叶窗，排气孔应为进气孔的1.5~2倍。棚内可沿墙设补饲槽、产仔栏等设施。棚内圈舍可隔离成小间，供不同年龄羊只使用。在北方地区的寒冷季节（1、2月和11、12月），塑膜棚羊舍内的最高温度可达3.7~5.0℃，最低温度

为 -2.5 ~ -0.7℃，分别比棚外温度提高 4.6 ~ 5.9℃ 和 21.6 ~ 25.1℃，可基本满足羊的生长发育要求。

第四节　养羊场的基本设施

羊多以放牧为主，因此舍内设施较为简便。最常用的设施主要有以下几种：

一　饲槽、草架

饲槽用于冬春季补饲混合精料、颗粒料、青贮料和供饮水之用。草架主要用于补饲青干草。饲槽和草架有固定式和移动式两种。固定式饲槽可用钢筋混凝土制作，也可用铁皮、木板等材料制成，固定在羊舍内或运动场。草架可用钢筋、木条和竹条等材料制作。饲槽、草架设计制作的长度应使每只羊采食时不相互干扰，羊脚不能踏入槽中或架内，并避免架内草料落在羊身上。

二　多用途活动栏圈

主要用于临时分隔羊群及分离母羊与羔羊之用。可用木板、木条、原竹、钢筋、铁丝等制作。栏的高度视其用途可高可低，羔羊栏的高度为 1 ~ 1.5m，大羊栏的高度为 1.5 ~ 2m。可做成移动式，也可做成固定式。

三　药浴设备

药浴（药淋）设施　为了防治螨虫病及其他体外寄生虫病，每年要定期给羊群药浴或药淋。在大中型羊场或养羊较为集中的乡镇，可建造永久性药浴设施（大型药浴池）。药浴池有流动式和固定式两种，羊只数量少可采用流动药浴。药浴池应建在地势较低处，远离居民区和人、畜饮水水源的地方，用砖、石、水泥等建造成狭长的水池，长为 10 ~ 12m，池顶宽为 60 ~ 80cm，池底宽为 40 ~ 60cm，深为 1 ~ 1.2m，以装药液后羊不致淹没头部为宜。入口处设漏斗形围栏，内为陡坡，以便羊按顺序并快速滑入池中。出口为斜坡，并有小台阶，可防止羊滑倒。外设滴流台，以便羊体表滴流下来的药液流回池内（图8-5）。药物喷淋应建造淋浴场，配备淋药机、药浴器等喷淋药械。在牧区或养羊较少且分散的农区，可采用小型药浴池，或用防水性能良好的帆布加工制作成活动药浴设施。

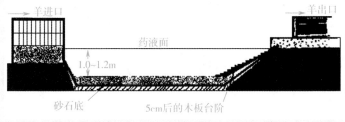

图 8-5 羊药液池

淋浴式药淋是使用转动式淋头对大羊群进行药浴。药淋装置包括淋浴设备及地面围场两部分。淋浴设备包括上淋管道、喷头、下喷管道、过滤筛、搅拌器、螺旋式阀门、水泵和动力设备等。

地面围场部分包括淋场、待淋场、滴液场、药液塔和过滤系统等。

药液使用后回收，过滤后循环使用。淋浴时，用泵将塔内药液送至上、下管道，经喷头对羊体喷淋。

四 青贮设备

青贮的方式有多种，常用的青贮设备有青贮窖、青贮塔和青贮袋，详见本书第五章第三节内容。

五 兽医室

为了预防和治疗羊病，羊场应修建兽医室，并配备必需的兽药及器械，如消毒器械、诊疗器械、投药和注射器械等。

六 监控系统

监控系统有监视和控制两个部分。监视系统主要由摄像头、信号分配器和监视器等组成，生产管理者通过该系统能够随时观察了解生产现场情况。及时处理可能发生的事件。控制部分的功能是完成生产过程中的传递、输送、开关等任务，如饲料的定量输送、门窗开关等，但目前该系统在养羊生产中还未普及使用。

—— 第九章 ——
羊产品及其加工利用

第一节　羊肉加工利用技术

一　羊肉的营养特点

羊肉是营养价值较高的肉食品，在国外，有些国家把羊肉作为上等的食品，价格比其他肉食品要高。主要原因是羊肉营养价值高，蛋白质含量较高，脂肪含量较适中，胆固醇的含量低，可防止动脉硬化和心血管病、心脏病的发生，有利于身体的健康、长寿。羊肉具有可食性、适口性和营养性、保健性的特点，是我国人民不可缺少的肉食品之一，是少数民族和牧民的主要肉食品之一，也是今后肉食品的发展方向和主要组成部分。

羊肉是由蛋白质、脂肪、碳水化合物、灰分和水分等组成，其化学成分的组成和羊的品种、饲养管理的水平、羊的年龄、肉的部位等有很大的关系，所有这些可影响到羊肉品质、产量和利用方式等（表9-1）。

从表9-1中可看出，同性别的山羊肉中的水分、蛋白质和灰分的含量高于绵羊，而脂肪的含量低于绵羊。在山羊中不同性别、年龄间的各项营养成分的差别不大，但在绵羊的同性别不同年龄间的差别比较明显，羔羊肉中的含水量和蛋白质的含量较大羊肉的高，而脂肪的含量低。据另一研究资料表明，同品种、同龄的公羔和羯羔间的羊肉营养成分的含量也不同，公羔肉中的水分、蛋白质的含量较羯羔的高，而脂肪的含量较低（表9-2）。

表9-1　绵、山羊肌肉的营养成分表（%）

畜别	性别	年龄	水分	蛋白质	脂肪	灰分
山羊	羯羊	周岁	68.29	20.40	10.16	1.15
		成年	67.54	19.47	11.88	1.11
	母羊	周岁	68.88	19.79	10.60	1.06
		成年	68.60	19.60	10.70	1.10
绵羊	羯羊	8月龄	61.26	14.83	23.13	0.77
		18月龄	52.83	13.23	33.25	0.70

表9-2　公羔和羯羔肉的营养成分（%）

组别	水分	蛋白质	脂肪	灰分
公羔	59.69	15.01	24.11	1.15
羯羔	52.03	13.40	33.41	0.93

根据现代人们的生活观点，人们对食品的要求，不仅是经济、适口、富有营养，而且还要求有利于身体健康和长寿。羊肉与其他肉类相比，营养全面丰富，肌肉纤维纤细，肉质纯香，富有一种特殊的气味，适合大多数消费者的口味，是一种理想的营养食品。羊肉脂肪中的软脂肪和油酸最低，硬脂肪最高，不饱和脂肪酸高于牛肉而低于猪肉。胆固醇羊肉最低，低胆固醇的食品对于防止动脉硬化和其他心血管疾病的发生都有很好的保健意义。同时羊肉中铜、铁、锌、钙、磷的含量高于其他肉类。维生素 B_1 和 B_2 的含量和牛肉接近，维生素 B_{12} 的含量最高。硫胺素高于牛肉，低于猪肉。烟酸高于猪肉和牛肉。所以说羊肉是一种集营养和保健为一体的高档肉食品。

二　羊肉品质评定

绵羊肉的纤维细嫩，有一种特殊的风味。脂肪硬、碘价低，山羊肉比绵羊肉带有浓厚的赤土色。种公羊有特殊的腥臭味，屠宰时应加以适当的处理。幼绵羊及幼山羊的肉，俗称羔羊肉，味鲜美细嫩，有特殊风味，是我国的名产。羊肉宜鲜食，其品质鉴别见表

9-3。

表 9-3　羊肉品质鉴别

	新鲜羊肉	陈羊肉	腐败羊肉
肉表面	表层有稍带干燥的"皮膜",呈浅玫瑰色或淡红色	有时带有黏液,有时很干燥,颜色发暗	有时干燥,有时非常潮湿而带黏性,呈灰白色或淡绿色
切口	稍带潮湿而无黏性,并具有动物肉特有的光泽	切口潮湿而有黏性,颜色发暗	切口有霉点,呈灰白色或淡绿色,肉质松软无弹力
肉质	肉质紧密,富有弹性;用手指按摸时凹陷处立即复原	肉质松软,弹性小,用手指按摸,凹陷处不能立即复原	肉质松软无弹力,用手按摸时,凹陷处不能复原
肉汁	肉汁透明,无酸臭味而带有鲜肉的自然香味	密闭煮沸后有异味,肉汤混浊不清,汤的表面油滴细小,有时带腐败味	密闭煮沸后,有一股难闻的臭味,肉汤呈污秽状,表面有絮片,汤的表面几乎没有油滴
骨骼	骨骼内部充满骨髓并有弹性,带黄色,骨髓与骨的折断处相齐;骨的折断处发光	骨髓比新鲜的软一些,无光泽,带暗白色或灰白色	骨髓软弱无弹性,颜色暗黑
腱与关节	腱紧密而具有弹性;关节表面平坦而发光,其渗出液透明	腱柔软,呈灰白色或淡灰色;关节表面为混浊黏液覆盖	腱潮湿呈磷灰色,被黏液所覆盖;关节表面由黏液深深覆盖,呈血浆状

三 羊的屠宰

1. 宰前准备

(1) 宰前检查　对符合食品卫生法要求的准备用来屠宰的羊称为候宰羊。对候宰羊总的要求是来自非疫区的健康无病羊。此外,对候宰羊的体貌有一定的要求:肩宽,背平,臀部丰满,被毛光滑、洁净。对活羊的重量要求可根据宰后羊肉的用途作初步分级,宰前对上述诸方面进行认真检查,是保证宰后羊肉质量及其所加工的产品质量和减少二次污染的必要措施。另外，对于候宰羊的抓取和保定应该小心，不要鞭打和受伤，以免皮下出血，影响胴体和羊皮的质量。

（2）宰前饲养　对候宰羊宰前的饲养要求主要有以下几点：

1）宰前休息。宰前应做短期休息，特别是从远处运购的商品活羊，由于远距离运输，羊体处于应激状态，肌肉紧张，身体疲劳，如果马上屠宰，则肉质质量差，所以应在临时饲养场地放养24h左右，使羊体放松，恢复其自然状态，也便于观察其健康状况。

2）卫生检疫。在宰前休息的基础上进一步进行检查，剔除病羊，以免病原微生物通过污染的产品危害人体健康。

3）宰前断食。在宰前12h，应停止供食，因为羊胃内容物即使羊体处于饥饿状态，也不会完全排空，如果不停止供食，则使羊整个消化道充满食物或粪便，这样屠宰后剖腹时易划破消化道使胃肠内容物溢入腹腔，污染胴体，造成不必要的二次污染。

4）定量供给充足的饮水。充足的饮水可使羊后段消化道尽可能排空，同时，也有利于促进其血液循环，利于宰后放血，改善肉质，延长羊肉保存时间。

2. 屠宰方法

商品羊的屠宰是用刀刺杀放血。刺杀时，首先将羊保定好，不要使羊惊恐或过分挣扎。方法是将羊固定在屠宰板上，用屠宰刀在羊下颌角附近割断颈动脉，并顺下颌将下部切开，充分放血。

> ⚠ **【注意】**　刺杀时应注意刀勿刺破食管。

3. 剥皮方法

羊屠宰放完血后趁屠体还有一定的体温时进行剥皮。详细的羊皮剥制方法见本章第二节内容。

4. 剖腹

羊皮剥下以后，接着剖腹摘取内脏。方法是将剥皮羊的屠体用吊钩倒挂在事前准备好的横杆上进行剖腹。用刀顺腹中线切开开膛摘取内脏，除保留肾及肾脂外，其他内脏和内脏脂肪（包括网膜脂肪、肠系膜脂肪）全部摘出。如果要做屠宰测定还应分别称测内脏各器官的重量和长度，并要进行记录。

5. 胴体的整形

清除内脏后，从挂钩上取下胴体以免胴体伸长变形。

6. 胴体的分割

前腿，在胸腰椎间切断，沿脊椎骨中线分成两只，去净椎骨；腰背，在第 10~11 肋骨间向后到腰椎处切开；后腿，切去腰背后，沿荐椎切开成两只。

7. 卫生检验

卫生检验包括宰前检验、内脏检验、胴体检验。

（1）宰前检验 主要是检查活羊体表有无皮肤病和寄生虫病等，对患有这些病的活羊要逐一剔除，避免病原微生物污染羊肉，影响产品的质量。

（2）内脏检验 是在屠宰后，对羊的胃、肠、肺、肾、心、脾、肝等内脏以及是否有腹水等方面进行的检验。一是这些内脏的颜色、大小要正常，结构要完整；二是无异常变化，如肝脏表面有灰白色的小块或浅黄色结节分布，则说明该羊患有球虫病，这是肝球虫寄生于肝脏所致；三是观察内脏有无炎症、充血、出血等异常症状。

（3）胴体检验 是观察胴体表面的颜色要正常，表面无黏性，切面湿润，呈玫瑰红色或浅红色，肉质紧密有弹性，用手指压后，压痕立即复原，有羊肉的自然香味，腱与关节紧密有弹性，关节表面平滑有光泽，不符合上述要求的胴体说明存放过久，严重的甚至变质，不可食用。

四 羊肉的储藏

羊肉及其制品的储藏方法有干燥法、盐藏法、低温保藏法、熏烟法、罐藏法、放射线处理法、药品储藏法等。

> **提示** 药品储藏对于肉的新鲜度及营养成分的破坏较大，甚至对人体造成危害。因此，很少采用此法。

1. 干燥法

也称脱水法，主要是使羊肉中的水分减少，阻碍微生物的繁殖，而使肉及其制品达到长期保藏的目的。其方法有以下两种：

（1）添加溶质法　即在食品中添加食盐、砂糖等溶质，利用添加溶质的高渗透压，使羊肉中的水分溶出。

（2）烘烤脱水　利用烘烤等方法去除羊肉中的自由水，使微生物因缺乏水分而不能生存导致其死亡。

2. 盐藏法

此法是在羊肉中加入食盐、砂糖等溶质，与羊肉中的水分形成溶液，这时细胞内的水分通过细胞膜向外渗透，而食盐向细胞内渗透，直到细胞内外达到平衡，结果使羊肉脱水，食盐对附着于羊肉中的微生物也因相同作用而失去活性，所以利用食盐、砂糖保藏羊肉，因其高渗透压使羊肉脱水，从而有效地抑制了微生物的生长繁殖，达到保藏的目的。

3. 熏烟法

是利用没有完全燃烧的木材所产生的烟气，对羊肉及其制品进行加工的一种方法，使羊肉制品增添特有的熏烟风味。按羊肉制品的加工过程，有熟熏和生熏两种，熏烟前已经是熟制品的叫熟熏，如酱、卤羊肉制品等；熏制前只经腌制，没经热加工的叫生熏，如腊羊等。

> 🔘 **【提示】**　霉菌对烟的作用稳定，故熏烟的羊肉制品仍存在长霉问题。

熏烟的方法很多，主要介绍以下几种：

（1）冷熏法　此法熏烟的温度为 15～25℃。这种方法在冬季很易进行，在夏季由于温度高，温度难控制，特别是当烟雾量少的情况下，易发生酸败现象。这种方法熏烟时间长，肉的色泽不好，而且干耗大，但产品耐贮性好。

（2）温熏法　熏烟温度为 30～50℃，熏制时间为 1～2 天，熏材用干燥的橡材、樱材、锯末，放在熏烟室的格架底部，熏材上放锯末，点燃后慢慢燃烧，室内温度逐渐上升。此法熏制的产品消耗小、风味好，但耐贮性差。

（3）热熏法　熏烟温度为 50～80℃，在 60℃ 左右，是应用较广的一种方法。因为熏制的温度较高，制品在短时间内就能形成较好的熏烟色泽，但在熏制时必须缓慢升温，否则容易产生色泽不均的现象。

（4）焙熏法 熏烟温度为 90～120℃，是一种特殊的熏烤方法。由于熏制的温度较高，熏制过程完成就达到熟制的目的，不需要重新加工即可食用。而且熏制时间较短。

（5）电熏法 电熏法是在专门的电熏设备中进行，设备密封，后面有专门的烟雾发生器，整个操作通过控制面板进行。烟雾室的容积依据需要而定，该设备在国内已有生产。这种方法的优点是易操作，熏的时间短，熏制的产品储藏期长，不易发霉，但电耗大，投资成本高，故目前电熏法还未普及。

（6）液熏法 用液态熏烟剂代替熏烟的一种方法。木材燃烧时产生的浓烟，先用水循环吸收制成 3% 的溶液，除去水中的煤焦油，沉淀后，再用非极性溶剂洗涤，除去有害成分，最后浓缩至含量为 10% 左右的熏烟液使用。熏烟液的使用方法有浸渍法、涂揩法、喷洒和直接添加法等。喷洒法是目前使用最成功的方法。

4. 用放射线照射的保存方法

这种方法是用一定剂量的放射线来照射羊肉及其制品，以杀灭羊肉中的微生物，从而达到储藏的目的。

第二节 羊皮的加工与利用

一 羊皮的种类

1. 绵羊皮

绵羊遍布全国各地，品种较多，主要有地区品种羊、改良羊和杂交羊。

（1）地区品种绵羊皮 这类羊皮又叫土种绵羊皮，还包括地区品种与改良品种杂交的低代绵羊身上剥取的皮。地区品种绵羊皮的毛长绒厚，被毛松散，毛绺花弯清晰，皮板柔韧。鞣制后可做各种皮衣、皮裤、皮手套、皮鞋里等。

1）蒙古羊皮。蒙古羊数量大，分布广，内蒙古、东北、华北、华东、西北等都有分布。该羊体质强壮，耐粗饲，适应性强。蒙古羊皮张幅大，皮板厚，毛粗直，毛绒白色者多。因各地自然条件和饲养方法各不相同，皮幅大小，毛绒长短、粗细和密度等都有差别。

2）滩羊皮。滩羊主要产地是宁夏银川、贺兰山一带，甘肃、内蒙古、陕西和宁夏交界地区，是我国特有的裘皮用名贵绵羊品种。滩羊体格中等，体质结实。体躯大多数为白色，头部、眼周围及两颊多有黑色、褐色和黄色斑块。裘用滩羊皮分滩二毛皮、老羊皮和滩羔皮三种。

① 滩二毛皮：二毛皮是滩羊的主要产品，是羔羊在出生后 1 个月左右（一般在 24～35 天）宰杀所剥取的羔皮。其主要品质是毛股长而紧实，毛股长度达 7～8cm，个别达 9cm，紧实不散，毛纤维细而柔软。

② 老羊皮：滩羊老羊皮是指成年羊的毛皮，毛皮皮板较厚而坚韧，毛色白，光泽比其他绵羊皮好。

③ 羔皮：羔皮是羔羊出生后不久，因疾病等原因死亡后剥取的毛皮。羔皮毛股短，绒毛少，皮板薄，保暖性差。比不上二毛皮坚实耐用，但比其他粗毛羊的羔皮轻而美观。

3）西藏羊皮。西藏羊产于青藏高原的西藏和青海，四川、甘肃、云南、贵州等省也有分布。虽然其皮张面积小，但被毛较长，绒毛比例适中，毛缕清晰，皮板厚实。其小羔皮、二毛皮和大毛皮是制裘的良好原料。

4）哈萨克羊皮。该羊主产区是新疆和青海。其毛色以全身棕褐为主，纯白或纯黑个体很少，被毛异质，底绒密，毛弯少，腹毛稀短。其皮张大，皮板厚壮。

5）小尾寒羊皮。该羊产于河北、山东、河南等地。其裘皮型羊所产皮张幅中等或较大，皮板稍薄，比其他类型的羊好，毛股清晰，呈波浪形弯曲，花案美观。

6）大尾寒羊皮。该羊主要分布在河北东南部、山东西北部和河南北部。其毛绒粗细适中，毛股花弯清晰，皮张中等，皮板略薄。其羔皮和二毛皮毛色洁白，毛股呈锥形，一般有 6 个弯曲，清晰美观、弹性、光泽均好，制作的皮衣既轻便又保暖。

7）湖羊皮。湖羊主要产于太湖流域，分布在浙江的湖州市、桐乡、嘉兴、余杭等地，约占湖羊总数的90%，其中嘉兴地区的品质最好。

羔羊出生后1~2天内剥取的羔皮称为小湖羊皮，是我国的著名特产和传统出口商品。小湖羊皮被毛细短，毛色洁白，有丝一般的光泽，花纹呈波浪形，甚为美观。其皮板薄韧，板面细致、光润。适宜制作妇女、儿童的翻毛大衣、夹克、帽子、披肩等。羔羊出生后60天以内剥取的皮称为袍羔皮，其被毛细柔，光泽好，皮板薄而轻，是上好的裘皮原料。

8）同羊皮。同羊主要产于陕西渭南、咸阳北部各县，以铜川、大荔所产品质最好，其被毛柔细，毛色洁白，花弯明显。其皮张幅较小，皮板略薄。

（2）改良绵羊皮 改良绵羊皮是我国培育成的细毛羊以及从国外引进的细毛羊、半细毛羊所产的皮。以上各品种的羊与地区品种绵羊杂交，改良四代以上的后代所产的皮也称为改良绵羊皮。这些羊主要包括中国美利奴羊、新疆细毛羊、东北细毛羊、内蒙古细毛羊、敖汉细毛羊、甘肃高山细毛羊、青海高原半细毛羊、澳洲美利奴羊等品种。

改良绵羊皮被毛细密，为同质毛，有规则的小弯曲，油汗大，被毛封闭性好。其皮板较厚，皮纤维结构较松弛。改良绵羊皮经加工可做成各种皮衣、剪绒服装、皮帽、皮领以及壁毯、靠垫等。

（3）杂交绵羊皮 细毛羊或半细毛羊与地区品种绵羊杂交、改良，尚未达到细毛羊、半细毛羊品质的羊所产的皮统称杂交绵羊皮。其特点是毛型不一，毛纤维长短粗细不一。毛密度大的可做剪绒皮，毛空疏的羊皮，其用途与地区品种绵羊皮相同。

2. 羔皮

凡从生后1~3天内或流产的羔羊剥取的毛皮称为羔皮。

（1）地区品种绵羊羔皮 按羔羊的不同生长期和毛的长短，将羔皮划分为胎羔皮、小毛羔皮和大、中毛羔皮。

胎羔皮为自然流产的羔皮，毛长为2cm左右，毛细小光亮，多数有明显的波浪形花纹，适合制作妇女、儿童的皮外衣和皮帽等，是传统的出口商品之一。

小毛羔皮毛长为 3cm 左右，粗细均匀，富有光泽，有清晰的圆花或片花，美观结实，宜做各种裘皮。中毛羔皮毛长为 5cm 左右。大毛羔皮毛长为 6cm 以上。毛有花弯，皮板较薄，制作的皮衣轻便美观。

（2）改良羔皮　由改良细毛羊和改良半细毛羊的羔羊剥取的皮称为改良羔皮。生长期短的为小毛改良羔皮，俗称珍珠毛，花弯呈珍珠形，适宜制作妇女、儿童毛朝外的皮衣、皮帽等。

（3）三北羔皮　三北羊羔羊出生后 3 日内宰杀剥取的皮为三北羔皮，又叫卡拉库尔羔皮，国际市场上称为波斯羔皮，是世界上珍贵的羔皮之一。主要分布在东北、西北和华北等地。

三北羔皮典型的毛卷为卧蚕形卷，还有豆形卷、环形卷等，毛卷坚实，耐磨性强，黑色居多，还有灰色、褐色、金黄色等，适宜制作毛朝外的各种皮衣、皮帽、镶边、围巾等。

3. 山羊皮

山羊皮按用途分为山羊板皮和山羊绒皮。板皮用于制革，绒皮用于制裘。山羊板皮是制革的好原料，生羊皮经鞣制而成的革皮，柔软细致，轻薄富于弹性，染色和保形性好，可用于军用、工业、农业、民用等各种制品。没有制裘价值的绵羊板皮也用于制革。

山羊绒皮是指在冬至至来年立春前后剥取的未经抓绒量的山羊皮。鞣制后可做皮褥子、皮衣。山羊拔针皮是指拔掉长毛保留绒毛的羊皮。

4. 猾子皮

由山羊的羊羔所剥取的皮称为猾子皮。由于山羊品种和生态地理条件的不同，猾子皮的品质也有很大差异。

（1）济宁路青猾皮　由济宁青山羊羔在出生 1~2 天内宰杀而剥取的皮为济宁路青猾皮，是我国独有的裘皮品种，主要产于山东省的菏泽和济宁地区。青猾皮均匀整齐，皮板坚实，毛细密、有光泽，花纹明显，呈正青色，部分带有黑脊。由于青猾皮毛紧密，长短适中，颜色和花形图案多为波浪、流水及片花，雅致美观，适于做毛朝外的女式长短大衣、帽子和衣服镶边，是我国传统出口商品，很受国外消费者青睐。

（2）中卫猾子皮　从中卫山羊羔身上剥取的皮称中卫猾子皮，主要产于宁夏回族自治区，以中卫县的品质最优。该皮有白色和黑色两种。其毛长为 6cm 以上，毛穗有波浪形弯曲，形成美丽的花穗。皮板细致，保暖轻便，不结毡。可与滩二毛皮媲美，适宜制作各种长短皮衣，畅销国外市场。

（3）西路黑猾皮　主要是产于内蒙古、陕西、宁夏、甘肃、山西和河北省等地的黑山羊羔皮。这类猾皮毛粗细适中，花纹紧实，花形雅致清晰，皮板细薄，适于制作妇女、儿童毛朝外的大衣和皮帽、皮领以及服装的镶边，很受国外消费者欢迎。

二　羊皮的剥制

生皮的质量除受品种、年龄、性别、屠宰季节、饲养管理等影响外，也和宰杀技术及剥皮方法有很大关系，尤其是羔皮和裘皮，如果剥皮方法不当，会严重影响羔皮、裘皮的品质和商品价值。正确地剥取羔皮、裘皮必须注意三点：第一，宰杀羔羊必须采用直切法，即用刀在颈下中线处纵向切开 5～7cm 的切口，再以尖刀伸入切口内挑断气管和血管，然后固定羊只，使血液自开口处顺下嘴巴直接流入集血盆内，防止羊血污染毛皮；第二，剥取的羔皮要求形状完整，全头、全耳、全腿，甚至公羔的阴囊皮也尽可能留在羊皮上，因此剥皮时应尽量避免人为伤残，如割破、撕裂、刀伤等；第三，在剥皮过程中要随时用力刮去残留在皮上的肉屑、油脂，以保持羔皮洁净和不腐败。

剥取羔皮的顺序应先自颈下中线顺胸、腹部开始，待腹部、体侧、背部的皮肤完全和胴体分离后，再剥后肢的皮肤。而后将羔羊倒拴于钩上，用刀剥离尾部和头部的皮肤。耳朵自耳根随羔皮一块割下后，将耳中的软骨及皮肤撕下，在羔皮上只留耳朵的毛皮。

成年羊剥皮时，用刀尖在腹中线先挑开皮层，而后继续沿着胸部中线挑至下腭的唇边，然后回手沿中线向后挑至肛门处，再从两前肢和两后肢内侧切开两横线。直达蹄间，垂直于胸腹部的纵线，接着用刀沿着胸腹部挑开皮层，向里剥开 5～10cm，最后用拳捶的方法，一手拉开羊腹部挑开的皮边，一手用拳头捶肉，一边拉，一边捶将整个羊皮剥下，不要缺少任何一部分。

三 羊皮的初步加工

羊屠宰后剥下的鲜皮，大部分不能直接送往制革厂进行加工，需要保存一段时间。为了避免发生腐烂，同时便于储藏和运输，必须加以初步加工。初步加工的方法很多，主要有清理和防腐两个过程。

1. 清理

清理的目的就是除去皮上的污泥、粪便、残肉、脂肪、耳朵、蹄、尾、骨、嘴唇等，因为这些东西的存在，容易引起皮张的腐败。清理的方法，一般用手工割去蹄、耳、唇等，再用削肉机或铲皮刀除去皮上的残肉和脂肪，然后用清水洗涤粘污在皮上的脏物及血液等。

2. 防腐

鲜皮中含有大量的水分和蛋白质，很容易造成自溶和腐败，因此鲜皮如果不能直接进行加工制革时，必须在清理以后进行防腐储藏。此外，空气的相对湿度和温度也是影响鲜皮质量的重要因素，根据试验证明，在18℃和相对湿度70%的情况下，把鲜皮放置3天，则不仅降低了鲜皮的质量，并使革的产率降低，而且还使制成的革产生很多缺陷，因此防腐的基本原则为降低温度、除去水分、利用防腐物质限制细菌和酶的作用。根据这些原则，在生产方面实际应用的防腐储藏方法有干燥法、盐腌法、盐干法、酸盐法等。

（1）干燥法 干燥防腐法的优点为：方法简便易行，成本低，便于储藏和运输，所以为我国民间最常用的方法。干燥防腐法的实质，是利用干燥除去皮中大量水分，造成不利于细菌繁殖的条件，从而达到防腐目的。干燥时，一般采用自然晾干，但大批干燥时，应该采用干燥室干燥。自然干燥时，把鲜皮肉面向外挂在通风的地区，避免在强烈的阳光下曝晒。因为曝晒，一方面由于温度过高，表面水分散失，以致干燥不均匀，给细菌发育创造了良好的条件；另一方面由于强烈阳光的曝晒，使生羊皮内层蛋白质发生胶化，在浸水浸灰过程中溶解造成分层现象。同时由于曝晒使皮纤维收缩或断裂，损坏皮质，有时甚至产生"日灼皮"和"油烧"现象，所以干燥方法虽然简单，但也有不少缺点，如皮张僵硬易断，不易复水，

容易发生"烫伤"等，故在处理过程中应特别注意。

干燥后的干皮，可立即进行打包存放，生羊皮经干燥后，面积约减小15%，厚度减少30%~40%，水分含量为15%左右。

（2）盐腌法　生羊皮用食盐防腐，是最普遍的防腐方法。食盐防腐法有下面两种。

1）干腌法（撒盐法或直接加盐法）。将清理并经沥水后的生羊皮，毛面向下，平铺于中心较高的垫板上，在整个肉面均匀地撒布食盐，然后在该皮上再铺上另一张生羊皮，作同样处理，这样层层堆集，叠成高达1~1.5m的皮堆。

当铺开生羊皮时，必须把所有皱褶和弯曲部分拉平，食盐应均匀地撒在皮上，厚的地方多撒。盐腌期间为6天左右，盐量约为皮重的25%。

2）盐水腌法。即将生羊皮先在盐水中浸泡，再在堆置时撒上干盐，其方法如下：将经初步加工并沥干水分的鲜皮，称重并按重量分类，然后将皮浸入盛有盐水（食盐浓度不低于25%）的水泥池中，经一昼夜后取出，沥水2h以后，进行堆积，堆积时再撒布重25%的干盐。

浸盐水时，为了保证质量，温度应保持在15℃左右。为了防止盐斑，可在食盐中加入盐重4%的碳酸钠。

（3）盐干法　即将经盐腌后的生羊皮再进行干燥。用这种方法储藏的生羊皮称为"盐干皮"。其优点是防腐力强，而且避免了生羊皮在干燥时发生硬化断裂等缺陷。一般适用于南方天气较热的地区，经这种方法处理后的生羊皮，重量减轻50%左右，储藏时间大为延长。

（4）酸盐法　本法是用食盐、氯化铵和铝明矾按一定比例配合成的混合物处理生羊皮。这种方法最适于绵羊皮等原料毛皮的防腐。混合物的配合比例为：食盐85%，氯化铵7.5%，铝明矾7.5%。处理方法为：将混合物均匀地撒在毛皮的肉面并稍加搓揉，然后毛面向外折叠成方形，堆积7天左右。

四　生羊皮的储藏

鲜皮经初步加工后，即应送入仓库中储藏。储藏时仓库的条件、皮的堆叠方法和管理等必须严格遵守操作规程，以保证生羊皮的质量。

1. 仓库的条件

1）室内通气良好，室内温度不应超过 25℃，相对湿度最好保持在 65% ~ 70%，这样生羊皮的含水量就能保持在 12% ~ 20% 之间，可防止腐烂。

2）库内应保留一定的空余面积，不应过多堆叠皮张，便于翻堆倒垛以及进行仓库检查等。

3）仓库应能隔热、防潮，最好用防潮水泥地面。

4）库内光线要充足，以便检查及翻垛，应避免日光直接照射皮张，以防变质。

2. 生羊皮的入库及堆垛

经初步加工而且没有生虫的皮张即可入库储藏。生羊皮在库内的堆放方法如下：

1）铺叠式。将整张生羊皮完全铺开，使上面一张皮的毛面紧贴下一张皮的肉面，层层堆叠。

2）鱼形式。先将每张生羊皮毛面向外，沿背线折叠，然后层层堆叠（毛面对毛面）。

3）小包式。将生羊皮毛面向外折叠成小包状，再将 8 ~ 10 个小包叠成一堆。

> **【提示】** 以上三种方法，以铺叠式为最好。为了减少皮堆与空气接触，在堆好一堆以后，上面再覆盖一张生羊皮，并在上面撒上一层食盐。库中堆皮时，首先应该堆在木制的垫板上，堆与堆之间应有 40cm 的距离，行与行之间的距离不应小于 2m，每五堆中间应留有供翻堆用的空地。

3. 药物处理

生羊皮如需长期存放时，为了避免虫害，在进库时应进行防虫处理，常用的处理方法如下：用萘（俗名樟脑）处理，在进库堆叠前，将皮平铺于木板上，撒布一层萘粉，然后再进行堆叠。由于萘易挥发而产生特殊的气味，从而达到防虫的目的。

> → 【提示】 此法由于费用较高，所以只适用于保存较贵重的毛皮。

4. 仓库管理

仓库的管理对生羊皮的保存极为重要，如仓库管理不当，往往会使很好的原料皮变成废品，造成很大的损失。因此，仓库必须设有专人负责管理，保证库内合适的温度和湿度。

五 生羊皮的运输

生羊皮的运输，也是保证优质原料皮的重要工作之一。运输不合理会造成皮张发霉、腐败、折断等弊病，甚至变成废品，所以运输时必须注意以下各点：

1）用火车运输时，车厢必须保持清洁、干燥、通风良好，并保持一定的温度和湿度。

2）装卸车时，尽量使皮铺平以防折断，特别是干皮和冻皮更应注意。

3）用汽车、马车运输时，应当备有雨布，防止日晒雨淋。

4）由于干皮容易吸水、发霉以致腐败，所以应尽量缩短运输时间，而且尽量不在阴雨天运输。

六 羊皮的鞣制

羊皮只有经适当的加工，才能使皮质柔软、蛋白质固定、坚固耐用，适于制造各种制品。

1. 羊皮鞣制的目的

羊皮富有包藏空气的间隙，能防止空气的对流和热的传导，为最好的防寒衣料。但是生羊皮干燥以后，皮质坚硬，容易吸潮和腐烂，有臭味，不便保存，同时也不美观。为此必须经适当的加工处理后才能应用。所以羊皮鞣制的目的就是使皮质柔软、蛋白质固定、不致吸潮和腐烂、坚固耐用、使其适于制造各种生活用品。

羊皮经鞣制后，不仅可做防寒衣物，经进一步加工处理后，还可制成各种皮垫和装饰品，因此为重要的出口产品，其价值往往超过肉价的数倍乃至数十倍。

2. 羊皮的鞣制方法

羊皮的鞣制方法很多，主要有铬鞣、明矾鞣、福尔马林鞣和混合鞣等。但以明矾鞣和混合鞣比较简单而实用。但无论采用哪一种鞣制方法，整个鞣制工序见图9-1。

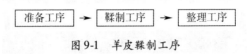

图9-1 羊皮鞣制工序

（1）准备工序 鞣制羊皮时，首先需将原料皮软化，恢复鲜皮状态，然后将不需要的皮下组织、结缔组织、脂肪和部分蛋白质等除去，这种工序即称准备工序。准备工序包括下列各过程。

1）浸水。浸水的目的就是要使原料皮恢复到鲜皮状态，即补足原料皮中失去的水分，使其含水量达到与鲜皮相同的程度，同时将附在皮上的血液、粪便等污物和食盐（指盐皮及盐干皮）完全除去。浸水的温度一般以 15～18℃ 为最适宜，温度过低时皮的软化缓慢；过高时则细菌容易繁殖而且容易发生脱毛现象。浸水的时间，一般盐皮或盐干皮，在流水中浸泡 5～6h 即可；如果是干皮则单靠浸泡不能达到目的，需增加物理或化学方法促进其软化，即用转鼓的机械作用使皮张伸展开来，或者加酸或碱促进其软化，1～2 昼夜可达到浸水的目的。

2）削里。将浸水软化后的羊皮，肉面向上平铺在半圆木上（也称木马），用弓形刀刮去附着于肉面的残肉、脂肪等。为了不使弓形刀伤害毛根，可在半圆木上先铺一层厚布，再铺羊皮。通过削里，不仅除去不需要的皮下组织，并使皮质内的脂肪挤压到皮的表面，再用脱脂剂进行脱脂时，脂肪就很容易被脱去。即使皮下组织已除尽，为了使脱脂操作顺利进行，仍需要用弓形刀挤压一次，以使皮质内的脂肪挤压到皮的表面。

3）脱脂及水洗。羊皮成品质量的好坏，很大程度上取决于脱脂的效果。在脱脂过程中，羊皮受碱的作用而除去脂肪，如果碱液浓度过高，容易破坏形成毛鞘的细胞，造成脱毛的原因，即使没有达到脱毛的程度，也会使光泽消失或使绒毛缠在一起（俗称擀毡）。相反如浓度过稀则脱脂不充分，成品变硬，并留有动物原有的气味。

同时由于残留脂肪的影响，鞣制过程不能顺利进行，使皮板僵硬而不耐用。脱脂方法如下：

① 脱脂液的配制。肥皂3份；碳酸钠1份；水10份。先将肥皂切成薄片，投入水中煮开使其全部溶解然后加入碳酸钠，溶解后放凉待用。

② 脱脂步骤。先在容器中加入湿皮重4~5倍的温水（38~40℃），再加入上列脱脂液5%~10%（兔皮、羊皮为5%，狗皮为10%），然后投入削里后的羊皮，充分搅拌，5~10min后重新换一次洗液，再仔细搅拌，直至除去羊皮特有的油脂气味，同时脱脂液中的肥皂泡沫不再消失为止。如发现腹部或乳房部有脱毛现象，应立即从洗液中取出，并用清水漂洗。

4）水洗。将脱脂后的羊皮，立即投入清水中漂洗，由于绒毛中间的肥皂不容易除尽，故需将初步漂洗后的羊皮从水中取出，将水沥尽后，再用清水重新漂洗一次。

（2）鞣制工序　羊皮鞣制方法有明矾鞣、铬鞣、混合鞣及福尔马林鞣等。明矾鞣的羊皮洁白而柔软，但缺乏耐水性和耐热性。铬鞣的羊皮具有耐热性，适于染色，如果不进行染色时，则毛上带有青色，为其缺点。

1）明矾鞣法。

① 鞣液的配制：明矾4~5份；水100份；食盐3~5份。先用温水将明矾溶解，然后加入剩余的水和食盐，使其混合均匀。明矾溶解在水中后，起加水分解作用而产生游离硫酸，使皮中的蛋白纤维吸水膨胀，添加食盐的目的就是为了抑制膨胀作用。但食盐用量过多时，会使皮质紧缩，使羊皮失去柔软性而富于张力；食盐用量过少时，易使皮板膨胀，使羊皮具有柔软性及延伸性，但缺乏张力。故食盐的添加量需随温度等各种因素而定，温度较低时（15℃左右），应少加食盐；温度如在20℃以上时，由于皮质膨胀，应多加食盐。一般食盐的添加量，可按1份明矾加0.7~2份食盐的比例。

② 鞣制方法：取湿皮重4~5倍的上列鞣液于缸中，投入漂洗干净并经沥水后的羊皮。开始鞣制时，为了使鞣液均匀渗入皮质中，必须充分搅拌（最好采用转鼓）。隔夜以后，每天早晚各搅拌一次，

每次搅拌 30min 左右，浸泡 7~10 天鞣制结束。

鞣制结束与否的检查方法为：将羊皮肉面向外，叠成四折，在角部用力压尽水分，如折叠处呈现白色不透明，呈绵纸状，证明鞣制已结束。

鞣制时如水温太低，不仅延长鞣制时间，而且皮质变硬，最好保持在 30℃ 左右。鞣制结束后，肉面不要用水洗，仅将毛面用水冲洗一下即可。

2）铬明矾碳酸钠混合鞣法。用这种方法鞣制的羊皮，储藏中不致受虫害或吸收水分，而且富有耐热性，适于染色。但用铬盐鞣制时，先需进行浸酸过程，这是由于铬盐鞣液有很强的收敛性，浸酸可调节收敛作用，使皮质柔软而富于耐久力。浸酸液的配合比例是盐酸 100g（20 波美度工业用盐酸）；食盐 500g；水 10kg。

浸酸方法：将食盐及盐酸溶入水中，投入沥去水分后的羊皮，不断搅拌，使浸酸液均匀渗入皮中，浸酸 2~3h 后，沥去水分，即可移入鞣制工序。

① 铬、明矾、碳酸钠混合鞣液的配制：铬明矾 280g；水 10kg；碳酸钠 56g；食盐 410g。

配制方法：称取水 1.5kg，加入铬明矾，加热溶解，另外称取水 500g 溶解碳酸钠（浓度尽量高一些，不要过稀），然后将碳酸钠溶液一边搅拌一边徐徐加入铬明矾溶液中。并使紫色的铬明矾溶液逐渐变成绿色，再继续添加时，溶液中出现白色沉淀，一出现白色沉淀需立即停止加入碳酸钠，如加入过量时，则白色混浊不再消失，变成氢氧化铬而失去鞣制的作用，故在操作中必须加以注意。

② 鞣制方法。将剩余的 8kg 水倒入容器中，加入食盐使其溶解，再加入鞣制原液（铬明矾碳酸钠混合液）的 2/3，配成鞣液。然后将浸酸后的羊皮浸入其中，不断搅拌，使皮质均匀吸入鞣液。鞣液的温度，最好控制在 35℃ 左右，使蛋白纤维在膨胀状态进行鞣制，使成品柔软。第 2 天加入剩余的 1/3 原液，以提高鞣液的浓度。鞣制时所用的水量，约为湿皮重的 3~4 倍，故需按皮重计算鞣液的数量。

鞣制结束的检查，除参照明矾鞣制时采用的检查方法外，还可

切取鞣液中的羊皮一小块（约 2cm²）投入水中，加温至 80℃，如不收缩，表示鞣制已结束，然后再放置 2~3 天使药液充分固定。

③ 中和。铬鞣时，鞣液中的游离酸侵入皮中，使皮呈酸性，这时如直接进入整理工序时，则使成品变硬，影响质量，故需进行中和。

中和方法：将铬鞣后的羊皮充分水洗，除去过剩的药液，然后投入 2% 的硼酸溶液中，搅拌 1h 后，切取一小块皮边，用石蕊试纸检查，呈微酸性时取出水洗，水洗后进行干燥。

（3）整理工序

1）加脂。皮中原有的脂肪已在脱脂时被除去，因此使皮质失去柔软性和伸展性。为了使成品具有柔软性和伸展性，鞣制后需重新加脂。

① 加脂液配制：蓖麻油 10 份；肥皂 10 份；水 100 份。将肥皂切成碎片，加水煮开，使肥皂溶化后，徐徐加入蓖麻油，使其充分乳化。

② 加脂方法：将上列加脂液涂布于半干状态的羊皮的肉面，涂布后重叠（肉面与肉面重合）一夜，然后继续干燥。

2）回潮。加脂干燥后的羊皮，皮板很硬，为了便于刮软，必须在肉面上适当喷以水分，这种过程叫做"回潮"。回潮时可用毛刷在肉面涂布少量水分，或用喷雾器将水分喷于肉面。如用明矾鞣制的羊皮，因其缺乏耐水性，最好用鞣液涂布。将回潮后的羊皮，肉面与肉面重合，用油布或塑料布等包扎后，压以石块，放置一夜，使其均匀吸收水分，然后进行刮软。

3）刮软。将回潮后的羊皮，铺于半圆木上，毛面向下，用钝刀轻刮肉面，这时皮纤维伸长，面积扩大，皮板变得柔软。由于皮板内包含了空气，变成白色，如果再用刮软台再刮一次，则效果更好。工业上大量生产时，用刮软机进行刮软。

4）整形及整毛。为了使刮软后的皮板平整，需进行整形，即将羊皮毛面向下，钉于木板上使其伸开，钉在板上的羊皮，需进行阴干，切勿在阳光下曝晒。充分干燥后用浮石或砂纸将肉面磨平，然后从板上取下，修整边缘。最后用梳子梳毛，过长的部位可加以修剪，使其整齐美观。

第三节　羊毛的生产与加工

一　羊毛种类

根据羊毛的纤维组成可分为细毛、半细毛和粗毛 3 种。

1. 细毛

细毛产于细毛羊和高级杂种细毛羊。从外观上看，该种羊毛较其他种羊毛为短，弯曲多而明显，纤维平均细度小于 $25\mu m$，或品质支数不粗于 60 支。这种细毛的纺织价值最高，多用于织造高级精纺织品。

2. 半细毛

半细毛产于半细毛羊品种和达到半细毛标准的杂种羊。这种羊毛由细度稍粗的纤维组成，这些纤维属于两型毛和粗绒毛（粗无髓毛）。从外观上看，其毛弯曲较细毛纤维少而大，纤维也较细毛为长。平均细度大于 $25\mu m$ 或品质支数在 58 支以下或更粗。半细毛的纺织价值较高，主要用于精梳、针织和工业用品。

3. 粗毛

粗毛产于粗毛羊和低代杂种羊。该羊毛为混型毛，一般是由无髓毛、两型毛和有髓毛组成。在有髓毛中常含有一些干毛和死毛。从外观上看，弯曲不明显，毛较长。这种羊毛纺织性能较差，主要用于编织地毯和制毡。

二　羊毛品质的评定方法

羊毛品质优劣要看它适合制品要求的程度。羊毛品质的优劣应根据羊毛的细度、长度、强度、伸度、弹性、匀度和毛色等方面的品质差别进行评定。

1. 细度和长度

羊毛细度是指羊毛纤维的粗细，为纤维横切面直径的大小以 μm 来表示，毛纺织工业上用"品质支数"表示羊毛的细度，其意为 1kg 羊毛纺成 1000m 长的一段毛纱为 1 支，能纺成多少段 1000m 长的毛纱就为多少支，羊毛愈细而均匀，所纺的纱愈长，纱的品质也愈好。

羊毛的细度可在实验室用仪器直接测定羊毛横断面的大小，现场测定可用肉眼判定品质支数的多少。

羊毛长度分为自然长度和伸直长度两种，自然长度是指毛丛自底部到顶端的直线距离，后者是指单根纤维伸直时的长度，实验室用厘米直尺测定拉直羊毛弯曲消失时的单根纤维长度；现场测定毛被的厚度。羊毛品质应以又细又长的其纺织性能最好，制品更佳。若细度好而长度不够，只能编织呢子一类的粗纺毛料；很细的羊毛只能纺织地毯、毛毯、制毡等。

2. 强度和伸度

羊毛的强度即是指拉断羊毛所需的力。羊毛强度与织品的结实性和耐用性是分不开的。结实羊毛织制品经久耐用，所以毛纺工业要求具有良好强度的羊毛。羊毛强度不够一般不做精梳毛或只能用作纬纱。羊毛强度有两种表示方法，一是绝对强度，指拉断单根羊毛纤维所用的力以"g"来表示。二是相对强度，指拉断羊毛纤维单位面积所用的力以"kg/cm"来表示。

羊毛强度常因羊受很多不良因素的影响而降低，例如羊营养不良、疾病，母羊的妊娠、哺乳等原因，都可使羊毛纤维全部或局部变细，从而使羊毛强度降低。有的是因在剪毛、药浴或羊体上受到粪尿污染、洗毛时溶液过浓，也有的是羊毛保存不善受到闷热和潮湿等，都会使羊毛强度降低。

羊毛的伸度是指羊毛已经拉直后还继续拉长到断裂之前的长度与羊毛纤维伸直长度的百分比。羊毛的强度和伸度有一定的相关性，影响羊毛强度的因素也影响其伸度。因为羊毛伸度是羊毛织品结实程度的因素之一，如用伸度较小的羊毛织制衣服等织品，衣角及皱褶的地区容易破损。

3. 匀度

羊毛匀度是指被毛中纤维粗细一致的程度。羊毛匀度越好，这种羊毛所织品越均匀、光洁和结实；相反其织品的品质越差，纺织价值也越小。

4. 弹性和毛色

羊毛弹性是指使羊毛变形的外力一旦去掉后，羊毛能很快恢复原形的特性。羊毛弹性好的织成毛料衣服能长时间保持平整挺括。

羊毛色彩除羊毛本身具有多种颜色外，白色羊毛还可随意染成各种颜色，其他颜色羊毛只能染成深色而且容易染的深浅不匀，故纯白色羊毛价值高，其他颜色的羊毛价值低。

三　幼羊剪毛方法

我国饲养绵羊，习惯在幼羊生后第一个剪毛季节不剪毛，一直拖延到翌年再剪。这样，幼羊断奶后，披着长毛熬过炎热盛夏，影响生长发育。近几年，有人根据家畜环境卫生生理理论和成年羊剪毛容易避暑、抓膘、增重作用，对细毛羊羔进行了剪毛，可增加体重和提高毛量，剪毛羊羔比不剪毛羊羔体重增加 3kg 以上，按饲料效率 7:1 计算，相当于补加 21kg 饲料的增重效果。剪毛比不剪毛的幼羊产毛量提高 0.6kg。而体重和毛长的差异主要是在剪毛后的第 1 个月内形成。另外，提前剪毛，可早受益，早得利。剪毛又能促进幼羊生长发育，羊体增大，终生生产性能提高，提高了个体终生的产毛总量。此外还可增强药浴效果。剪毛药浴是养羊生产的重要环节，剪毛后，去除被毛干扰药效，药液直接作用羊体，增强了药浴效果，幼羊剪毛应注意剪毛不宜过晚，以免影响剪毛避暑效应。剪毛过晚，毛茬长不起来，影响越冬防寒。

四　绵羊剪毛方法

春末夏初，正是绵羊剪毛时节，剪毛不当时，不仅羊毛产量要受影响，品质也会降低。要想得到质量良好的羊毛应注意些什么呢？首先，剪毛应保证有一个清洁的剪毛场所。在剪毛前，剪毛场地一定要打扫干净，以防各种杂质混入羊毛，降低羊毛的品质。其次，剪毛应在羊体安全、羊毛干燥的情况下进行。所以，绵羊在剪毛前 12~24h 内，就要停止饮水、放牧和补饲。以防腹部过大造成损伤。如果绵羊刚淋过雨，切忌不要立刻剪毛，一定要等羊毛干后再剪。因为潮湿的羊毛不但不好剪断，剪下后也不好保存，很容易发生霉变。为了熟练剪毛技术，剪毛应从价值最低的绵羊开始。

对不同品种类型的绵羊，可先剪粗毛羊，后剪杂种羊，最后再剪细毛羊。对同一品种类型的绵羊，应依次剪幼龄羊、种公羊、种

母羊。患有疥癣或痘疹病的绵羊，应留在最后剪，以免传染疾病。剪毛过程中，每剪完一个品种类型的绵羊之后，必须把场地重新清扫一遍，再剪另一品种。否则不同羊毛相混，会影响毛的品质。最后要注意，剪完毛后，发现毛茬留得不齐时，不要剪二刀毛。因为剪下的二刀毛很短，没有纺织价值，不如不剪留着再长好。羊毛剪完后，最好立刻分类包装，送往毛纺厂或收购单位。

包装前，可把羊毛大致分一下等级，把带有粪块的毛，腿部、腹部的毛，有色毛以及疥癣毛等，都挑选出来，分别包装。细毛、半细毛和粗毛不能包装在一起，要分别包装。公羊、母羊和羔羊的毛也要分别包装。包装袋要用塑料袋，不能用麻袋。因为麻袋上的麻丝会混到毛里，降低毛质。包装完后，即可送出。若不能立刻送出，可把毛包放在阴凉、干燥、通风良好的地区保存。要防止羊毛受潮和虫蛀。

五 绵羊毛品质的鉴别

1. 形态和产毛季节的鉴别

从外形上看，前肩、脊背和体侧（肋部）等主要部位是小毛嘴，毛丛较开放（半封闭型），那就要从侧部取下一簇毛样放在小黑板（或照相底片里衬纸）上，仔细观察毛纤维细度的均匀度和弯曲，纤维匀细、弯曲匀密正常，属于良种毛。如果从外形看，前肩部毛丛较细，毛嘴较粗短，其他部位毛嘴较细长，绒毛丰厚，油汗较本种羊明显增多，但从整个毛被看仍未脱离本种形态，再看毛被里层毛根部，尤其是后臀部，粗发毛和干死毛的含量多少，如含量不大是属于低代数次杂交改良毛。如果发现毛纤维内含有两型毛，说明是在杂交改良过程，尚未达到良种标准的细毛。如果是毛嘴细长，绒毛不够丰足，毛被较松散，油汗也较少，再翻看毛里部有发毛和少量干死毛，此种毛属于本种细毛类型；如果毛嘴较粗短，毛丛卷曲较差，发毛、干死毛较多，是属于本种粗毛。秋毛与同种春毛品质比较相差明显，其特点见前所述。

2. 长度的测定

绵羊毛的长度测定方法是将从腹侧（肋部）取得毛样，保持原有的自然弯曲，不得抻拉，然后用厘米尺度量其长度。

3. 强度的鉴别

毛纤维的强度是指毛纤维的拉力，检验毛纤维拉力决定毛织品的坚实品质。检验方法是用两只手的拇指和食指拉住毛纤维的两端，适当的用力拉直，然后用无名指轻轻弹动，听其发出的弦音，发音越大音质越清脆越好，反之则品质较差。

4. 色泽的鉴别

绵羊毛基本色泽为白色，也有些黑灰色、褐色（如三北羊毛），色泽明显很易鉴别。但也有杂交改良羊毛的白色里含有黑灰或较浅的暗花毛，鉴别时要翻过毛被察看其根部。

5. 非活羊剪毛的鉴别

非活羊剪毛包括生熟皮剪毛和抓毛、干退毛、灰退毛、絮套毛和生熟剪口毛等。这类毛的加工工艺价值较低。

6. 杂质的鉴别

绵羊毛中含有沙土、杂草、苍耳子等杂质。羊毛中所含的杂质可用百分数表示，含杂率 =（杂质重量/原毛重量）×100%。去杂质的方法有两种，一种用水洗，另一种用手抖。方法是把羊毛放在案子上，用手上下抖动，可抖掉羊毛中的杂质。为了使羊毛成为净货，最好将绵羊毛放在 17mm×17mm 的铁丝编制的筛子（俗称五分眼筛子）上，用双手将毛抓起，然后再向筛子上摔抖，每把摔抖 2~3 次并拣出草刺、粪块及其他杂质。羊毛中还有一些因遭受雨淋、水浸而没有及时晾晒，致使羊毛成为水黄残毛，或饲养管理不当、营养不良或患病引起的弱节毛（又称脊瘦毛），或羊圈舍不洁，粪尿侵蚀毛被，损伤毛纤维，使羊毛变为黄色成为圈黄残毛影响了羊毛产品的质量。此外，羊毛中的残次毛还有疥癣毛、虫蚀毛以及因病油汗分泌不正常，而被毛密度较大、粗细不匀，粗毛与绒毛交叉生长，使毛套黏结在一起形成的锈片毛等。

六　羊绒的抓（剪）和羊绒品质的鉴别

山羊绒通称羊绒，是从山羊体上抓（剪）取下来的细绒毛。羊绒具有保温、细柔、耐磨等优良性能，为毛纺工业的精梳原料如纺制开司米的原料。成品有呢料、羊绒衫裤、围巾等，美观耐用。羊绒有白色、紫色和青色 3 种颜色，白色为上色，可染成各种颜色，紫色和青色只能制成本色织品。为了保证羊体健康，提高羊绒品质，增加羊绒产量，一般宜在4~5月抓取羊绒，如果抓取时间过早，绒短、色浅、拉力差、产量低，如遇到寒冷天气羊只不能适应，常引起患病死亡；如果抓取时间过晚，发生顶绒，自然脱落，俗称"开花绒"，产量减少，有的形成套片，绒纤维脆弱。因此，抓绒量季节应根据当地气温变化情况，结合羊的体质灵活掌握。

抓取羊绒应根据羊只体质，体强的先抓，体弱的后抓。抓取羊绒时先抓脊背部，后抓两肋，最后再抓腹、头、腿部。羊绒抓取方法一般分为以下几种：

1. 活羊抓绒量

即从活羊体上抓下来的绒。为了提高工效，保证羊绒质量，抓绒工具使用手型式抓子。从活体上抓下来的绒大多呈爪状，有抓花，含短撒毛少，绒长，光泽好，有油性，手感柔软质量最佳。

2. 活羊剪（拨）绒

即从活羊体上把毛和绒一起剪下，然后再拨去粗毛。不呈爪状，呈散片状，有明显剪口。

3. 生羊皮抓（剪）绒

即从山羊生羊皮上抓（剪）下来的绒。绒纤维短，含短撒毛少，光泽暗，油性差。

4. 熟皮抓绒量

即从熟制过的山羊皮上抓剪下来的细绒。绒纤维短，较脆，光泽发暗，无油性，手感发涩，有剪花。

5. 油绒

抓取羊绒生产者为了省力，在抓子上抹油润滑抓子，形成油绒，降低绒的质量；个别生产者为了增加绒的重量，在羊身上涂油，污染了羊绒。因此在抓取羊绒时必须注意避免产生这两种情况，以免影响绒的品质。

羊绒品质的鉴别，除看绒爪底面毛绒的颜色以外，还要根据短撒毛含量多少，结合羊绒的长短、粗、细、绒内所含的杂质多少确定等级。

第四节 羊奶的生产与加工

一 羊奶的营养成分和药用价值

羊奶是一种营养物质完全的保健饮料,其中营养物质几乎全部被人体消化吸收。据测定每 100g 山羊奶中含干物质 12.58% 、蛋白质 3.54% 、脂肪 4% 、乳糖 4.58% 、灰分 0.86% 、钙 214mg、磷 96mg,以及富含多种人体需要的维生素。

羊奶的营养价值并不比牛奶差,有的养分如蛋白质、脂肪和钙、磷等含量均比牛奶高。但羊奶如加工不好会带有膻味。羊奶作为婴儿乳制品饮料最为合适。羊奶不但营养价值高,而且具有保健和医疗作用。古代医药学家早就知道羊奶是滋补良药,认为牛、羊奶有益五脏;补劳损、养心肺、利皮肤、润毛发、清耳目,令人肥泽的功效明代医学家李时珍在《本草纲目》中指出:羊乳甘温无毒,主治"补寒冷虚乏,润心肺、治消渴、疗虚劳,益精气,补肺肾气和小肠气"。

现代医学认为山羊奶的营养组成与牛奶、人奶均具有一定的护肤、抗炎、抗衰老等医疗保健作用。羊奶中除了含有特殊的天然维生素外,还含有抗癌的重要物质。并对治疗肺病和呼吸道疾病有很好的疗效。我国民间也流传喝羊奶有润肺作用的说法。

此外,羊奶和牛奶一样还有催眠作用。据实验观察得知,睡前喝一杯热奶,可使人通宵入睡,尤其对半夜醒来不能再入睡的人作用更为明显。

二 羊奶的保鲜

为了确保鲜奶的质量必须做好鲜奶的检验工作。新鲜正常的羊奶呈乳白色或稍带黄色,略带香味,加热时味道更浓。挤出的羊奶必须及时进行初步加工处理,才能防止变质,符合质量要求。如不及时加工处理,落入奶中的微生物大量繁殖,酸度增高,致使变质。其初步加工处理过程简介如下:

1. 过滤

挤出的羊奶中不免混入一些污物和杂质,使羊奶不洁和变质,因此，必须将挤下的羊奶倒入扎有 3~4 层消毒纱布的奶桶中进行过滤。用纱布过滤时，要求每块纱布过滤的奶量一般不超过 50kg，使用后的纱布应立即用温水清洗，并用 0.5% 的碱水洗涤后再用清水清洗，最后经煮沸 10~20min 杀菌后存放于清洁干燥处备用。奶从 1 个容器送到另 1 个容器，从 1 个工序到另 1 个工序，都要进行 1 次过滤。

2. 净化

羊奶经多次过滤后只能除去大部分杂质，对其中极微小的杂质和病原微生物难以用一般的过滤方法去除。为了使奶净化，提高其纯净度，必须采用离心净乳机或奶油分离机净化。现代化奶品工厂多采用自动排渣净乳机或三用分离机（奶油分离、净乳、标准化）进行净化后的奶可直接加工。

3. 冷却

挤出的羊奶应迅速冷却，以抑制奶中微生物的繁殖，保持奶的新鲜度。奶的温度越低，被污染的程度越小，奶中含有的抗菌物质能抑制奶中细菌的繁殖，延长羊奶抗菌特性的持续时间。羊奶的冷却方法很多，如建造 1 个水池，池中水量是被冷却奶量的 4 倍，然后将装满奶的奶桶放入水池中，最初几小时进行多次搅拌，并及时更换池水，使奶温冷却到比所用的水温高 3~4℃。水池每隔两天清洗 1 次。用此法冷却羊奶方便简便，适用于无制冷设备的乳羊场使用。有条件的可用冷却器插入水池、储乳槽或奶桶里使奶冷却。适用于小规模加工厂和较大的乳羊场使用。

4. 储存

奶经冷却后应在整个保存期内维持低温，才能保持其新鲜度。盛储鲜奶容器必须清洁卫生和经消毒杀菌，一般储藏的温度为 4~5℃，防止其奶的温度升高，微生物活动。

据最新资料介绍，活化奶中乳过氧化物酶体系保存鲜奶的方法（LP 体系方法）使羊奶品保鲜效果好，方便简便，不需任何设备。方法是在鲜奶中添加 12mg/kg 硫氰酸盐（SCN^-）和 8.5mg/kg 过氧化氢（H_2O_2），可使鲜奶在 30℃ 时保鲜 7~8h，在 15℃ 时保鲜 24~26h，在 3~5℃ 时保鲜 5~7 昼夜不变质。

三 脱羊奶膻味方法

羊奶加工不善，带有一股羊膻味。尤其是地区品种、青年羊、春季后挤出的羊奶静置 2 天后其膻味更大。

羊奶脱膻除采取加强饲养管理，搞好羊体和圈舍清洁卫生，实行公、母羊分开喂养，以减少对羊奶的污染等降低羊奶膻味方法的同时，还要及时搞好羊奶的储运和加工。还可采用高温通过蒸气喷射脱膻措施。此外，也可用脱膻物对羊奶进行脱膻处理。

1. 鞣酸脱膻

采用鞣酸脱膻方法处理羊奶可脱去膻味，并清香可口。具体处理方法是在煮羊奶时加入少量茉莉花茶，煮开后将茶叶滤除即可达到脱膻的目的。用此法处理羊奶虽然色泽略微发黄，但奶质不受影响。

2. 杏仁酸脱膻

采用此法处理羊奶不仅气味芳香、顺气开胃，而且能大补气血，成为老弱病残人的理想滋补品。具体处理方法是煮羊奶的同时放入少量杏仁、橘皮、红枣，煮开后将上述 3 种物质滤除即可达到脱膻的目的。

3. 脱膻剂脱膻

此法即是在羊奶中添加定量的脱膻剂即可达到去膻的目的。但是选用羊奶中添加的脱膻剂必须是经国家批准使用的安全食品添加剂，并要求这种添加物质不使乳汁凝固，不会破坏羊奶中的营养成分，不能使羊奶产生异味，要使羊奶保持原有的色泽和天然香味。

四 鲜羊奶杀菌消毒

新鲜羊奶不免落入一定数量的尘埃、杂质、污物和微生物，从而加速羊奶的变质，因此新鲜羊奶必须经净化杀菌消毒装瓶或装袋后才能直接供应消费者当天饮用的商品奶。新鲜羊奶的常用杀菌消毒方法如下：

将经检验符合检验项目的羊奶作为原料，经过滤或净化，除去奶中的尘埃、杂质、污物后使用各种型号的均质机使羊奶均质，防止脂肪上浮，并提高羊奶的消化率。羊奶脂肪球在强力的机械作用下被破碎成小的脂肪球均质后即可选用以下方法进行杀菌，使羊奶中的病原菌及绝大部分的杂菌被杀灭，保持一段时间不变质，以保证消费者饮用安全，同时要求尽可能保持奶中的营养成分不致破坏。鲜奶的杀菌消毒方法常用以下3种：

1. 巴氏低温杀菌法

即低温长时间杀菌法。此法是将鲜奶加热到61.5~65℃，并保持30min。主要应用消毒缸或称冷热缸等杀菌器杀死奶中的病原菌。使用这种方法杀菌，方法简单，奶中的病原菌可被杀死，但需一定设备，劳动强度大，而且需较长时间，故在生产上很少采用。

2. 高温短时间杀菌法

即选用转鼓式或管式杀菌器或片式热交换器等杀菌设备，使杀菌温度提高，保温时间缩短。一般应用有75℃，3~5min；85℃，1~5min；90℃，数秒钟等几种。由于杀菌温度提高，保温时间短，而且杀菌效果好，可实现连续生产，适宜于大规模生产的需要。因此，用此法杀菌已被广泛采用。

3. 超高温瞬时杀菌法（又称超沸点瞬时杀菌法）

即将羊奶加热至130~150℃，保持0.5~2s时间，即可杀死奶中绝大部分病原微生物。

上述3种杀菌法不论选用哪种，在杀菌完结后需迅速使奶降温，以免加热对奶质量的影响。奶经杀菌后在以后各项操作中仍有被污染的可能。为了抑制羊奶中病原微生物的繁殖，提高鲜奶的保存性，杀菌后仍需用消毒缸或管式杀菌器，需用冷排或其他方法冷却至2~4℃；如用片式热交换器杀菌时，奶通过冷却区段后即可冷却至4℃，冷却后的奶为了防止外界杂物、微生物及异味，对消毒奶的污染，故需将消毒并冷却的奶及时灌装与封盖，及时送给消费者饮用。

五 羊奶的运输和储藏

鲜奶在运输和储存中应注意以下各点：

1. 保持储运奶容器清洁

运输鲜奶的容器必须经消毒杀菌。装入容器的鲜奶也须经检验与消毒。容器内必须装满并盖严锁扣，盖内还应有橡皮衬垫，以防振荡而引起脂肪上浮。

2. 运输时保持温度的恒定

为了防止鲜奶在途中温度升高，尤其是夏季气温高时，运输车应在早晚行驶。运输车厢最好有冷藏设备。尽量缩短鲜奶在运输途中的停留时间，防止鲜奶在车厢内高温条件下存放时间过长而腐败变质。

3. 冷却储运

鲜奶须经冷却后尽可能存放在低温处（如冷柜或冷库），以防止温度升高。一般将鲜奶冷却后保存在4~5℃的低温条件下。如果将鲜奶冷却到13℃时，则可保存12h以上。冷却时也只能暂时停止微生物的活动，当奶温升高时，微生物又会开始活动。所以鲜奶在冷却后还须在整个保存期间置于低温条件下储藏。

第五节　内脏的利用

一　加工食用产品

1. 羊肝

利用羊肝经卤煮可加工成卤羊肝，或与大米熬制成羊肝粥，或切成丝（条）状经炒制成炒羊肝，营养极为丰富。

2. 羊胃和羊肾

羊胃和羊肾都是火锅的上等原料，或烹制成爆炒腰花，或经加工成卤制品，不仅色香味美，还具有滋阴壮阳功能。

3. 羊肠

羊肠可加工成肠衣或直接食用。羊肠衣又可分为绵羊肠衣和山羊肠衣两种，绵羊肠衣比山羊肠衣价格高。绵羊肠衣有白色横纹，山羊肠衣多弯曲线，而且颜色也较深。

4. 羊心脏

卤制成卤制品直接食用，也可与肝一起烹制成菜肴，实为待客之上品。

二　提取生药成分

1. 羊胆

由于羊胆汁含有近似熊胆的药物成分，具有抗菌、镇静、镇痛、

利胆、消炎、解热等功效，可加工成胆膏、胆盐供作医药原料，还可加工成人工牛黄等药物。

2. 羊肝

羊肝不仅可加工成产品食用，还可加工成肝宁片、肝流浸膏、肝胃粉，提取肝铁蛋白（力勃隆）等药物。

3. 羊胰

可提取胰酶、多酶丸、胰蛋白酶、胰抗脂肝素、胰蛋白酶抑制剂（抑肽酶）等生化药物。

4. 羊胃

胃黏膜可提取胃蛋白酶、含糖胃蛋白酶、胃膜素等药品。

5. 羊心

可提取细胞色素丙、心血通、注射用能量合剂、脉心通等药物。

6. 羊肠

小肠黏膜可提取肝素钠，十二指肠则作制造冠心舒的原料。

—— 第十章 ——
羊场经营管理

科学的经营管理是羊场提高经济效益的关键环节。生产者掌握羊生产的经济规律，搞好羊场的经营管理，是非常必要的。

第一节　技术管理

一　饲养管理方式

羊生产的饲养管理方式取决于当地的自然、经济条件和饲养管理水平。羊生产的主要方式有三种，即放牧饲养、舍饲和放牧舍饲相结合。一般地讲，放牧饲养是在水草条件较好的草场进行的，是比较经济的饲养方式，成本最为低廉，但在一定程度上受草场条件和季节影响明显。

舍饲是我国农区普遍采用的方式，在牧区秋冬季节牧草质量变差时也是以舍饲为主，舍饲要注意在舍饲饲料配制上要保证全价性，并保证羊的清洁卫生的前提下有足够的运动量。

放牧舍饲相结合是指在放牧的同时给予适当的补饲，保证羊营养摄入量。这种方式对肉羊育肥来说补饲时间最好选在屠宰前1个月。

实践证明，肉羊的育肥速度与效果受到年龄和饲草料质量的影响，所以无论采用哪一种饲养管理方式，要想降低单位增重的成本，就必须注意饲料的充足供给与营养的全面，适时出栏。

二　羊群分组与结构

1. 羊群分组

羊群一般分为种公羊、成年母羊、后备羊或育成羊、羔羊和去势羊等组别，其中成年母羊又可分为空怀期母羊、妊娠母羊、哺乳母羊。羔羊是指出生后未断奶的小羊。后备羊是从断奶后羔羊中选留出来用于繁殖的公羊和母羊。除后备羊以外，其余羊只均可用于育肥或出售，按传统养羊方式，非种用公羔一般去势，称为去势羊或羯羊；但在现在肉羊生产中，因肥羔生产中羔羊利用年限提前，为保持公羊早期的生长优势，不作去势处理。

成年母羊是 12~18 月龄配种受孕后的后备母羊，一般使用 6 年左右，当牙齿脱落、繁殖效率较差或患有不易医治的疾病时，应提前淘汰，安排育肥屠宰。

种公羊是从后备公羊中选留的，一般在 12~18 月龄时成熟并开始使用，使用期一般为 5 年。但正在杂交改良过程的羊或经济杂种中的杂种羊，因遗传性不稳定，不能留种公羊，其所有种公羊，应从种羊场购买。

2. 羊群结构

羊群结构是指各个组别的羊只在羊群中所占的比例。在羊场或以产羊肉为主的羊场，因羔羊或去势羊育肥到周岁就出栏，故成年母羊在羊群中的比例应较大，一般可达到 70%~80%。

种公羊在羊群中的比例与羊场采用的配种方式有密切关系。例如，在用本交配种时，每只公羊能承担 50 只左右的母羊，人工授精时，则每只公羊的精液可配 20~1000 只母羊。在质量上要选择肉用性能好、配种能力强的种用公羊。种公羊因其直接关系到羔羊的质量和产品率，故在数量配置上要充足，必要时把本交时的母羊比例提高到 1:30，人工授精时公母羊比例提高到 1:(100~200) 另配置一定数量的试情公羊。

适繁母羊的比例越高，羊群的繁殖率越高，对提高肉羊生产效益越有利。

三 羊群规模

羊群规模可根据品种、牧场条件、技术状况等方面酌情确定。一般地讲，山羊群和粗毛羊群可稍大些，改良羊群则应小些；种公羊和育成公羊因育种要求高，其群宜小，母羊群宜大。在平缓起伏的平坦草原区，羊群可大些，丘陵区则应小些；在山区与农区，因地形崎岖，场狭小，羊群则更应划小，以便管理。集约化程度高，放牧技术水平高时，羊群可大些，反之则应小些。

> ● 【提示】 羊群一经组成后，则应相对稳定，不要频繁变动。较为稳定的羊群结构对加强生产责任制和经营管理都有利。

第二节 制订年度生产计划与实施

发展养羊生产，应根据自己的羊场生产的实际情况和羊场在当地或者外地销售羊生产产品的能力来制订生产计划，做到有的放矢，避免生产的盲目性。

一 年度生产计划制订的步骤

制订年度生产计划，首先要弄清楚羊场的生产能力、生产资源状况以及通过经营分析找出自己羊场的优势和不足，然后按以下步骤开始着手制订计划。

1. 羊场资源数量调查

查清计划范围内可能利用的资源数量和质量，如土地、羊圈舍面积、生产羊群年末存栏数、基础母羊数、后备母羊数、饲料数量、资金、劳动力及其业务能力等，作为制订来年生产计划的主要依据。

2. 生产现状分析

对原有的饲养规模、饲养结构、生产效率、生产效果及人员、设备的利用情况等进行分析，作为下年生产计划的参数。新建羊场，可对照本场条件调查 1~2 个近似羊场进行分析，也可作为制订年度生产计划的参考。

3. 找出羊场存在的问题，提出解决办法

依据羊场资源和近年生产情况，找出经营管理中存在的问题，提出切实可行的解决方法。

4. 制订两个以上生产计划

根据羊场实际情况，可编制两个以上的生产计划方案，通过反复讨论，选出最佳的计划方案。

二 年度生产计划的内容

1. 饲养规模

提出羊场年度内各种羊群的饲养数量。

2. 计算饲草饲料需要量

根据羊群数量，计算出年度饲草饲料需要量，自种、外购的数量。

3. 所需资金数额

羊场内所需资金，包括固定资金和流动资金。根据需要除去本场现有资金，确定缺额资金的解决办法。

4. 预计全年生产费用

根据近几年的生产费用记录或调查场外数据，按照年度生产计划计算出各项生产费用和全年生产费用。

5. 算出年终利润

根据年度生产计划计算年收入，除去年度费用，求出年终效益，从效益中扣除各种利率及固定资产折损费用，得出年终利润。

三 年度生产计划的实施

1. 实施生产计划应解决人的问题

实施计划离不开人、财、物三要素，其中人是最关键的要素。因财、物要通过人去集聚和应用。在执行计划时，羊场经营管理者，应把人的组织工作放在首要地位。

2. 生产计划的控制与调整

在生产的过程中，常常遇到可控制因素和不可控制因素的影响，因此，生产计划不能按预定的计划指标完成，必须不断地进行控制和调整。

（1）可控制因素 职工工作态度、工作职责和操作规程是否合理等。应根据生产中的客观情况，变动控制措施，保证生产计划顺利完成。

（2）不可控制因素 一般指不以人的意志转移的环境条件和未来市场变化条件，如自然灾害带来的饲料饲草供应，未来羊产品市场的波动等。在生产中应随时注意市场的需求，及时调整饲养结构和规模，以提高经济效益。

四 羊场其他计划的制订

1. 配种分娩计划和羊群周转计划

中国羊生产的方式主要是适度规模的牧区型，集约化的羊生产较少。分娩时间的安排既要考虑气候条件，又要考虑牧草生长状况，最常见的是产冬羔（即 11 ~ 12 月分娩）和产春羔（即在 3 ~ 4 月分娩）。无论哪一种生产计划，羊的生产都应该向同期化的方向努力，这样便于统一的饲养管理，在羔羊育肥结束后，往往能形成比较大的数量，从而产生较好的经济效益。母羊的分娩集中，有利于安排育肥计划。

在编制羊群配种分娩计划和周转计划时，必须掌握以下材料：

1）计划年初羊群各组的实有只数。

2）去年交配、今年分娩的母羊数。

3）计划年生产任务的各项主要措施。

4）本场确定的母羊受胎率、产羔率和繁殖成活率等。

5）根据以上材料编制出羊群周转计划表和配种分娩计划表。

2. 羊肉和羊皮生产计划

羊肉和羊皮生产计划是指一个年度为羊场羊肉、羊皮生产所作的预先安排，它反映了羊场的全年生产任务、生产技术与经营管理水平及产品率状况，并为编制销售计划、财务计划等提供依据。羊场以生产羊肉为主，羊皮也是重要的收入来源，羊肉、羊皮生产计划的订制是根据羊群周转计划和育肥羊只的单产水平进行的。编制好这个计划，关键在于订好育肥羊的单产指标，育肥羊的单产指标常以近三年的实际产量为重要依据，也就是在分析羊群质量、群体结构、技术提高状况、管理办法、改进配种分娩计划、饲料保证程度、人力与设备情况等内容的基础上，结合本年度确定的计划任务和新技术的应用等来制订。也就是说，育肥羊的单产指标对羊肉和羊皮生产计划起着决定性的作用。

3. 饲料生产和供应计划

饲料生产和供应计划是一个日历年度内对饲料生产和供应所作的预先安排。为了保证肉羊饲养场羊肉、羊皮生产计划的完成，应充分利用羊场的有限土地，种植适合肉羊生产需要、土地最适宜的优质高产的青粗饲料，以使所种植的饲料获得最高产量和最多的营养物质。饲料生产计划是饲料计划中最主要的计划，它反映了饲料供应的保证程度，也直接影响到畜禽的正常生长发育和畜产品产量的提高。因此，羊场对饲料的生产、采集、加工、储存和供应必须有一套有效的计划做保证。

饲料的供应计划主要包括制订饲料定额、各种羊只的日粮标准、饲料的留用和管理、青饲料生产和供应的组织、饲料的采购与储存以及饲料加工配合等。为保证此计划的完成，各项工作和各个环节都应制度化，做到有章可循、按章办事。

4. 羊群发展计划

当制订羊群发展计划时，需要根据本年度和本场历年的繁殖淘汰情况及实际生产水平，结合对市场的估测，对羊场今后的发展进行科学的估算。

5. 羊场疫病防治计划

羊场疫病防治计划是指一个日历年度内对羊群疫病防治所作的预先安排。肉羊的疫病防治是保证肉羊生产效益的重要条件，也是实现生产计划的基本保证。此计划也可纳入到技术管理内容中。疫病防治工作的方法是"预防为主，防治结合"。为此要建立一套综合性的防疫措施和制度，其内容包括羊群的定期检查、羊舍消毒、各种疫苗的定期注射、病羊的治疗与隔离等。对各项疫病防治制度要严格执行，定期检查以求实效。

第三节　羊场的成本核算和劳动管理

一　投入与产出的核算

按照一般的习惯，养羊场每年年终时候就要进行年度总结，其中最重要的内容就是进行收入总结算。计算净收入、纯收入、利润和净收入率，以确定全年的经营效果。

年度总结算主要是根据会计年度报表中的数据资料，进行经营核算，用养羊场全年经营总收入减去该场全年经营总支出等于该场的盈余数。如果总收入大于总支出，就表现为赢利，如果总支出大于总收入，则为亏损。要注意的是在进行经营核算时养羊场用于购置固定资产的资金不能列入当年的支出，只能根据固定资产使用的年限计算出当年的折旧费，然后将其列入当年的生产支出。成本核算的主要指标和计算方法如下：

1. 净收入（也称毛利）

净收入 = 经营总收入 - 生产、销售中的物资耗费

生产、销售中的物资耗费包括生产固定资产耗费，饲料、兽药消耗，生产性服务支出，销售费用支出以及其他直接生产性物质耗费。

2. 纯收入（也称纯利）

纯收入 = 净收入 - 职工工资和差旅费等杂项开支

3. 利润

是当年积累的资金，也是用于第二年生产投入或扩大再生产的资金。

利润 = 纯收入 - （税金 + 上交各种费用）

4. 净收入率

是衡量该场经营是否合算的指标，如果净收入率高于银行存款利息率，则证明该场有利。

$$净收入率 = \frac{净收入}{总支出} \times 100\%$$

二 成本核算

搞好成本核算，对场内加强经营管理，提高养羊的经济效益具有指导意义。

1. 成本核算的内容

（1）**确定成本核算对象** 在成本计算期内对主要饲养对象进行成本核算，1 年或 1 个生产周期核算 1 次。

（2）**遵守成本开支范围的规定** 成本开支的范围，是指生产经营活动中所发生的各项生产费用计入成本内，非生产性基本建设的支出，及上交的各种公积金、公益金等都不计入成本。

（3）**确定成本项目** 是指生产费用按经济用途分类的项目。分

项目登记和汇总生产费用，便于计算产品成本，有利于分析成本构成及其升降的原因。成本项目应列育羔羊费、饲料费、疫病防治费、固定资产折旧费、共同生产费、人工费、经营费及其他直接费用、其他支出费等。

（4）确定计价原则　计算产品成本，要按成本计算期内实际生产和实际消耗的数量及当时的实际价格进行计算。

（5）做好成本核算的基础工作

1）建立原始记录。从一开始就做好固定资产（土地、圈舍、设备、种公羊、基础母羊等）、用工数量、产品数量（毛、肉、皮张、活羔羊等）、低值易耗品数量、饲料饲草消耗数量等的统计工作，为做好成本核算打好基础。

2）采用会计方法。对生产经营过程中的资金活动，进行连续、系统、完整的记录、计算，以便反映问题和日常监督。要登记实物收、付业务，实现钱物分记、各记各的账。建立产品材料计量、收发和盘点制度。

2. 羊场成本核算的特点与方法

（1）特点　羊场成本核算具有以下特点：

1）羊群在饲养管理过程中，由于购入、繁殖、出售、屠宰、死亡等原因，其头数、重量在不断变化，为减少计算上的麻烦和提高精确度，通常应按批核算成本。又因为羊群的饲养效果和饲养时间、产品数量有关，因此应计算单位产品成本和饲养日成本。

2）养羊的主要产品是活羊、肉、皮、毛，为方便起见，可把活羊、肉、毛作为主产品，其他为副产品。则产品收入抵消一部分成本后，列入主产品生产的总成本。

3）单位羊产品消耗饲料的多少和饲料加工运输费用等在总成本中所占的比例，既反映羊场技术水平，也反映其经营管理水平的高低。

（2）方法

1）单位主产品成本核算。主产品要计算增重单位成本、毛产量成本。

育肥羊活重单位（kg）成本

$$= \frac{初期存栏总成本 + 本期购入（拨入）成本 - 副产品价值}{期末存栏活重 + 本期离圈活重（不含死羊）}$$

$$育肥增重单位(kg)成本 = \frac{本期饲养费用 - 副产品价值}{本期增重量}$$

$$本期增重量 = 本期期末存栏活重 + 本期离圈活重(含死羊) - 期初存栏活重 - 本期购入(拨入)活重$$

在计算活重、增重单位成本时，所减去的副产品价值包括羊粪、羊毛、死亡羊的残值收入等；死亡羊的重量在计算增重成本时，应列入本期离圈（包括出售、屠宰等）的活重，才能如实反映每增重1kg 的实际成本。但计算活重成本时，不包括死亡羊的重量，死亡羊的成本要由活羊负担。

2）饲养日成本

$$饲养日成本 = \frac{饲养费用}{饲养只数 \times 天数}$$

活重实际生产成本加销售费用，等于销售成本。销售收入减去销售成本、税金、其他应交费用，有余数为盈，不足为亏。从而得出当年养羊的经济效益，为下年度养羊生产、控制费用开支提供重要依据。计算增重单位成本，可知每增重 1kg 所需费用。计算饲养日成本，可知每只羊平均每天的饲养成本。通过成本核算可充分反映场内经营管理工作的水平和经济效益的高低。

三 成本核算方法举例

下面以三种在我国比较典型的养羊方式为例，进行成本核算，核算的过程中，比如种羊价格、饲料饲草价格、羊出售价格、包括基建成本，不同的地方、不同的来源方式可能也不相同，请读者在自己进行成本核算时根据当时当地的行情，核准各种价格之后再进行核算。

例1：以农户在自己家中散养 5 只种母羊为例进行成本核算，其中精料按 80% 计算，饲草、基建设备不计算成本，人工费和粪费相抵，不计算成本和收入，种羊使用年限按 5 年计算，母羊配种费用不计，羔羊按 7 月龄出栏，其中有 5 个月饲喂期（后面的例子均按此计算）。

1. 生产成本

（1）购种母羊费用

$$购种羊费用 = 5 只种母羊 \times 费用／只$$

$$每年购种羊总摊销 = 购种羊费用 \div 5 \, 年$$

（2）饲养成本

$$5 \, 只母羊每天精料耗费 = 5 \, 只种母羊 \times 精料量 /（天 \cdot 母羊）\times$$
$$价格 / kg \, 精料$$

$$5 \, 只种母羊年消耗精料费用 = 5 \, 只母羊每天精料耗费 \times 365 \, 天$$

$$育成羊消耗精料费用 = 总羔羊数 \times 精料消耗 /（天 \cdot 羔）\times$$
$$150 \, 天 \times 价格 / kg \, 精料$$

$$总饲养成本 = 5 \, 只种母羊年消耗精料费用 +$$
$$育成羊消耗精料费用$$

（3）医药费摊销总成本

$$医药费摊销总成本 = 10 \, 元 /（羔 \cdot 年）\times 总羔数$$

$$总成本 = 每年购种羊总摊销 + 总饲养成本 + 医药费摊销总成本$$

2. 销售收入

年售育成羊：

$$总育成数 = 5 \, 只母羊 \times 育成数 / 母羊年产$$

$$总收入 = 总育成数 \times 出栏重 / 只 \times 销售价 / kg \, 活羊$$

3. 经济效益分析

$$总盈利 = 总收入 - 总成本 = 饲养 5 \, 只母羊的一个饲养户年盈利$$

$$每卖 1 \, 只育成羊盈利 = \frac{总盈利}{总育成数}$$

例2：某专业户饲养种羊42只为例（其中母羊40只，配种公羊2只），其中精料按100%计算，饲草及青贮饲料只计算一半，基建设备器械不计入成本，其他要求和例1一样。

1. 成本

（1）购种羊费用

$$购种母羊总费用 = 40 \, 只母羊 \times 费用 / 只$$

$$购种公羊总费用 = 2 \, 只公羊 \times 费用 / 只$$

$$每年购种羊总摊销 = 购种羊总费用 \div 5 \, 年$$

（2）饲养成本

1）种羊饲料成本

$$种羊年消耗干草费用 = 42 \, 只 \times 干草数 /（天 \cdot 只）\times 365 \, 天 \times$$
$$价格 / kg \, 干草$$

种羊年消耗精料费用 = 42 只 × 精料量 /（天·只）× 365 天 ×
　　　　　　　　　价格 /kg 精料

种羊年消耗青贮料费用 = 42 只 × 青贮料量 /（天·只）× 365 天 ×
　　　　　　　　　价格 /kg 青贮料

2）育成羊饲料成本

育成羊消耗干草费用 = 总羔数 × 干草量 /（天·羔）×
　　　　　　　　150 天 × 价格 /kg 干草

育成羊消耗精料总费用 = 总羔数 × 精料量 /（天·羔）×
　　　　　　　　150 天 × 价格 /kg 精料

育成羊消耗青贮料总费用 = 总羔数 × 青贮料量 /（天·羔）×
　　　　　　　　150 天 × 价格 /kg 青贮料

总饲养成本 = 种公母羊消耗各种饲料费用 +
　　　　　育成羊消耗各种饲料费用

（3）每年医药摊销总成本

每年医药摊销总成本 = 10 元 /（羔·年）× 总羔数

2. 销售收入

总收入 = 总育成羊数 × 出栏重 / 只 × 价格 /kg 活羊

3. 经济效益分析

总盈利 = 总收入 - 每年种羊总摊销 -
　　　　总饲养成本 - 每年医药摊销总成本

每卖 1 只育成羊盈利 = 总盈利 ÷ 总育成数

例 3：以饲养 800 只基础母羊（其中配种公羊为 40 只）的规模养羊场为例，其中基建按折旧计入成本，设备机械及运输车辆投资计入成本，如为绵羊可以产部分绵羊毛，如为绒山羊可以生产山羊毛及山羊绒，其他各项要求同例 2。

1. 成本

（1）基建总造价

羊舍造价：800 只基础母羊，净羊舍 800m²；周转羊舍（羔羊、育成羊）2000m²；40 只公羊，80m² 公羊舍，合计：

羊舍总造价 = 2880m² × 造价 /m²

青贮窖总造价 = 800m² × 造价 /m²

$$储草及饲料加工车间总造价 = 800m^2 \times 造价/m^2$$

$$办公室及宿舍总造价 = 640m^2 \times 造价/m^2$$

基建总造价 = 羊舍总造价 + 青贮窖总造价 + 储草及饲料加工车间
总造价 + 办公室及宿舍总造价

（2）设备机械及运输车辆投资

设备机械及运输车辆投资总费用 = 青贮机总费用 + 兽医药械费用
+ 变压器等机电设备费用
+ 运输车辆费用

每年固定资产总摊销 = （基建总造价 – 设备机械及运输车辆总费用）
÷ 10 年

（3）种羊投资

种母羊投资 = 800 只母羊 × 价格 / 只

种公羊投资 = 40 只公羊 × 价格 / 只

合计为

种羊总投资 = 种母羊投资 + 种公羊投资

每年种羊总摊销 = 种羊总投资 ÷ 5 年

（4）建成后需各种饲料（包括干草、青贮料、配合精料等）费用

1）种羊所需饲料费用

成年羊年消耗干草费用 = 840 只种羊 × 干草量/（天·只）×
365 天 × 价格/kg 干草

成年羊年消耗精料费用 = 840 只种羊 × 精料量/（天·只）×
365 天 × 价格/kg 精料

成年羊年消耗青贮料费用 = 840 只种干 × 青贮料量/（天·只）×
365 天 × 价格/kg 青贮料

种羊饲料总成本 = 成年羊年消耗干草费用 +
成年羊年消耗精料费用 +
成年羊年消耗青贮料费用

2）育成羊所需饲料费用

育成羊年消耗干草费用 = 总羔数 × 干草量/（天·只）× 150 天 ×
价格/kg 干草

育成羊年消耗青贮料费用 = 总羔数 × 青贮料量/（天·只）×
150 天 × 价格/kg 青贮料

育成羊年消耗精料费用 = 总羔数 × 精料量 /（天·只）× 150 天 × 价格 /kg 精料

育成羊饲料总成本 = 育成羊年消耗干草费用 + 育成羊年消耗精料费用 + 育成羊年消耗青贮料费用

总饲料成本 = 种羊饲料总成本 + 育成羊饲料总成本

（5）年医药、水电、运输、业务管理总摊销

年医药、水电、运输、业务管理总摊销 = 10 元 /（羔·年）× 总羔数

（6）年总工资成本

年总工资成本 = 25 元 /（年·羔）× 总羔数

（7）低值易耗品消耗成本

每年需要购买的低值易耗品如扫把、铁锹、盆、桶等总费用

2. 销售总收入

（1）年售商品羊收入

年售商品羊收入 = 总育成数 × 出栏重 / 只 × 价格 /kg 活羊

（2）羊粪收入

羔羊产粪量 = 总羔数 × 产粪 /（只·年）

种羊产粪量 = 840 只种羊 × 产粪 /（只·年）

总粪量 = 羔羊产粪量 + 种羊产粪量

羊粪收入 = 总粪量 × 价格 /m³

（3）羊毛收入

羊毛收入 = 种羊 840 只 × 产毛量 / 只 × 价格 /kg 毛

总收入 = 年售商品羊收入 + 羊粪收入 + 羊毛收入

（4）经济效益分析 建一个 800 只基础母羊的商品羊场，年生产总盈利为

年总盈利 = 总收入 – 年种羊饲料总成本 – 年育成羊饲养总成本 – 年医药、水电、运输、业务管理总费用 – 年总工资 – 年固定资产总摊销 – 低值易耗品费用 – 年种羊总摊销

每售 1 只育成羊盈利 = 年总盈利 ÷ 总育成数

按照饲养户的测算，饲养 1 只母羊年产 1.5 ~ 2 胎，能生产羔羊 3 ~ 5 只，第一年的羔羊经 6 ~ 8 个月育肥，每只羔羊可增重到 50kg 左右，2 只羔羊可达到 100kg，按目前市场价格可得 800 元左右，如

果其中有 1 只母羔羊按种羊出售，总收入在 1000 元左右，第二次产羔在年内饲养 2 个月，每只羔羊长到 20kg 左右，价值可达 400 元以上，1 只母羊生产的羊羔，年产值可达 1200 ~ 1400 元。

1 只母羊年需供应秸秆和干草（青草折干草计算）750kg，折合 80 ~ 100 元，混合精料 80 ~ 100kg，价值为 80 ~ 120 元，每只母羊的饲料消耗费为 160 ~ 220 元。育肥羔羊饲养的成本约相当于 1 只母羊的消耗量。也就是说，在 1 年的饲养周期中，母羊和羔羊的饲养总成本为 320 ~ 440 元。

投入和产出比为 1:(3~4)。这里边没有计算人工、房舍和工具等消耗的费用，事实上在农家饲养的羊只，是不计算上述费用的，如果规模化饲养，加上雇工、房、水、电等消耗，其投入产出比也可达到 1:(2~3)。

在计算上述收入中，肥料作为副产品未计算在内。在 1 年的饲养期内，母羊和羔羊生产的肥料，可肥田 0.13 ~ 0.20hm^2，在规模化饲养中，羊粪可作为商品售出，对农作物和蔬菜来说都是优质有机肥料，肥效高，持续时间长，还有防虫害作用。

四 羊场的劳动管理

肉羊饲养场的劳动组织和管理一般是根据分群饲养的原则，建立相应的羊群饲养作业，如种公羊作业组、成年母羊作业组、羔羊作业组等。

每个组安排 1~2 名负责人，每个饲养员或放牧员都要分群固定，负责一定只数的饲养管理工作。其好处是分工细，人畜固定，责任明确，便于熟悉羊群情况，能有效地提高饲养管理水平。

每个饲养管理人员的劳动定额，可根据羊群规模、机械化程度、饲养条件及季节的不同而有所差别。例如，在农区条件下，劳动定额一般为：成年母羊 50 ~ 100 只，育肥羔羊或去势羊100 ~ 150 只，育成母羊 200 ~ 250 只。

在羊场的劳动管理上还要建立岗位责任制和奖励机制，这对于充分调动每个单位、每个成员工作的积极性，做到责、权、利分明，以及提高生产水平和劳动生产率，都是非常有利的。

第四节　提高羊场经济效益的主要途径

羊场经济效益的提高主要取决于两个方面：一是努力提高产量，来降低单位产品的成本，其主要途径是选用优质、高产、性能稳定的肉羊品种或利用杂交繁育体系来生产最佳的杂交羔羊，采用合理的饲养管理方式，科学的配制日粮等；二是尽可能节约各项开支，在确保增产的前提下，力争以最小的消耗，产出更多更好的产品，其主要途径有以下几种：

1. 适度规模饲养

养羊场的饲养规模应依市场、资金、饲养技术、设备、管理经验等综合因素全面考虑，既不可以过小，也不能过大。过小不利于现代设施设备和技术的利用，效益微薄；过大，规模效益可以提高，但超出自己的管理能力，也难以养好羊，到头来得不偿失。所以应以自身具体情况，选择适度规模进行饲养，才能取得理想的规模效益。

2. 选择先进科学的工艺流程

先进科学的工艺流程可以充分地利用羊场饲养设施设备，改善劳动条件，提高劳动力利用率、工作效率和劳动生产率，节约劳动消耗，降低单位产品的生产成本，并可以保证羊群健康和产品质量，最终可显著增加羊场的经济效益。

3. 饲养优良品种

品种是影响生产的第一因素。因地制宜，选择适合自己饲养条件和饲料条件的品种，是养好肉羊的首要任务。

4. 科学饲养管理

有了良种，还要有良法，这样才能充分发挥良种羊的生产潜力。因此，实行科学饲养，推广应用新技术新成果，合理、节约使用各种投入物（药物、饲料、燃料等），降低消耗，抓好生产羊的不同阶段的饲养管理，不可光凭经验，抱着传统的饲养技术不放，而是要对新技术高度敏感，跟上养羊技术进步，只有这样养羊业才能不断提高经济效益。

5. 高度重视防疫工作

一个羊场要想不断提高产品的产量和质量，降低生产成本，增

第十章　羊场经营管理

199

加经济效益，前提是必须保证羊群健康，羊群健康是生产的保证。因此，羊场必须制订科学的免疫程序，严格防疫制度，不断降低羊只死亡率，提高羊群健康水平。

6. 努力降低饲料费用

饲料费占总成本的70%左右。因此必须在饲料上下工夫：一方面要科学配方，在满足生产需要的前提下，广辟饲料来源，尽量降低饲料成本，提高饲料报酬；另一方面要合理喂养，给料时间、给料量、给料方式要讲究科学；最后是减少饲料浪费。

7. 经济实行责任制

实现经济责任制就是要将饲养人员的经济利益与饲养数量、产量、物质消耗等具体指标挂起钩来，并及时兑现，以调动全场生产人员的积极性。

8. 饲草饲料贮备

根据羊场的羊只数量，在每年秋季，要积极准备饲料、饲草，以便在冬春两季更好地饲养，减少不必要的损失。而且保证羊只过冬膘情不会下降，另外，冬季是怀孕季节，这样可以避免母羊流产的发生。

9. 降低羊场非生产性开支

充分合理地节约使用各种工具和其他各种生产设备，提高其利用率和完好率；严格控制间接费用，大力节约非生产性开支，如减少非生产人员和用具、降低行政办公费用、制订合理的物资储备计划、减少资金的长期占用等。

——第十一章——
羊的疾病防治

第一节　羊的卫生防疫措施

羊场卫生防疫措施应遵循中华人民共和国农业行业标准——《无公害食品　肉羊饲养兽医防疫准则》（NY 5149—2002）执行。

羊在生活过程中所发生的疾病是多种多样的，根据其性质，一般分为传染病、寄生虫病和普通病三大类。

羊病防治必须坚持"预防为主"的方针，认真贯彻《中华人民共和国动物防疫法》，采取加强饲养管理、搞好环境卫生、开展防疫检疫、定期驱虫、预防中毒等综合性防治措施，将饲养管理工作和防疫工作紧密结合起来，以取得防病灭病的综合效果。

一　加强饲养管理

1. 坚持自繁自养

羊场或养羊专业户应选养健康的良种公羊和母羊，自行繁殖，以提高羊的品质和生产性能，增强对疾病的抵抗力，并可减少入场检疫的劳务，防止因引入新羊带来病原体。

2. 合理组织放牧

牧草是羊的主要饲料，放牧是羊群获取其营养需要的重要方式。因此，合理组织放牧，与羊的生长发育好坏和生产性能的高低有着十分密切的关系。应根据农区、牧区草场的不同情况，以及羊的品种、年龄、性别的差异，分别编群放牧。为了合理利用草场，减少

牧草浪费和减少羊群感染寄生虫的机会，应推行划区轮牧制度。

3. 适时进行补饲

羊的营养需要主要来自放牧，但当冬季草枯、牧草营养价值下降或放牧采食不足时，必须进行补饲，特别是对正在发育的幼龄羊、怀孕期和哺乳期的成年母羊补饲尤其重要。种公羊如仅靠平时放牧，营养需要难以满足，在配种季节期间则更需要保证较高的营养水平，因此，种公羊多采取舍饲方式，并按饲养标准喂养。

4. 妥善安排生产环节

养羊的主要生产环节是鉴定、剪毛、梳绒、配种、产羔和育羔、羊羔断奶和分群。每一生产环节的安排，应尽量在较短时间内完成，以尽可能增加有效放牧时间；如某些环节影响放牧，要及时给予适当的补饲。

二　搞好环境卫生

养羊的环境卫生好坏，与疫病的发生有密切关系。环境污秽，有利于病原体的孳生和疫病传播。因此，羊舍、羊圈、场地及用具应保持清洁、干燥，每天清除圈舍、场地的粪便及污物，将粪便及污物堆积发酵，30 天左右可作为肥料使用。

羊的饲草，应当保持清洁、干燥，不能用发霉的饲草、腐烂的饲料喂羊；饮水也要清洁，不能让羊饮用污水和冰冻水。

老鼠、蚊、蝇等是病原体的宿主和携带者，能传播多种传染病和寄生虫病。应当清除羊舍周围的杂物、垃圾及乱草堆等，填平死水坑，认真开展杀虫灭鼠工作。

三　严格执行检疫制度

为了做好检疫工作，必须有一定的检疫手续，以便在羊流通的各个环节中，做到层层检疫，环环扣紧，互相制约，从而杜绝疫病传播蔓延。羊从生产到出售，要经入场检疫、收购检疫、运输检疫和屠宰检疫，涉及外贸时，还要进行进出口检疫。出入场检疫是所有检疫中最基本最重要的检疫，只有经检疫而未发生疫病时，方可让羊及其产品进场或出场。羊场或养羊专业户引进羊时，只能从非疫区购入，经当地兽医检疫部门检疫，并签发检疫合格证明书；运抵目的地后，再经本场或专业户所在地兽医验证、检疫并隔离观察 1 个月以上，确认为健康者，经驱虫、消毒，没有注射过疫苗的还要补注疫苗，然后方可与原有羊混群饲养。羊场采用的饲料和用具，也要从安全地区购入，以防疫病传入。

羊大群检疫时，可用检疫夹道，即在普通羊圈内，用木板做成夹道，进口处呈漏斗状，与待检圈相连，出口处有两个活动小门，分别通往健康圈和隔离圈。夹道用厚 2cm、宽 10cm 的木板，做成 75cm 高的栅栏，夹道内的宽度和活动小门的宽度均为 45～50cm。检疫时，将羊赶入夹道内，检疫人员即可在夹道两侧进行检疫。根据检疫结果，打开出口的活动小门，分别将羊赶入健康圈或隔离圈。这种设备除检疫用外，还可作羊的分群用。

四　有计划地进行免疫接种

免疫接种是激发羊体产生特异性抵抗力，使其对某种传染病从易感转化为不易感的一种手段。有组织有计划地进行免疫接种，是预防和控制羊传染病的重要措施之一。目前，我国用于预防羊主要传染病的疫苗见表 11-1。

表 11-1　羊常见疫苗及使用方法

疫苗名称	预防传染病	使用方法
无毒炭疽芽孢苗	羊炭疽	绵羊皮下注射 0.5mL，注射后 14 天产生坚强免疫力，免疫期 1 年。山羊不能用
第 II 号炭疽芽孢苗	羊炭疽	绵羊、山羊均皮下注射 1mL，注射后 14 天产生免疫力，免疫期 1 年
炭疽芽孢氢氧化铝佐剂苗	羊炭疽	此苗一般称浓芽孢苗，使用时，以 1 份浓苗加 9 份 20% 氢氧化铝胶稀释剂，充分混匀后即可注射。使用该疫苗一般可减轻注射反应
布氏杆菌猪型 2 号疫苗	羊布氏杆菌病	山羊、绵羊臀部肌内注射 0.5mL（含菌 50 亿）；阳性羊、3 月龄以下羔羊和怀孕羊均不能注射 饮水免疫时，用量按每只羊服 200 亿菌体计算，两天内分两次饮服；在饮服疫苗前，一般应停止饮水半天。然后用冷的清水稀释疫苗，并应迅速饮喂，疫苗从混合在水内到进入羊体内的时间越短，效果越好。免疫期暂定 2 年

（续）

疫苗名称	预防传染病	使 用 方 法
布氏杆菌羊型5号疫苗	羊布氏杆菌病	室内进行气雾免疫，疫苗用量按室内空间计算，即每立方米用50亿菌，喷雾后羊群需在室内停留30min；室外进行气雾免疫，疫苗用量按羊的只数计算，每只羊用50亿菌，喷雾后羊群需在原地停留20min。在使用此苗进行羊气雾免疫时，操作人员需注意个人防护，应穿工作衣裤和胶靴，戴大而厚的口罩，如不慎被感染出现症状，应及时就医 注射免疫，将疫苗稀释成每毫升含菌50亿，每只羊皮下注射10亿菌 口服免疫，每只羊的用量为250亿菌。本苗免疫期暂定为1年半
破伤风明矾沉降类毒素	破伤风	颈部皮下注射0.5mL。1年注射1次；遇有羊受伤时，再用相同剂量注射1次，若羊受伤严重，应同时在另一侧颈部皮下注射破伤风抗毒素，可预防破伤风。该类毒素注射后1个月产生免疫力，免疫期1年，第二年再注射1次，免疫力可持续4年
破伤风抗毒素	羊紧急预防或防治破伤风之用	皮下或静脉注射，治疗时可重复注射一至数次。预防剂量：1200～3000抗毒单位；治疗剂量：5000～20000抗毒单位。免疫期2～3周
羊快疫、猝狙、肠毒血症三联灭活疫苗	羊快疫、猝狙、肠毒血症	成年羊和羔羊一律皮下或肌内注射5mL，注射后14天产生免疫力，免疫期6个月
羔羊痢疾灭活疫苗	羔羊痢疾	怀孕母羊分娩前20～30天第一次皮下注射2mL，第二次于分娩前10～20天皮下注射3mL。第二次注射后10天产生免疫力。免疫期：母羊5个月，经乳汁可使羔羊获得母源抗体
羊黑疫、快疫混合灭活疫苗	羊黑疫和快疫	氢氧化铝灭活疫苗，羊不论年龄大小均皮下或肌内注射3mL，注射后14天产生免疫力，免疫期1年
羔羊大肠杆菌病灭活疫苗	羔羊大肠杆菌病	3月龄至1岁龄的羊，皮下注射2mL；3月龄以下的羔羊，皮下注射0.5～1.0mL，注射后14天产生免疫力，免疫期5个月

疫苗名称	预防传染病	使用方法
羊厌气菌氢氧化铝甲醛五联灭活疫苗	羊快疫、羔羊痢疾、猝狙、肠毒血症和黑疫	羊不论年龄大小均皮下或肌内注射5mL，注射后14天产生可靠免疫力，免疫期6个月
肉毒梭菌（C型）灭活疫苗	羊肉毒梭菌中毒症	绵羊皮下注射4mL，免疫期1年
山羊传染性胸膜肺炎氢氧化铝灭活疫苗	山羊传染性胸膜肺炎	皮下注射，6月龄以下的山羊3mL，6月龄以上的山羊5mL，注射后14天产生免疫力，免疫期1年。注射后10日内要经常检查，有反应者，应进行治疗。本品用前应充分摇匀，切忌冻结
羊肺炎支原体氢氧化铝灭活疫苗	传染性胸膜肺炎	颈侧皮下注射，成年羊3mL，6月龄以下幼羊2mL，免疫期可达1年半以上
羊痘鸡胚化弱毒疫苗	羊痘	冻干苗按瓶签上标注的疫苗量，用生理盐水25倍稀释，振荡均匀，羊不论年龄大小，一律皮下注射0.5mL，注射后6天产生免疫力，免疫期1年
山羊痘弱毒疫苗	羊痘	皮下注射0.5～1.0mL，免疫期1年
兽用狂犬病ERA株弱毒细胞苗	狂犬病	用灭菌蒸馏水或生理盐水稀释，2月龄以上羊注射2mL。免疫期半年至1年
伪狂犬病弱毒细胞苗	伪狂犬病	冻干苗先加3.5mL中性磷酸盐缓冲液稀释，再稀释20倍。4月龄以上至成年绵羊肌内注射1mL，注苗后6天产生免疫力，免疫期1年
羊链球菌病活疫苗	败血性链球菌病	注射用苗以生理盐水稀释，气雾用苗以蒸馏水稀释。每只羊尾部皮下注射1mL（含50万活菌），2岁以下羊用量减半。露天气雾免疫每头剂量3亿活菌，室内气雾免疫每头剂量3000万个活菌。免疫期1年

注：由于疫苗科学的发展，新型疫苗不断开发，疫苗使用方法也在不断改进，在具体使用疫苗时要详细参看疫苗说明书，按疫苗厂家推荐的方法使用。

免疫接种的效果，与羊的健康状况、年龄大小、是否正在怀孕或哺乳，以及饲养管理条件的好坏有密切关系。因此羊只免疫接种要针对不同情况采取不同措施以获得最佳效果。

免疫接种须按合理的免疫程序进行，各地区、各羊场可能发生的传染病不止一种，而可用来预防这些传染病的疫苗的性质又不尽相同，免疫期长短不一。因此，羊场往往需用多种疫苗来预防不同的病，也需要根据各种疫苗的免疫特性来合理地安排免疫接种的次数和间隔时间，这就是所谓的免疫程序。目前国际上还没有一个统一的羊免疫程序，只能在实践中总结经验，制订出合乎本地区、本羊场具体情况的免疫程序。

五　做好消毒工作

消毒是贯彻"预防为主"方针的一项重要措施。其目的是消灭传染源散播于外界环境中的病原微生物，切断传播途径，阻止疫病继续蔓延。羊场应建立切实可行的消毒制度，定期对羊舍（包括用具）、地面土壤、粪便、污水、皮毛等进行消毒。

1. 羊舍消毒

一般分两个步骤进行：第一步先进行羊舍清扫；第二步用消毒液消毒。清扫是搞好羊舍环境卫生最基本的一种方法。用消毒液消毒时，消毒液的用量，以羊舍内每平方米面积用1L药液计算。常用的消毒药有10%～20%石灰乳、10%漂白粉溶液、0.5%～1.0%菌毒敌（原名农乐，同类产品有农福、农富、菌毒灭等）、0.5%～1.0%二氯异氰尿酸钠溶液（以此药为主要成分的商品消毒剂有"强力消毒灵""灭菌净""抗毒威"等）、0.5%过氧乙酸等。消毒方法是将消毒液盛于喷雾器内，先喷洒地面，然后喷墙壁，再喷天花板，最后再开门窗通风，用清水刷洗饲槽、用具，将消毒药味除去。如羊舍有密闭条件，可关闭门窗，用甲醛熏蒸消毒12～24h，然后开窗通风24h。甲醛的用量为每立方米空间用12.5～50.0mL，加等量水一起加热蒸发，无热源时，也可加入高锰酸钾（每立方米用30g），即可产生高热蒸发。对羊舍的消毒每年可进行两次（春、秋各1次）。对产房的消毒，在产羔前应进行1次，产羔高峰时进行多次，产羔结束后再进行1次。在病羊舍、隔离舍的出入口处应放置浸有消毒液的麻袋片或草垫；消毒液可用2%～4%氢氧化钠、1%菌毒敌（对病毒性疾病），或用10%克辽林溶液（对其他疾病）。

2. 地面土壤消毒

土壤表面可用10%漂白粉溶液、4%福尔马林或10%氢氧化钠溶液消毒。停放过芽孢杆菌所致传染病（如炭疽病）羊尸体的场所，应严格加以消毒，首先用上述漂白粉溶液喷洒地面，然后将表层土壤掘起30cm左右，撒上干漂白粉，并与土混合，将此表层土妥善运出掩埋。其他传染病所污染的地面土壤，则可先将地面翻一下（深度约30cm），在翻地的同时撒上干漂白粉（用量为每平方米面积0.5kg），然后以水洇湿，压平。如果放牧地区被某种病原体污染，一般利用自然因素（如阳光）来消除病原体；如果污染的面积不大，则应使用化学消毒药消毒。

3. 粪便消毒

羊的粪便消毒方法有多种，最实用的方法是生物热消毒法，即在距羊场100～200m以外的地区设一堆粪场，将羊粪堆积起来，上面覆盖10cm厚的沙土，堆放发酵30天左右，即可用作肥料。

4. 污水消毒

最常用的方法是将污水引入污水处理池，加入化学药品（如漂白粉或其他氯制剂）进行消毒，用量视污水量而定，一般1L污水用2～5g漂白粉。

5. 皮毛消毒

患有传染性疾病的羊只生产的羊皮、羊毛均应消毒。应当注意，羊患炭疽病时，严禁从尸体上剥皮；在储存的原料皮中即使只发现1张患炭疽病的羊皮，也应将整堆与它接触过的羊皮进行消毒。皮毛的消毒，目前广泛利用环氧乙烷气体消毒法。消毒时必须在密闭的专用消毒室或密闭良好的容器（常用聚乙烯或聚氯乙烯薄膜制成的篷布）内进行。在室温15℃时，每立方米密闭空间使用环氧乙烷0.4～0.8kg，维持12～48h，相对湿度在30%以上。此法对细菌、病毒、霉菌均有良好的消毒效果，对皮毛等产品中的炭疽芽孢也有较好的消毒作用。

六 实施药物预防

羊场可能发生的疫病种类很多，其中有些病目前已研制出有效的疫苗，还有不少病尚无疫苗可供利用；有些病虽有疫苗但实际应用还有问题，因此，用药物预防这些疫病也是一项重要措施。药物预防通常是以安全而价廉的药物加入饲料和饮水中，让羊群自行采食或饮用。

常用的药物有磺胺类药物、抗生素类药。磺胺类药常拌入饲料或混于饮水中使用。药物占饲料或饮水的比例一般是：磺胺类药，预防量 0.1%～0.2%，治疗量 0.2%～0.5%。一般连用 5～7 天，必要时也可酌情延长。但如长期使用化学药物预防，容易产生耐药性菌株，影响药物的防治效果，因此，要经常进行药敏试验，选择有高度敏感性的药物用于防治。此外，成年羊口服土霉素等抗生素时，常会引起肠炎等中毒反应，必须注意。

饲料添加剂可促进羊的生长发育，而且可增强其抗感染的能力。目前广泛使用的饲料添加剂中含有各种维生素、无机盐、氨基酸、抗氧化剂、抗生素、中草药等，而且每年都在研究改进添加剂的成分和用量，以便不断提高羊的生产性能和抗病能力。

微生态制剂是根据微生态学原理，利用机体正常的有益微生物或其促进物质制成的一种新型活菌制剂，近 10 年来国内外发展很快，广泛用于人类、动物和植物。用于动物者称为动物微生态制剂。目前国内已有促菌生、乳康生、调痢生、健复生等 10 余种制剂。这类制剂的特点是，具有调整动物肠道菌群比例失调、抑制肠道内病原菌增殖、防止幼畜下痢等功能，并有促进动物生长、提高饲料利用率等作用。此类药剂的粉剂可供拌料（用量为饲料的 0.1%～2.0%），片剂可供口服。应避免与抗菌药物同时服用。

七 组织定期驱虫

为了预防羊的寄生虫病，应在发病季节到来之前，用药物给羊群进行预防性驱虫。预防性驱虫的时机，根据寄生虫病季节动态调查确定。例如，某地的肺线虫病主要发生于 11～12 月及翌年的 4～5 月，那就应该在秋末、冬初草枯以前（10 月底或 11 月初）和春末、夏初羊抢青以前（3～4月）各进行1次药物驱虫；也可将驱虫药小剂量地混在饲料内，在整个冬季补饲期间让羊食用。

预防性驱虫所用的药物有多种，应视病的流行情况选择应用。阿苯达唑（丙硫苯咪唑）具有高效、低毒、广谱的优点，对羊常见的胃肠道线虫、肺线虫、肝片吸虫和绦虫均有效，可同时驱除混合感染的多种寄生虫，是较理想的驱虫药物。使用驱虫药时，要求剂量准确，并且要先做小群驱虫试验，取得经验后再进行全群驱虫。驱虫过程中如发现病羊，应进行对症治疗，及时解救出现毒、副作用的羊。

药浴是防治羊的外寄生虫病，特别是羊螨病的有效措施，可在剪毛后10天左右进行。药浴液可用1%敌百虫水溶液或速灭菊酯（80～200mg/L）、溴氰菊酯（50～80mg/L）。药浴可在特建的药浴池内进行，或在特设的淋浴场淋浴，也可用人工方法抓羊在大盆（缸）中逐只洗浴。

八 预防中毒

1. 预防中毒的措施

1）不在生长有毒植物的地区放牧。山区或草原地区，生长有大量的野生植物，是羊的良好天然饲料来源，但有些植物含毒。为了减少或杜绝中毒的发生，要做好有毒植物的鉴定工作，调查有毒植物的分布，不在生长有毒植物的区域内放牧，或实行轮作，铲除毒草。

2）不饲喂霉败饲料。要把饲料储存在干燥、通风的地方；饲喂前要仔细检查，如果发霉变质，应废弃不用。

3）注意饲料的调制、搭配和储藏。有些饲料本身含有有毒物质，饲喂时必须加以调制。如棉籽饼含有游离棉酚，具有毒性，经高温处理后可减毒，减毒后再按一定比例同其他饲料混合搭配饲喂，就不会发生中毒。有些饲料如马铃薯，若储藏不当，其中的有毒物质龙葵素会大量增加，对羊有害，因此应储存在避光的地方，防止变青发芽；饲喂时也要同其他饲料按一定比例搭配。

4）妥善保存农药及化肥。一定要把农药和化肥放在仓库内，由专人负责保管，以免误作饲料，引起中毒。被污染的用具或容器应消毒处理后再使用。

对其他有毒药品如灭鼠药等的运输、保管及使用也必须严格，以免羊接触发生中毒事故。

5）远离水源性毒物。对喷洒过农药和施有化肥的农田排放的水，不应作饮用水；对工厂附近排出的水或池塘内的死水，也不宜让羊饮用。

2. 中毒病羊的急救

羊发生中毒时，要查明原因，及时进行紧急救治。一般原则如下：

（1）除去毒物　有毒物质如系经口摄入，初期可用胃管洗胃，用温水反复冲洗，以排出胃内容物。在洗胃水中加入适量的活性炭，可提高洗胃效果。如中毒发生时间较长，大部分毒物已进入肠道时，应灌服泻剂；一般用盐类泻剂，如硫酸钠或硫酸镁，内服 50 ~ 100g，在泻剂中加活性炭，有利于吸附毒物，效果更好。也可用清水或肥皂水反复给病羊深部灌肠。对已吸收入血液中的毒物，可从颈静脉放血，放血后随即静脉输入相应剂量的5%葡萄糖生理盐水或复方氯化钠注射液，有良好效果。大多数毒物可经肾脏排泄，所以利尿排毒有一定效果，可用利尿素 0.5 ~ 2.0g，或醋酸钾 2 ~ 5g，加适量水给羊内服。

（2）应用解毒药　在毒物性质未确定之前，可使用通用解毒药。其配方是：活性炭或木炭末2份，氧化镁1份，鞣酸1份，混合均匀，每只羊内服20 ~ 30g。该配方兼有吸附、氧化及沉淀三种作用，对于一般毒物都有解毒作用。如毒物性质已确定，则可有针对性地使用中和解毒药（如酸类中毒内服碳酸氢钠、石灰水等，碱类中毒内服食用醋等）、沉淀解毒药（如2% ~ 4%鞣酸或浓茶，用于生物碱或重金属中毒）、氧化解毒药（如静脉注射1%亚甲蓝，每千克体重1mL，用于含生物碱类的毒草中毒）或特异性解毒药（如解磷定只对有机磷中毒有解毒作用，而对其他毒物无效）。

（3）对症治疗　心脏衰弱时，可用强心剂；呼吸功能衰竭时，使用呼吸中枢兴奋剂；病羊不安时，使用镇静剂；为了增强肝脏解毒能力，可大量输液。

九 发生传染病时及时采取措施

羊群发生传染病时，应立即采取一系列紧急措施，就地扑灭，以防止疫情扩大。兽医人员要立即向上级部门报告疫情；同时要立即将病羊和健康羊隔离，不让它们有任何接触，以防健康家畜受到传染；对于发病前与病羊有过直接接触的羊（虽然在外表上看不出有病，但有被传染的嫌疑，一般叫做"可疑感染羊"），不能再同其他健康羊在一起饲养，必须单独圈养，经20天以上的观察不发病，才能与健康羊合群；如有出现病状的羊，则按病羊处理。对已隔离的病羊，要及时进行药物治疗；隔离场所禁止人、畜出入和接近，工作人员出入应遵守消毒制度，隔离区内的用具、饲料、粪便等，未经彻底消毒不得运出；没有治疗价值的病羊，由兽医根据国家规定进行严格处理；病羊尸体要焚烧或深埋，不得随意抛弃。对健康羊和可疑感染羊，要进行疫苗紧急接种或用药物进行预防性治疗。发生口蹄疫、羊痘等急性烈性传染病时，应立即报告有关部门，划定疫区，采取严格的隔离封锁措施，并组织力量尽快扑灭。

第二节 羊病的诊疗和检验技术

一 临床诊断

临床诊断法是诊断羊病最常用的方法。通过问诊、视诊、触诊、叩诊和嗅诊所发现的症状表现及异常变化，综合起来加以分析，往往可对疾病做出诊断，或为进一步检验提供依据。

1. 问诊

问诊是通过询问畜主或饲养员，了解羊发病的有关情况。询问内容一般包括发病时间，发病只数，病前和病后的异常表现，以往的病史、治疗情况，免疫接种情况，饲养管理情况以及羊的年龄、性别等。但在听取其回答时，应考虑所谈情况与当事人的利害关系（责任），分析其可靠性。

2. 视诊

视诊是观察病羊的表现。视诊时，最好先从离病羊几步远的地方观察羊的肥瘦、姿势、步态等情况；然后靠近病羊详细察看被毛、皮肤、黏膜、结膜、粪尿等情况。

（1）肥瘦 一般急性病，如急性鼓胀、急性炭疽等，病羊身体仍然肥壮；相反，一般慢性病，如寄生虫病等，病羊身体多为瘦弱。

（2）姿势 观察病羊一举一动是否与平时相同，如果不同就可能是有病的表现。有些疾病表现出特殊的姿势，如破伤风表现四肢僵直，行动不灵便。

（3）步态 一般健康羊步行活泼而稳定。如果羊患病时，常表现行动不稳，或不喜行走。当羊的四肢肌肉、关节或蹄部发生疾病时，则表现为跛行。

（4）被毛和皮肤 健康羊的被毛，平整而不易脱落，富有光泽。在病理状态下，被毛粗乱蓬松，失去光泽，而且容易脱落。患螨病的羊，患部被毛可成片脱落，同时皮肤变厚变硬，出现蹭痒和擦伤。在检查皮肤时，除注意皮肤的颜色外，还要注意有无水肿、炎性肿胀、外伤，以及皮肤是否温热等。

（5）黏膜 一般健康羊的眼结膜、鼻腔、口腔、阴道和肛门黏膜光滑呈粉红色。如口腔黏膜发红，多半是由于体温升高，身体上有发炎的地方所引起。黏膜发红并带有红点、血丝或呈紫色，是由于严重的中毒或传染病引起的。黏膜呈苍白色，多为患贫血病所引起；呈黄色，多为患黄疸病所引起；呈蓝色，多为肺脏、心脏患病所引起。

（6）吃食、饮水、口腔、粪尿 羊吃食或饮水忽然增多或减少，以及喜欢舔泥土、吃草根等，也是有病的表现，可能是慢性营养不良引起的。反刍减少、无力或停止，表示羊的前胃有病。口腔有病时，如喉头炎、口腔溃疡、舌有烂伤等，打开口腔就可看出来。羊的排粪也要检查，主要检查其形状、硬度、色泽及附着物等。正常时，羊粪呈小球形，没有难闻臭味。病理状态下，粪便有特殊臭味，见于各型肠炎；粪便过于干燥，多为缺水和肠弛缓；粪便过于稀薄，多为肠机能亢进；前部肠管出血粪呈黑褐色，后部出血则呈鲜红色；粪内有大量黏液，表示肠黏膜有卡他性炎症；粪便混有完整谷粒或纤维很粗，表示消化不良；混有纤维素膜时，表示为纤维素性肠炎；混有寄生虫及其节片时，体内有寄生虫。正常羊每天排尿 3～4 次，排尿次数和尿量过多或过少，以及排尿痛苦、失禁，都是有病的征候。

（7）呼吸 正常时，羊每分钟呼吸 12～20 次。呼吸次数增多，见于热性病、呼吸系统疾病、心脏衰弱及贫血、腹压升高等；呼吸次数减少，主要见于某些中毒、代谢障碍、昏迷。另外，还要检查呼吸型、呼吸节律，以及呼吸是否困难等。

3. 嗅诊

诊断羊病时，嗅闻其分泌物、排泄物、呼出气体及口腔气味也很重要。如患肺坏疽时，鼻液带有腐败性恶臭；患胃肠炎时，粪便腥臭或恶臭；消化不良时，可从呼气中闻到酸臭味。

4. 触诊

触诊是用手指或指尖感触被检查的部位，并稍加压力，以便确定被检查的各个器官组织是否正常。触诊常用如下几种方法。

（1）皮肤检查 主要检查皮肤的弹性、温度、有无肿胀和伤口等。羊的营养不好或得过皮肤病，皮肤就没有弹性。发高烧时，皮温会升高。

（2）体温检查 一般用手摸羊耳朵或把手插进羊嘴里去握住舌头，可知道病羊是否发热。但是准确的方法是用体温表测量。在给病羊量体温时，先把体温表的水银柱甩下去，涂上油或水以后，再慢慢插入肛门里，体温表的 1/3 留在肛门外面，插入后滞留的时间一般为 2～5min。羊的体温，一般羔羊比成年羊高一些，热天比冷天高一些，运动后比运动前高一些，这都是正常的生理现象。羊的正常体温是 38～40℃。如高于正常体温，为发热，常见于传染病。

（3）脉搏检查 检查时注意每分钟跳动次数和强弱等。检查羊脉搏的部位，是用手指摸后肢股部内侧的动脉。健康羊每分钟脉搏跳动 70～80 次。羊有病时脉搏的跳动次数和强弱都和正常羊不同。

（4）体表淋巴结检查 主要检查颌下、肩前、膝上和乳房上淋巴结。当羊发生结核病、伪结核病、羊链球菌病时，体表淋巴结往往肿大，其形状、硬度、温度、敏感性及活动性等也会发生变化。

（5）人工诱咳 检查者立在羊的左侧，用右手捏压气管前 3 个软骨环，羊有病时，就容易引起咳嗽。羊患肺炎、胸膜炎、结核时，咳嗽低弱；患喉炎及支气管炎时，则咳嗽强而有力。

5. 听诊

听诊是利用听觉来判断羊体内正常的和有病的声音。最常用的听诊部位为胸部（心、肺）和腹部（胃、肠）。听诊的方法有两种：一种是直接听诊，即将一块布铺在被检查的部位，然后把耳朵紧贴其上，直接听羊体内的声音；另一种是间接听诊，即用听诊器听诊。不论用哪种方法听诊，都应当把病羊牵到安静的地方，以免受外界杂音的干扰。

（1）心脏听诊 心脏跳动的声音，正常时可听到"嘣-冬"两个交替发出的声音。"嘣"音，为心脏收缩时所产生的声音，其特点是低、钝、长、间隔时间短，叫做第一心音。"冬"音，为心脏舒张时所产生的声音，其特点是高、锐、间隔时间长，叫做第二心音。第一、第二心音均增强，见于热性病的初期；第一、第二心音均减弱，见于心脏机能障碍的后期或患有渗出性胸膜炎、心包炎；第一心音增强时，常伴有明显的心搏动增强和第二心音微弱，主要见于心脏衰弱的后期，排血量减少，动脉压下降时；第二心音增强时，见于肺气肿、肺水肿、肾炎等病理过程中。如果在正常心音以外听到其他杂音，多为瓣膜疾病、创伤性心包炎、胸膜炎等。

（2）肺脏听诊 是听取肺脏在吸入和呼出空气时，由于肺脏振动而产生的声音。一般有下列5种。

1）肺泡呼吸音。健康羊吸气时，从肺部可听到"夫"的声音；呼气时，可听到"呼"的声音，这称为肺泡呼吸音。肺泡呼吸音过强，多为支气管炎、黏膜肿胀等；过弱时，多为肺泡肿胀、肺泡气肿、渗出性胸膜炎等。

2）支气管呼吸音。是空气通过喉头狭窄部所发出的声音，类似"赫"的声音。如果在肺部听到这种声音，多为肺炎的肝变期，见于羊的传染性胸膜肺炎等病。

3）啰音。是支气管发炎时，管内积有分泌物，被呼吸的气流冲动而发出的声音。啰音可分为干啰音和湿啰音两种。干啰音甚为复杂，有咝咝声、笛声、口哨声及猫鸣声等，多见于慢性支气管炎、慢性肺气肿、肺结核等。湿啰音类似含漱音、沸腾音或水泡破裂音，多发生于肺水肿、肺充血、肺出血、慢性肺炎等。

4）捻发音。这种声音像用手指捻毛发时所发出的声音，多发生于慢性肺炎、肺水肿等。

5）摩擦音。一般有两种，一为胸膜摩擦音，多发生在肺脏与胸膜之间，多见于纤维素性胸膜炎、胸膜结核等。因为胸膜发炎，纤维素沉积，使胸膜变得粗糙，当呼吸时，互相摩擦而发出声音，这种声音像一手贴在耳上，用另一手的手指轻轻摩擦贴耳的手背所发出的声音。另一种为心包摩擦音，当发生纤维素性心包炎时，心包的两叶失去润滑性，因而伴随心脏的跳动两叶互相摩擦而发出杂音。

（3）腹部听诊 主要是听取腹部胃肠运动的声音。羊健康的时候，于左肷窝可听到瘤胃蠕动音，呈逐渐增强又逐渐减弱的沙沙声，每两分钟可听到3~6次。羊患前胃弛缓或发热性疾病时，瘤胃蠕动音减弱或消失。羊的肠音类似于流水声或漱口声，正常时较弱。在羊患肠炎初期，肠音亢进，便秘时肠音消失。

6. 叩诊

叩诊是用手指或叩诊锤来叩打羊体表部分或体表的垫着物（如手指或垫板），借助所发声音来判断内脏的活动状态。羊的叩诊方法是左手食指或中指平放在检查部位，右手中指由第二指节成直角弯曲，向左手食指或中指第二指节上敲打。叩诊的音响有：清音、浊音、半浊音、鼓音。清音，为叩诊健康羊的胸廓所发出的持续、高而清的声音。浊音，为健康状态下，叩打臀及肩部肌肉时发出的声音；在病理状态下，当羊胸腔积聚大量渗出液时，叩打胸壁出现水平浊音界。半浊音，为介于浊音和清音之间的一种声音，叩打含少量气体的组织（如肺缘）时，可发出这种声音；羊患支气管肺炎时，肺泡含气量减少，叩诊呈半浊音、鼓音；如叩打左侧瘤胃处，发鼓响音，若瘤胃鼓气，则鼓响音增强。

7. 大群检查

羊临床诊断时，如羊的数量不多，可应用上述各种方法，直接进行个体检查。但在运输、仓储等生产环节中，羊的数量较多，不可能逐一进行检查，此时应先作大群检查（初检），从大群羊中先剔出病羊和可疑病羊，然后再对其进行个体检查（复检）。运动、休息和摄食饮水的检查，是对大群羊进行临床检查的三大环节；"眼看、耳听、手摸、检温（即用体温计检查羊的体温）"是对大群羊进行临床检查的主要方法。运用"看、听、摸、检"的方法，通过三大环节的检查，可把大部分病羊从羊群中检查出来。运动时的检查，是在羊群的自然活动和人为驱赶活动时的检查，从不正常的动态中找出病羊。休息时的检查，是在保持羊群安静的情况下，进行"看"和"听"，以检出姿态和声音有异常变化的羊。摄食饮水时的检查，是在羊自然摄食、饮水或喂给少量食物、饮水时进行的检查，以检出摄食、饮水有异常表现的羊。根据羊群流转情况，由车船卸下或者由圈舍赶往饲喂场所时，可重点检查运动时的状态；当在车厢、船舱及圈舍内休息时，可重点检查休息时的状态。有时在休息时的检查之后，将羊轰赶起来，令其走动，以检查其运动时的状态。因此，这三个环节的检查可根据实际情况灵活运用。

(1) 运动时的检查 检查者位于羊群旁边或进入羊群内。首先，观察羊的精神外貌和姿态步样。健康羊精神活泼，步态平稳，不离群，不掉队。而病羊多精神不振，沉郁或兴奋不安，步行跟跄或呈旋回状，跛行，前肢软弱跪地或后肢麻痹，有时突然倒地发生痉挛等。发现有这些异常表现的羊时，应将其剔出做个体检查。其次，注意观察羊的天然孔及分泌物。健康羊鼻镜湿润，鼻孔、眼及嘴角干净，病羊则表现鼻镜干燥，鼻孔流出分泌物，有时鼻孔周围污染脏土杂物，眼角附着脓性分泌物，嘴角流出唾液，发现这样的羊，应将其剔出复检。

(2) 休息时的检查 检查者位于羊群周围，保持一定距离。首先，有顺序地并尽可能地逐只观察羊的站立和躺卧姿态。健康羊吃饱后多合群卧地休息，时而进行反刍，当有人接近时常起立离去。病羊常独自呆立一侧，肌肉震颤及痉挛，或离群单卧，长时间不见其反刍，有人接近也不理睬。发现这样的羊应作进一步检查。其次，与运动时的检查一样要注意羊的天然孔、分泌物及呼吸状态等，当发现口鼻及肛门等处流出异常分泌物及排泄物，鼻镜干燥和呼吸促迫时，也应剔出。再次，注意被毛状态，如发现被毛有脱落之处，无毛部位有痘疹或痂皮时，也要剔出作进一步检查。休息时的检查还要听羊的各种声音，如听到磨牙声、咳嗽声或喷嚏声时，也要剔出复检。

（3）摄食饮水时的检查　是在放牧、喂饲或饮水时对羊的食欲及摄食饮水状态进行的观察。健康羊在放牧时多走在前头，边走边吃草，饲喂时也多抢着吃草，当饮水时或放牧中遇见水时，多迅速奔向饮水处，争先喝水。病羊吃草时，多落在后边，时吃时停，或离群停立不吃草，当全群羊吃饱后，病羊的饥窝（肷部）仍不臌起，饮水时或不喝或暴饮，如发现这样的羊，应予剔出。

二　病料送检

羊群发生疑似传染病时，应采取病料送有关诊断实验室检验。病料的采取、保存和运送是否正确，对疾病的诊断至关重要。

1. 病料的采取

1）剖检前检查。凡发现羊急性死亡时，必须先用显微镜检查其末梢血液抹片中有无炭疽杆菌存在。如怀疑是炭疽，则不可随意剖检，只有在确定不是炭疽时，方可进行剖检。

2）取材时间。内脏病料的采取，须于死亡后立即进行，最好不超过6h，否则时间过长，由于肠内侵入其他细菌，易使尸体腐败，影响病原微生物检出的准确性。

3）器械的消毒。刀、剪、镊子、注射器、针头等应煮沸30min。器皿（玻璃制、陶制、珐琅制等）可用高压灭菌或干烤灭菌。软木塞、橡皮塞置于0.5%的苯酚水溶液中煮沸10min。采取1种病料，使用1套器械和容器，不可混用。

4）病料采取。应根据不同的传染病，相应地采取该病常受侵害的内脏或内容物，如败血性传染病可采取心、肝、脾、肺、肾、淋巴结、胃、肠等；肠毒血症采取小肠及其内容物；有神经症状的传染病采取脑、脊髓等。如无法判定是哪种传染病，可进行全面采取。检查血清抗体时，采取血液，凝固后析出血清，将血清装入灭菌小瓶中送检。为了避免杂菌污染，对病变的检查应待病料采取完毕后再进行。供显微镜检查用的脓、血液及黏液抹片，可按下述方法制作：先将材料置于载玻片上，再用灭菌玻棒均匀涂抹或以另一玻片一端的边缘与载玻片成45°角推抹之；用组织块做触片时，可持小镊

子将组织块的游离面在载玻片上轻轻涂抹即可。做成的抹片、触片，包扎后在载玻片上应注明号码，并另附说明。

2. 病料的保存

病料采取后，如不能立即检验，或需送往有关单位检验时，应当装入容器并加入适量的保存剂，使病料尽量保持新鲜状态。

1）细菌检验材料的保存。将内脏组织块保存于装有饱和氯化钠溶液或30%甘油缓冲盐水的容器中，容器加塞封固。病料如为液体，可装在封闭的毛细玻璃管或试管中送送。饱和氯化钠溶液的配制方法是：蒸馏水100mL、氯化钠38~39g，充分搅拌溶解后，用数层纱布过滤，高压灭菌后备用。30%甘油缓冲盐水溶液的配制方法是：中性甘油30mL、氯化钠0.5g、碱性磷酸钠1g，加蒸馏水至100mL，混合后高压灭菌备用。

2）病毒检验材料的保存。将内脏组织块保存于装有50%甘油缓冲盐水或鸡蛋生理盐水的容器中，容器加塞封固。50%甘油缓冲盐水溶液的配制方法是：氯化钠2.5g、酸性磷酸钠0.46g、碱性磷酸钠10.74g，溶于100mL中性蒸馏水中，加纯中性甘油150mL、中性蒸馏水50mL，混合分装后，高压灭菌备用。鸡蛋生理盐水的配制方法是：先将新鲜鸡蛋表面用碘酒消毒，然后打开将内容物倾入灭菌容器内，按全蛋9份加入灭菌生理盐水1份的比例，摇匀后用灭菌纱布过滤，再加热至56~58℃，持续30min，第二天及第三天按上述方法再加热1次，即可应用。

3）病理组织学检验材料的保存。病理组织学检验材料在10%福尔马林溶液或95%酒精中固定，固定液的用量应为送检病料的10倍以上。如用10%福尔马林溶液固定，应在24h后换新鲜溶液1次。严寒季节为防病料冻结，可将上述固定好的组织块取出，保存于甘油和10%甲醛等量混合液中。

3. 病料的运送

装病料的容器要一一标号，详细记录，并附病料送检单。病料包装要求安全稳妥，对于危险材料、怕热或怕冻的材料要分别采取措施。一般供病原学检验的材料怕热，供病理学检验的材料怕冻。前者应放入加有冰块的保温瓶内送检，如无冰块，可在保温瓶内放入氯化铵 450～500g，加水 1500mL，上层放病料，这样能使保温瓶内保持 0℃达 24h。包装好的病料要尽快运送，长途以空运为宜。

三 给药方法

应根据病情、药物的性质、羊的大小和头数，选择适当的给药方法。

1. 群体给药法

为了预防或治疗羊的传染病和寄生虫病，以及促进畜禽发育、生长等，常常对羊群体施用药物，如抗菌药（四环素族抗生素、磺胺类药等）、驱虫药（如硫苯咪唑等）、饲料添加剂、微生态制剂（如促菌生、调痢生等）等。大群用药前，最好先做小批的药物毒性及药效试验。常用给药方法有以下两种。

（1）混饲给药 将药物均匀混入饲料中，让羊吃料时能同时吃进药物。此法简便易行，适用于长期投药。不溶于水的药物用此法更为恰当。应用此法时要注意药物与饲料的混合必须均匀，并应准确掌握饲料中药物所占的比例；有些药适口性差，混饲给药时要少添多喂。

（2）混水给药 将药物溶解于水中，让羊只自由饮用。有些疫苗也可用此法投服。对因病不能吃食但还能饮水的羊，此法尤其适用。采用此法须注意根据羊可能饮水的量，来计算药量与药液浓度。在给药前，一般应停止饮水半天，以保证每只羊都能饮到一定量的水。所用药物应易溶于水。有些药物在水中时间长了易破坏变质，此时应限时饮用药液，以防止药物失效。

2. 口服法

（1）长颈瓶给药法 当给羊灌服稀药液时，可将药液倒入细口长颈的玻璃瓶、塑料瓶或一般的酒瓶中，抬高羊的嘴巴，给药者右手拿药瓶，左手用食、中二指自羊右口角伸入口内，轻轻压迫舌头，羊口即张开；然后，右手将药瓶口从左口角伸入羊口中，并将左手抽出，待瓶口伸到舌头中段，即抬高瓶底，将药液灌入。

（2）药板给药法 专用于给羊服用舔剂。舔剂不流动，在口腔中不会向咽部滑动，因而不致发生误咽。给药时，用竹制或木制的药板。药板长约 30cm、宽约 3cm、厚约 3mm，表面须光滑没有棱角。

给药者站在羊的右侧，左手将开口器放入羊口中，右手持药板，用药板前部刮取药物，从右口角伸入口内到达舌根部，将药板翻转，轻轻按压，并向后抽出，把药抹在舌根部，待羊下咽后，再抹第二次，如此反复进行，直到把药给完。

3. 灌肠法

灌肠法是将药物配成液体，直接灌入直肠内。羊可用细橡皮管灌肠。先将直肠内的粪便清除，然后在橡皮管前端涂上凡士林，插入直肠内，把连接橡皮管的盛药容器提高到羊的背部以上。灌肠完毕后，拔出橡皮管，用手压住肛门或拍打尾根部，以防药液排出。灌肠药液的温度应与体温一致。

4. 胃管法

羊插入胃管的方法有两种，一是经鼻腔插入，二是经口腔插入。

1）经鼻腔插入。先将胃管插入鼻孔，沿下鼻道慢慢送入，到达咽部时，有阻挡感觉，待羊进行吞咽动作时乘机送入食道；如不吞咽，可轻轻来回抽动胃管，诱发吞咽。胃管通过咽部后，如进入食道，继续深送会感到稍有阻力，这时要向胃管内用力吹气，或用橡皮球打气，如见左侧颈沟有起伏，表示胃管已进入食道。如胃管误入气管，多数羊会表现不安、咳嗽，继续深送，感觉毫无阻力，向胃管内吹气，左侧颈沟看不见波动，用手在左侧颈沟胸腔入口处摸不到胃管，同时，胃管末端有与呼吸一致的气流出现。如胃管已进入食道，继续深送即可到达胃内。此时从胃管内排出酸臭气体，将胃管放低时则流出胃内容物。

2）经口腔插入。先装好木质开口器，用绳固定在羊头部，将胃管通过木质开口器的中间孔，沿上腭直插入咽部，借吞咽动作胃管可顺利进入食道，继续深送，胃管即可到达胃内。

胃管插入正确后，即可接上漏斗灌药。药液灌完后，再灌少量清水，然后取掉漏斗，用嘴对胃管吹气，或用橡皮球打气，使胃管内残留的液体完全入胃，用拇指堵住胃管管口，或折叠胃管，慢慢抽出。该法适用于灌服大量水剂及有刺激性的药液。患咽炎、咽喉炎和咳嗽严重的病羊，不可用胃管灌药。

5. 注射法

注射法是将灭过菌的液体药物，用注射器注入羊的体内。注射前，要将注射器和针头用清水洗净，于沸水中煮 30min。注射器吸入药液后要直立推进注射器活塞，排除管内气泡，再用酒精棉花包住针头，准备注射。

第三节　羊的主要传染病

一　炭疽

炭疽是人畜共患的急性、热性、败血性传染病。羊多呈最急性，突然发病，眩晕，可视黏膜发绀，天然孔出血。

1. 流行特点

各种家畜及人对该病都有易感性，羊的易感性高。病羊是主要传染源，濒死病羊体内及其排泄物中常有大量菌体，若尸体处理不当，炭疽杆菌形成芽孢并污染土壤、水、牧地，则可成为长久的疫源地。羊吃了污染的饲料或饮水而感染，也可经呼吸道和由吸血昆虫叮咬而感染。本病多发于夏季，呈散发或地区性流行。

2. 临床症状

多为最急性，突然发病，患羊昏迷，眩晕，摇摆，倒地，呼吸困难，结膜发绀，全身战栗，磨牙，口、鼻流出血色泡沫，肛门、阴门流出血液，而且不易凝固，数分钟即可死亡。羊病情缓和时，兴奋不安，行走摇摆，呼吸加快，心跳加速，黏膜发绀，后期全身痉挛，天然孔出血，数小时内即可死亡。

3. 病理变化

死后尸体迅速腐败而极度鼓胀，天然孔流血。血液呈酱油色煤焦油样，凝固不良，可视黏膜发绀或有点状出血，尸僵不全。对死于炭疽的羊，严禁解剖。

4. 鉴别诊断

炭疽和羊快疫、羊肠毒血症、羊猝狙、羊黑疫在临床症状上相似，都是突然发病，病程短促，很快死亡，应注意鉴别诊断。其中羊快疫用病羊肝被膜触片，亚甲蓝染色，镜检可发现无关节长丝状的腐败梭菌。羊肠毒血症在病羊肾脏等实质器官内可见 D 型产气荚膜梭菌，在肠内容物中能检出产气荚膜梭菌 ε 毒素。羊猝狙用病羊

体腔渗出液和脾脏抹片，可见 C 型产气荚膜梭菌，从小肠内容物中能检出产气荚膜梭菌 β 毒素。羊黑疫用病羊肝坏死灶涂片可见两端钝圆、粗大的 B 型诺维氏梭菌。

5. 防治措施

经常发生炭疽及受威胁地区的易感羊，每年均应作预防接种。目前，我国应用的有两种疫苗：一种是无毒炭疽芽孢苗（对山羊毒力较强，不宜使用），对绵羊可皮下接种 0.5mL，另一种是第 Ⅱ 号炭疽芽孢苗，山羊和绵羊均皮下接种 1mL。

山羊和绵羊的炭疽，病程短，常来不及治疗。对病程稍缓和的病羊治疗时，必须在严格隔离条件下进行。可采用特异血清疗法结合药物治疗。病羊皮下或静脉注射抗炭疽血清 50～100mL，12h 后体温不下降就再注射 1 次，病初应用效果好。炭疽杆菌对青霉素、土霉素敏感。其中青霉素最为常用，注射青霉素，大羊 20 万～40 万国际单位，小羊 10 万～20 万国际单位，每隔 4～6h 注射 1 次。注射 10% 磺胺噻唑钠，第 1 次 40～60mL，以后每隔 8～12h 注射 20～30mL。直到体温下降后再继续注射 2～3 天。

有炭疽病例发生时，应及时隔离病羊，对污染的羊舍、用具及地面要彻底消毒，可用 10% 热氢氧化钠或 20% 漂白粉连续消毒 3 次，间隔 1h。病羊群除去病羊后，全群应用抗菌药 3 天，有一定预防作用。

三、口蹄疫

口蹄疫是由口蹄疫病毒引发的一种急性、热性和传播极为迅速的接触性传染病，在偶蹄动物中多有发生，显著特征为牲畜的蹄、乳头、乳房、口腔黏膜等处形成水疱。该病对幼畜的伤害较大，羔羊患病后的死亡率可达 50%～70%。

1. 流行特点

羊口蹄疫的流行仅次于牛，病羊和潜伏期带毒羊是主要的传染源，病毒大量存在于水疱皮和水疱液内。本病可经消化道、呼吸道以及受损伤的黏膜、皮肤等途径传染，有时可波及整个羊群或某一地区，给养羊业造成巨大损失。

2. 临床症状

病羊流涎、食欲下降或废绝、反刍减少或停止、初期体温升高可达40~41℃。在病羊的口腔黏膜、阴道、蹄部和乳房部位出现小水疱和烂斑，出现跛行症状。

3. 病理变化

剖检时发现在气管、支气管、咽喉和前胃黏膜见到水疱和烂斑。在羔羊发现心包膜有散在出血点，前胃和大、小肠黏膜可见出血性炎症，心肌切面呈淡黄色或灰白色斑点或条纹，一般称为"虎斑心"，且心肌松软。如果卫生条件不良则会造成继发感染，导致败血症和局部化脓、坏死，并使孕羊流产。

4. 防治措施

对于该病重在预防，应在平时做好消毒工作，按时注射疫苗。一旦发病，立即将病畜隔离、严格消毒并及时治疗。

(1) 常规性预防措施

1) 接种疫苗。常发生口蹄疫的地区，应根据发生口蹄疫的类型，每年对所有羊只注射相应的口蹄疫疫苗，包括弱毒疫苗、灭活疫苗、康复血清或高免血清、合成肽疫苗、核酸疫苗等。

2) 彻底消毒。采用5%氨水、2%~4%氢氧化钠溶液、10%石灰乳、0.2%~0.5%过氧乙酸、1%强力消毒灵、环氧乙烷、甲醛气体等进行测定消毒。

3) 紧急预防措施。坚持"早发现，严封锁，小范围内及时扑灭"的原则，并对未发病的家畜进行紧急预防接种。

(2) 发生疫情应采取的措施

1) 发生疫情立即上报，实行严密的隔离、治疗、封闭、消毒，限期消灭疫情。将病羊隔离治疗，对养殖点进行封锁隔离，并进行全面彻底消毒，可用消毒药农福、卫康或0.2%过氧乙酸溶液消毒，每天两次，外环境可用2%氢氧化钠溶液消毒。

2) 病死羊及其污染物一律深埋，并彻底消毒。

3) 在严格隔离的条件下，及时对病羊进行护理与治疗。护理时，把病羊隔离在清洁的栏内，多饮清水。精心饲养，加强护理，给予柔软的饲料。对吃食有困难的病羊，要耐心饲喂米粥或易消化的食物，或用胃管饲喂。治疗时，口腔溃烂的病羊要用冰硼散或碘甘油涂擦。蹄部用3%克辽林溶液或来苏儿液，0.1%高锰酸钾溶液洗涤，擦干后涂松馏油或鱼石脂软膏等，再用绷带包扎。在最后一头病羊痊愈或屠宰后14天内未再出现新的病例，并经全面彻底消毒后方可解除封锁。

三 布氏杆菌病

布氏杆菌病是由布氏杆菌引起的人、畜共患传染病，简称"布病"。近年来在一些地区呈散发流行，给人、畜健康造成严重危害。羊感染后，以母羊发生流产和公羊发生睾丸炎为特征。

1. 流行特点

母羊较公羊易感性高，性成熟后对本病极为易感。消化道是主要感染途径，也可经配种感染。羊群一旦感染此病，主要表现是孕羊流产，开始仅为少数，以后逐渐增多，严重时可达半数以上，多数病羊流产1次。

2. 临床症状

多数病例为隐性感染。病羊最主要的临床症状是流产，预兆是性器官水肿与充血，从阴道内流出黏性黄褐色或淡红色的分泌物，以及乳房肿胀。有的突然流产或产后病羊很快死亡，并出现胎衣不下、子宫炎、关节炎、乳房炎，流产多发生在怀孕后的3~4个月。有时患病羊发生关节炎和滑液囊炎而致跛行，公羊发生睾丸炎，少部分病羊发生角膜炎和支气管炎。

3. 病理变化

剖检常见的病变是胎衣部分或全部呈黄色胶样浸润，其中有部分覆有纤维蛋白和脓液，胎衣增厚并有出血点。流产胎儿主要为败血症病变，浆膜与黏膜有出血点与出血斑，皮下和肌肉间发生浆液性浸润，脾脏和淋巴结肿大，肝脏中出现坏死灶。公羊得病时，可发生化脓性坏死性睾丸炎和附睾炎，睾丸肿大，后期睾丸萎缩。

4. 防治措施

本病无治疗价值，一般不予治疗。发病后的防治措施是：用试管凝集或平板凝集反应进行羊群检疫，发现呈阳性和可疑反应的羊均应及时隔离，以淘汰屠宰为宜。严禁与假定健康羊接触。必须对污染的用具和场所进行彻底消毒，流产胎儿、胎衣、羊水和产道分泌物应深埋。凝集反应阴性羊用布氏杆菌猪型2号弱毒苗或羊型5号弱毒苗进行免疫接种。

四 羊传染性脓疱病

羊传染性脓疱病俗称口疮，是由传染性脓胞病毒引起羊的一种急性接触性传染病。病羊以口唇、鼻镜、眼圈、乳房、蹄部等处黏膜和皮肤上形成丘疹、水疱、脓疱，破溃后形成疣状厚痂为特征。

1. 流行特点

本病以3~6月龄的羔羊发病为多，常呈群发性流行。成年羊也可感染发病，但呈散发性流行。病羊和带毒羊为传染源，主要通过损伤的皮肤、黏膜感染。本病多发生于气候干燥的秋季，无性别和品种差异。自然感染是由于引入病羊或带毒羊，或者利用被病羊污染的厩舍或牧场而引起。由于病毒的抵抗力较强，本病在羊群内可连续危害多年。

2. 临床症状

病羊精神不振，呆立于墙角，采食量减少，反刍减弱，而后在嘴唇及口角周围出现散在的红斑，逐渐变为丘疹和小结节，继而成为水疱和脓疱，逐渐融合破裂，结成黄色或棕色的疣状硬痂，撕破硬痂后表面出血，有的病变可蔓延至鼻孔和眼周围。病例较轻的，1~2周后痂皮干燥脱落后恢复正常。重症病例在溃疡边增生如乳头状瘤，使齿龈红肿、唇舌肿胀变厚，在舌、颊、软腭及硬腭上产生水疱、脓疱，破裂后形成烂斑，口腔内的脓疱破裂后形成溃疡。患部相互融合结痂，结痂后痂垢不断加厚，痂垢下伴有肉芽组织增生，使整个嘴唇肿大呈桑葚状外翻，严重影响采食。病羊被毛枯燥，日渐消瘦，最后衰竭死亡。

少数病羊在蹄部、乳房、阴唇及大腿内侧发生脓疱，破裂后形成烂斑，阴唇肿胀，阴道内流出黏性或脓性分泌物。蹄部患病的病羊肢体运动受到影响，呈跛行或卧地。

3. 诊断要点

（1）现场诊断 根据流行病学、临床症状进行综合诊治。流行特点主要是在秋季散发，羔羊易感。临床症状主要是在口唇、阴部

和皮肤、黏膜形成丘疹、脓疱、溃疡和疣状厚痂。

（2）实验室诊断 现场诊断有困难时，采取病料送实验室检查。

4. 治疗措施

以"清洗患部、消炎、收敛"为治疗原则。将患病羊进行隔离饲养，喂以优质饲草和精料，最好是鲜青草、软干草、玉米面和麸皮等。对其病变部位用镊子去除坏死组织和污物，用 0.2% 的高锰酸钾溶液冲洗创面，伤口涂以 3% 的碘酊或 3% 的甲紫，一天 3 次，剥掉的痂垢或伪膜要集中烧毁，以防散毒。

痂垢较硬时，先用水杨酸软膏将其软化，除去痂垢后用 0.2% 的高锰酸钾溶液冲洗创面，然后再涂以碘甘油等药物，每天 3 次，直至伤口愈合为止。

蹄部发生病变的患羊可将其蹄部置于 10% 的福尔马林溶液中浸泡 3 次，一次 1min，间隔 5~6h，于次日用 3% 的甲紫溶液等药物涂拭患部。

为了防止继发感染，可用青霉素、链霉素等抗生素配合磺胺类药物进行治疗，还可同时喂服吗啉胍片，用量为 50mg/ 次·只，一天 2 次，连续用药 5 天。本着去腐生肌、消炎止痛的原则，配合中药治疗，在清洗患病部位后将药涂敷在病灶上，效果良好。

五 羔羊大肠杆菌病

羔羊大肠杆菌病是由致病性大肠杆菌所引起的一种幼羔急性、致死性传染病。临床上表现为腹泻和败血症。

1. 流行特点

多发生于数日至 6 周龄的羔羊，有些地区 3~8 月龄的羊也有发生，呈地区性流行，也有散发的。该病的发生与气候不良、营养不足、场地潮湿污秽等有关。放牧季节很少发生，冬春舍饲期间常发。经消化道感染。依据临床症状、病理变化和流行情况，可作出初步诊断，确诊须进行实验室诊断。

2. 临床症状

该病潜伏期 1~2 天。分为败血型和下痢型两型。

（1）败血型 多发生于 2~6 周龄羔羊。病羊体温 41~42℃，精神沉郁，迅速虚脱，有轻微的腹泻或不腹泻，有的带有神经症状，运步失调、磨牙、视力障碍，也有的病例出现关节炎，多于病后 4~12h 死亡。

（2）下痢型 多发生于 2~8 日龄新生羔。病初体温略高，出现腹泻后体温下降，粪便呈半液状，带有气泡，有时混有血液。羔羊表现腹痛，虚弱，严重脱水，不能起立。如不及时治疗，可于 24~36h 死亡，病死率为 15%~17%。

3. 病理变化

败血型者剖检胸、腹腔和心包见大量积液，内有纤维素样物；关节肿大，内含混浊液体或脓性絮片；脑膜充血，有许多小出血点。下痢型者主要为急性胃肠炎变化，胃内乳凝块发酵，肠黏膜充血、水肿和出血，肠内混有血液和气泡，肠系膜淋巴结肿胀，切面多汁或充血。

4. 防治措施

大肠杆菌对土霉素、磺胺类药物都有敏感性，但必须配合护理和其他对症疗法。土霉素按每日每千克体重 20~50mg，分 2~3 次口服；或按每日每千克体重 10~20mg，分两次肌内注射；20% 磺胺嘧啶钠 5~10mL，肌内注射，每日两次；或口服复方新诺明，每次每千克体重 20~25mg，1 日 2 次，连用 3 天。也可使用微生态制剂，如促菌生等，按说明拌料或口服，使用此制剂时，不可与抗菌药物同用。新生羔再加胃蛋白酶 0.2~0.3g。对心脏衰弱的，皮下注射 25% 安钠咖 0.5~1.0mL；对脱水严重的，静脉注射 5% 葡萄糖盐水 20~100mL；对有兴奋症状的病羔，用水合氯醛 0.1~0.2g 加水灌服。预防本病，主要是对母羊加强饲养管理，做好抓膘、保膘工作，保证新生羔羊健壮、抗病力强。同时应注意羔羊的保暖。特异性预防可使用灭活疫苗。对病羔要立即隔离，及早治疗。对污染的环境、用具要用 0.1% 高锰酸钾溶液消毒。

巴氏杆菌病

巴氏杆菌病也称羊出血性败血病，是由多杀性巴氏杆菌所引起羊的败血症和肺炎为特征的传染病，主要是由于饲养管理因素和各种应激因素引起，是养羊生产中最常见的疾病之一。

1. 流行特点

多种动物对多杀性巴氏杆菌都有易感性。在绵羊多发于幼龄羊和羔羊，山羊不易感染。病羊和健康带菌羊是传染源。病原随分泌物和排泄物排出体外，经呼吸道、消化道及损伤的皮肤而感染。带菌羊在受寒、长途运输、饲养管理不当、抵抗力下降时，可发生自体内源性感染。

2. 临床症状

该羊群死亡情况有最急性死亡、急性和慢性死亡，其症状按病程长短可分为最急性、急性和慢性三种。

（1）最急性型 多见于哺乳羔羊，大多无明显症状而突然发病，个别的呈现呆立、恶寒战栗、呼吸困难、体质虚弱等症状，几分钟至几小时内便死亡。

（2）急性型 急性型病羊，精神萎靡，食欲减退或废绝，体温升至 41～42℃，被毛杂乱，可视黏膜发绀，呼吸困难、咳嗽、打喷嚏，鼻孔流出脓性黏液，并且混有血丝或血块；发病初期便秘，到了后期出现腹泻，粪便呈血水样；消瘦，运动失调，四肢僵直，无法正常运动，颈部、胸下部发生水肿。由于腹泻较严重，最终病羊虚脱而死，病程 2～5 天。怀孕母羊、体弱羊及羔羊发病较多，发病率高达 20%～30%，致死率高达 40%～50%。

（3）慢性型 慢性型病羊表现为精神沉郁，食欲减退，渐进性消瘦，咳嗽、呼吸困难，鼻腔流出脓性分泌物，有时可见颈部和胸下部发生水肿，患羊由于腹泻而极度消瘦，粪便恶臭，个别可见有角膜炎等症状，体温逐渐下降，最终因极度衰弱而死，病程可达 2～3 周，甚至更长时间。

3. 病理变化

最急性型剖检可见全身淋巴肿胀，浆膜、黏膜可见有出血点，其他脏器无明显变化。

急性型剖检可见皮下有浆液性浸润和小点状出血点，咽喉和气管有出血点；气管黏膜肿胀发炎，胸腔内有黄色渗出物；咽喉淋巴结、肺门淋巴结及肠系膜淋巴结肿胀、出血，切面质脆、多汁且外翻，肺淤血，颜色暗红，有出血点；心包积液，内有黄色混浊液体，冠状沟处有针尖大小的出血点，肝脏肿胀、淤血；个别病羊肝脏有灰白色针头大小的坏死灶，脾肾没有明显变化，胃肠道黏膜弥漫性出血、水肿和溃疡。

慢性型剖检病变主要在胸腔，常见纤维素性胸膜肺炎和心包炎，肝脏肿胀，有局部坏死灶，病程较长的羊只群体消瘦，皮下呈胶冻样浸润。

4. 防治措施

（1）预防措施

1）加强饲养管理，及时清扫圈舍内外粪便及异物，将粪便堆放在指定地方并进行消毒和发酵处理。严格执行消毒制度，圈舍、地面及过道定期进行消毒，并定期带羊喷雾消毒。

2）注意防寒保暖，加强通风，控制好饲养密度，保持圈舍干燥。

3）定期进行驱虫，杀灭圈舍内外的昆虫及蚊蝇等。

4）春、秋两季给羊群接种羊巴氏杆菌灭活苗，用量为 1 ~ 1.5mL/只。

（2）治疗措施

用青霉素每千克体重 3 万国际单位、链霉素 1.5 万国际单位混合肌内注射，同时，用 20% 磺胺嘧啶钠每千克体重注射 2 ~ 5mL，一天 2 次，连用 3 ~ 5 天，再用磺胺嘧啶片研成粉，按 0.5% 的量添加在饲料中，连喂 7 ~ 10 天。必要时用高免血清或疫苗给羊作紧急免疫接种。也可用以下方法进行治疗：

青霉素 3 万国际单位/kg、链霉素 1.5 万国际单位/kg 混合肌内注射，每天 2 次，连用 3 天。地塞米松 4 ~ 12mg，安钠咖 0.5 ~ 2g 分别肌内注射，每天 2 次，连用 3 天。

为防止细菌耐药，待病情缓解后可改用氟苯尼考每千克体重 10mg，硫酸卡那霉素每千克体重 1.5 万国际单位，地塞米松 4 ~ 12mg，分别肌内注射，每天 1 次，直至康复。

对食欲废绝、高烧不退的重症病羊加用 30% 安乃近 3 ~ 5mL 肌内注射，5% 糖盐水 250 ~ 500mL、安钠咖 1g、维生素 C 5mL 混合静脉滴注。也可用 10% 葡萄糖 250mL、10% 磺胺嘧啶每千克体重

0.2mL、40%乌洛托品 10～20mL 混合静脉滴注，每天 1 次，连用 3 天。使用上述药物的同时饮用口服补液盐增加营养，调整电解质平衡，有利于病羊恢复。上述药物在体温、呼吸等生理指征恢复正常后巩固 1～2 天，防止复发。

七　肉毒梭菌中毒症

肉毒梭菌中毒症是由于食入肉毒梭菌毒素而引起的急性致死性疾病。其特征为运动神经麻痹和延脑麻痹。

1. 流行特点

肉毒梭菌的芽孢广泛分布于自然界，土壤为其自然居留地，在腐败尸体和腐烂饲料中含有大量的肉毒梭菌毒素，所以该病在各个地区都可发生。各种畜、禽都有易感性，主要由于食入霉烂饲料、腐败尸体和已有毒素污染的饲料、饮水而发病。

2. 临床症状

患病初期呈现兴奋症状，共济失调，步态僵硬，行走时头弯于一侧或作点头运动，尾向一侧摆动。流涎，有浆液性鼻涕。呈腹式呼吸，终因呼吸麻痹而死。

3. 病理变化

病尸剖检一般无特异变化，有时在胃内发现骨片、木石等物，说明生前有异嗜癖。咽喉和会厌处有灰黄色被覆物，其下面有出血点，胃肠黏膜可能有卡他性炎症和小点状出血，心内外膜也可能有小点状出血，脑膜可能充血，肺可能发生充血和水肿。

4. 防治措施

通过调查发病原因和发病经过并结合临床症状和病理变化，可作出初步诊断，确诊必须检查饲料和尸体内有无毒素存在。

特异性治疗可用肉毒毒素多价抗血清，但须早期使用，同时使用泻剂进行灌肠，以帮助排出肠内的毒素。遇有体温升高者，注射抗生素或磺胺类药物以防发生肺炎。预防本病，平时应注意环境卫生，在牧场羊舍中如发现动物尸体和残骸应及时清除，特别注意不用腐败饲料喂羊。平时在饲料中配入适量的食盐、钙和磷等，以防止动物发生异嗜癖，舔食尸体和残骸等。发现该病时，应查明毒素来源，予以清除。.

八　羊肠毒血症

羊肠毒血症又称"软肾病"或"类快疫"，是由 D 型产气荚膜梭菌在羊肠道内大量繁殖产生毒素引起的主要发生于绵羊的一种急性毒血症。本病以急性死亡、死后肾组织易于软化为特征。

1. 流行特点

发病以绵羊为多，山羊较少。以 2～12 月龄、膘情较好的羊只为主。羊只采食被芽孢污染的饲草或饮水，芽孢随之进入消化道，一般情况下并不引起发病。当饲料突然改变，特别是从吃干草改为采食大量谷类或青嫩多汁和富含蛋白质的草料之后，导致羊的抵抗力下降和消化功能紊乱，D 型产气荚膜梭菌在肠道迅速繁殖，产生大量 ε 原毒素，经胰蛋白酶激活变为 ε 毒素，毒素进入血液，引起全身毒血症，发生休克而死。本病的发生常表现一定的季节性，牧区以春夏之交抢青时和秋季牧草结籽后的一段时间发病为多；农区则多见于收割抢茬季节或采食大量富含蛋白质饲料时。一般呈散发性流行。

2. 临床症状

本病发生突然，病羊呈腹痛、肚胀症状。患羊常离群呆立、卧地不起或独自奔跑。濒死期发生肠鸣或腹泻，排出黄褐色水样稀粪。病羊全身颤抖，磨牙，头颈后仰，口鼻流沫，于昏迷中死去。体温一般不高，血、尿常规检查有血糖、尿糖升高现象。

3. 病理变化

病变主要限于消化道、呼吸道和心血管系统。真胃内有未消化的饲料；肠道特别是小肠充血、出血，严重者整个肠段肠壁呈血红色或有溃疡。肺脏出血、水肿。肾脏软化如泥样一般认为是一种死后的变化。体腔积液，心脏扩张，心内、外膜有出血点。

4. 类症鉴别

本病应与炭疽、巴氏杆菌病和羊快疫等相鉴别。

1）羊肠毒血症与炭疽的鉴别。炭疽可致各种年龄的羊只发病，临床检查有明显的体温反应，死后尸僵不全，可视黏膜发绀，天然孔流血，血液凝固不良。如剖检可见脾脏高度肿大。细菌学检查可发现具有荚膜的炭疽杆菌，此外，炭疽环状沉淀试验也可用于鉴别诊断。

2）羊肠毒血症与巴氏杆菌病的鉴别。巴氏杆菌病病程多在 1 天以上，临床表现有体温升高，皮下组织出血性胶样浸润，后期则呈现肺炎症状。病料涂片镜检可见革兰氏阴性、两极染色的巴氏杆菌。

3）羊肠毒血症与羊快疫的鉴别参见羊快疫。

5. 防治措施

1）常发病地区，每年定期接种"羊快疫、肠毒血症、猝狙三联苗"或"羊快疫、肠毒血症、猝狙、羔羊痢疾、黑疫五联苗"，羊只不论大小，一律皮下或肌内注射 5mL，注苗后 2 周产生免疫力，保护期达半年。

2）加强饲养管理，农区、牧区春夏之际少抢青、抢茬，秋季避免采食过量结籽牧草。发病时及时转移至高燥牧地草场。

3）本病病程短促，往往来不及治疗。羊群出现病例多时，对未发病羊只可内服 10% ~20% 石灰乳 500 ~1000mL 进行预防。

九　羊快疫

羊快疫是由腐败梭菌经消化道感染引起的主要发生于绵羊的一种急性传染病。本病以突然发病，病程短促，真胃出血性炎性损害为特征。

1. 流行特点

发病羊多为 6 ~18 月龄、营养较好的绵羊，山羊较少发病。主要经消化道感染。腐败梭菌以芽孢体形式散布于自然界，特别是潮湿、低洼或沼泽地带。羊只采食污染的饲草或饮水，芽孢体随之进入消化道，但并不一定引起发病。当存在诱发因素时，特别是秋冬或早春季节气候骤变、阴雨连绵之际，羊寒冷饥饿或采食了冰冻带霜的草料时，机体抵抗力下降，腐败梭菌即大量繁殖，产生外毒素，使消化道黏膜发炎、坏死并引起中毒性休克，使患羊迅速死亡。本病以散发性流行为主，发病率低而病死率高。

2. 临床症状

患病羊往往来不及表现临床症状即突然死亡，常见在放牧时死于牧场或早晨发现死于圈舍内。病程稍缓者，表现为不愿行走，运动失调，腹痛、腹泻，磨牙抽搐，最后衰弱昏迷，口流带血泡沫，多于数分钟或几小时内死亡，病程极为短促。

3. 病理变化

病死羊尸体迅速腐败鼓胀。剖检见可视黏膜充血呈暗紫色。体腔多有积液。特征性表现为真胃出血性炎症，胃底部及幽门部黏膜可见大小不等的出血斑点及坏死区，黏膜下发生水肿。肠道内充满气体，常有充血、出血、坏死或溃疡。心内、外膜可见点状出血。胆囊多肿胀。

羊快疫应与炭疽、羊肠毒血症和羊黑疫等类似疾病相鉴别。

（1）羊快疫与炭疽的鉴别　羊快疫与炭疽的临床症状和病理变化较为相似，可通过病原学检查区别腐败梭菌和炭疽杆菌。此外，也可采集病料做炭疽沉淀试验进行区别诊断。

（2）羊快疫与羊肠毒血症的鉴别　羊快疫与羊肠毒血症在临床表现上很相似，可通过以下几方面进行区别：

1）羊快疫多发于秋冬和早春，多见于阴洼潮湿地区，诱因常为气候骤变，阴雨连绵，风雪交加，特别是在采食了冰冻带霜的草料时多发。羊肠毒血症在牧区多发于春夏之交和秋季，农区则多发于夏秋收割季节，羊采食过量谷类或青嫩多汁及富含蛋白质的草料时发生。

2）有肠毒血症时病羊常有血糖和尿糖升高现象，羊快疫则无。

3）羊快疫有显著的真胃出血性炎症，羊肠毒血症则多见肾脏软化。

4）羊快疫病例肝被膜触片可见无关节长丝状的腐败梭菌，羊肠毒血症病例肾脏等实质器官可检出 D 型产气荚膜梭菌。

（3）羊快疫与羊黑疫的鉴别　羊黑疫的发生常与肝片吸虫病的流行有关。羊黑疫病例真胃损害轻微，肝脏多见坏死灶。病原学检查，羊黑疫病例可检出诺维氏梭菌；羊快疫病例则可检出腐败梭菌，而且可观察到腐败梭菌呈无关节长丝状的特征。

4. 防治措施

1）常发病地区，每年定期接种"羊快疫、肠毒血症、猝狙三联苗"或"羊快疫、肠毒血症、猝狙、羔羊痢疾、黑疫五联苗"，羊不论大小，一律皮下或肌内注射 5mL，注苗后 2 周产生免疫力，保护期达半年。

2）加强饲养管理，防止严寒袭击，有霜期早晨出牧不要过早，

避免采食霜冻饲草。

3）发病时及时隔离病羊，并将羊群转移至高燥牧地或草场，可收到减少或停止发病的效果。

4）本病病程短促，往往来不及治疗。病程稍拖长者，可肌内注射青霉素，每次 80 万～100 万国际单位，1 日 2 次，连用 2～3 日，内服磺胺嘧啶，1 次 5～6g，连服 3～4 次；也可内服 10%～20% 石灰乳 500～1000mL，连服 1～2 次。必要时可将 10% 安钠咖 10mL 加于 500～1000mL 5%～10% 葡萄糖溶液中，静脉滴注。

✚ 羊猝狙

羊猝狙是由 C 型产气荚膜梭菌引起的一种毒血症，临床上以急性死亡、腹膜炎和溃疡性肠炎为特征。

1. 流行特点

本病发生于成年绵羊，以 2～4 岁的绵羊发病较多，常流行于低洼、潮湿地区和冬春季节，主要经消化道感染，呈地区性流行。

2. 临床症状

C 型产气荚膜梭菌随污染的饲料或饮水进入羊只消化道，在小肠特别是十二指肠和空肠内繁殖，主要产生 β 毒素，引起羊只发病。病程短促，多未及见到症状即突然死亡。有时发现病羊掉群、卧地，表现不安，衰弱或痉挛，于数小时内死亡。

3. 病理变化

剖检可见十二指肠和空肠黏膜严重充血糜烂，个别区段可见大小不等的溃疡灶。体腔多有积液，暴露于空气易形成纤维素絮块。浆膜上有小点出血。死后 8h，骨骼肌肌间积聚有血样液体，肌肉出血，有气性裂孔，这种变化与黑腿病的病变十分相似。

4. 防治措施

羊猝狙的防治措施可参照羊快疫、羊肠毒血症的措施进行。

第四节　羊常见寄生虫病的防治

▬ 一　肝片吸虫病

又叫肝蛭病，是由肝片吸虫寄生而引起慢性或急性肝炎和胆管炎，同时伴发全身性中毒现象和营养障碍等症状的疾病。本病多发于多雨温暖的季节里，采食水草的羊更为多见，常造成本病的普遍流行。肝片吸虫呈扁平状，形似树叶，略大于南瓜子。全身呈淡红色，吸盘在虫的头部。主要寄生于羊的肝脏内，也能进入胆管和胆囊内。一般在胆管内排卵，卵随羊粪排出后，再寄生到一种螺蛳体内。经多次分裂繁殖，最后成为无数具有侵害能力的幼虫而附在水草上。当羊吃了这种草后，幼虫随草进入体内，穿过肠壁，侵入血管和腹腔，再到达胆管。

1. 症状

病羊初期表现体温升高，腹胀，偶有腹泻，很快出现贫血，黏膜苍白。慢性型表现为黏膜苍白，眼睑、下颌及胸腹下部发生水肿，食欲减退，便秘与腹泻交替发生，逐渐消瘦，喜卧；母羊奶汁稀薄，甚至发生流产。有的至次年饲料改善后逐步恢复，有的到后期则严重贫血，出现下痢，最后导致死亡。急性型表现为急性肝炎，病羊衰弱、疲倦、贫血，黏膜苍白体温增高并有神经症状，严重者迅速死亡（较少见）。

2. 剖检尸检

观察肝脏和胆管内有无虫体及检查粪便虫卵，即可确诊。

3. 防治

（1）预防

1）要保证饮水和饲草卫生。应将水草晾晒干后，集中到冬季利用。羊粪要进行堆积发酵处理，利用发酵产热将虫卵杀死；病羊的肝脏要废弃深埋。

2）采取不同方法灭螺，消灭中间宿主，如药物灭螺、生物灭螺等。可采用1:5000硫酸铜溶液在草地喷洒灭螺，效果良好；可饲养鸭、鹅等水禽，消灭螺蛳。

3）定期驱虫。每年进行2次定期预防性驱虫，一次在秋末冬初，另一次在冬末春初。严重感染时每年定期驱虫3～4次。

（2）治疗

1）用硝氯酚（拜耳9015）治疗，每千克体重口服4～6mg。此药不溶于水，可拌于混合精料中喂服，或用片剂口服。该药毒性低、用量小，疗效高，是较好的驱肝片吸虫药物。

2）用硫双二氯酚（别丁）治疗，每千克体重100mg，加水摇匀后1次灌服，疗效确实而安全。

3）用阿苯达唑（抗蠕敏）治疗，每千克体重18mg，1次口服，效果良好，治疗剂量对怀孕母羊无不良影响。

4）用碘醚柳胺治疗，每千克体重7.5～10mg，1次口服，对成虫和幼虫效果都好。

5）用硫溴酚治疗，每千克体重50～60mg。此药毒性低，疗效高，并对幼虫有一定效果。

二 羊胃肠线虫病

羊的皱胃及肠道内，经常有不同种类和数量的线虫寄生，羊常见的胃肠线虫有捻转血矛线虫（寄生于皱胃及小肠）、钩虫（寄生于小肠）、食道口线虫（寄生于大肠）和鞭虫（寄生于盲肠）等。各种线虫往往混合感染，可引起不同程度的胃肠炎、消化机能障碍等。各种消化道线虫引起疾病的情况大致相似，其中以捻转血矛线虫为害最为严重。

1. 症状

临床上均以消瘦、贫血、水肿、下痢为特征。急性型的以羔羊突然死亡为特征，患羊眼结膜苍白，高度贫血，亚急性型的特征是显著的贫血，患羊眼结膜苍白，下颌间和下腹部水肿；身体逐渐衰弱、被毛粗乱，甚至卧地不起；下痢与便秘交替出现。病程2～4个月，如不死亡，则转为慢性。慢性型的症状不明显，体温一般正常，呼吸脉搏频数，心音减弱，病程达7～8个月或1年以上。

2. 防治

（1）预防

1）羊应饮用干净的流水或井水，粪便应堆积发酵，杀死虫卵。

2）每半年驱虫1次，选用药物有口服伊维菌素，每千克体重0.2mg；或口服敌百虫，每千克体重50mg，或肌内注射左旋咪唑，每千克体重5mg；或口服阿苯达唑，每千克体重10mg。

（2）治疗

治疗可用阿苯达唑、左旋咪唑、敌百虫等药物治疗，用药量及治疗方法同上。

三　绦虫病

羊绦虫病是由莫尼茨绦虫、曲子宫绦虫及无卵黄腺绦虫寄生在羊体内而引起的，主要为害羔羊。这三种绦虫既可单独感染，也可混合感染。最常见的为莫尼茨绦虫，虫长 1～5m，虫体由许多节片连成。绦虫主要寄生在羊的小肠里，待节片成熟后随粪便排出。节片中含有大量虫卵，虫卵被一种地螨吞食后，就在地螨体内孵化，再发育成似囊尾蚴。当羊吃草时吞食了含有似囊尾蚴的地螨后，即感染绦虫病。地螨多在温暖和多雨季节活动，所以羊绦虫病在夏秋两季发病较多。

1. 症状

成年羊轻微感染时病症不明显。羔羊感染初期出现消化紊乱、食欲减退而饮水增多，发生下痢和水肿，并出现贫血、淋巴结肿大等症，粪中混有虫体节片。后期病羔表现衰弱，有的肠阻塞而死；有的表现不安、痉挛等神经症状。末期病羊卧地不起，头向后仰、口吐白沫、反应迟钝、直至死亡。严重感染时，或伴有继发病，或并发其他疾病时，则易死亡。

2. 诊断

采取患羊粪便，检查有无绦虫节片。感染羊的粪便中常可见到黄白色节片即绦虫脱落的体节。

3. 防治

(1) 预防　种植优良牧草，进行深耕，能大量减少地螨，以减少感染。

(2) 治疗

1）口服阿苯达唑，按每千克体重 5～20mg，制成 1% 悬浮液灌服。

2）口服硫双二氯酚（别丁），按每千克体重 100mg 的用量，加水配成悬浮液，1 次灌服，疗效好。

3）口服氯硝柳胺（灭绦灵），每千克体重 50～70mg。

4）口服 1% 的硫酸铜溶液，按每千克体重 2mL 的剂量灌服，安全而有效。但应注意硫酸铜一定要溶解在雨水或蒸馏水内，药液要现配，要避免用金属器具盛装药液，喂药前 12h 和喂药后 2～3h 禁止饮水和吃奶。

5）口服吡喹酮，每千克体重 30～50mg，羔羊不论体重大小均用 1g，配成悬浮液灌服，连续 5 天，疗效较好。

四 疥癣病

又称羊螨病，是由螨侵袭并寄生于羊的体表而引起皮肤剧烈痒觉的一种慢性皮肤疾病。本病多发生于秋冬季节，尤以羔羊易感染而且发病较严重。羊舍阴暗潮湿、饲养管理不当、卫生制度不严、羊群拥挤等都是螨病蔓延的重要原因。

1. 症状

患羊先皮肤发痒，患部皮肤最初生成针头大至粟粒大的结节，继而形成水疱，渗出液增多，最后结成浅黄色脂肪样的痂皮，或形成龟裂，常被污染而化脓。多发生在长毛的部位，开始局限于背部或臀部，以后很快蔓延到体侧。病羊因患部奇痒难忍而到处乱擦乱蹭，啃咬患处，用蹄子扒或在墙上擦。引起皮肤发炎和脓肿，最后使皮肤变厚，失去弹性，发皱并盖满大量痂片，严重时可使羊毛大片脱落，甚至全身脱毛。患羊贫血，消瘦，逐渐死亡。

2. 防治

（1）预防

1）保持栏舍卫生、干燥和通风良好，对栏舍和用具定期消毒。加强检疫工作，对新调入的羊应隔离检查后再混群；病羊应隔离饲养。

2）每年定期对羊进行药浴。药液可用 0.5%～1% 的敌百虫水溶液，或以 50% 辛硫磷乳油对水配制成 0.05% 的药液。疥癣病的治疗也常用该法。

（2）治疗 分为涂药疗法和药浴疗法两类。药浴适用于病畜数量多而且气候温暖的季节。当在寒冷季节和病畜数量少时，宜用涂药疗法。涂药前，先剪去患部及附近的毛，用温开水擦洗，除去皮表痂皮等脏物。常用的涂药为 0.5%～1% 的敌百虫溶液，或 0.1%～0.5% 的含 10% 溴氰菊酯（敌杀死），疗效都很好。每次涂药面积不得超过体表面积的 1/3，不得把药涂到嘴或眼里，防止羊用舌头舔药而引起中毒。

第五节 普通病的防治

一 瘤胃积食

瘤胃积食是瘤胃充满过量饲料，超过了正常容积，致使胃体积增大，胃壁扩张，食糜滞留在瘤胃中，引起严重消化不良的疾病。

由于羊采食了过多的质量不良、粗硬而且难于消化的饲草或容易膨胀的饲料，或采食干料而饮水不足，或时饥时饱，突然更换草料等所致。常见于贪食大量的青草、紫云英或甘薯、胡萝卜、马铃薯等饲料；或因饥饿采食了大量谷草、稻草、豆秸、花生秧、甘薯藤等，而饮水不足，难于消化；或过食谷类饲料，又大量饮水，饲料膨胀，从而导致发病。如不及时进行治疗，常常引起死亡。

1. 症状

病初不断嗳气，反刍消失，随后嗳气停止，腹痛摇尾，精神沉郁。左侧腹下轻度膨大，肷窝略平或稍凸出，触摸稍感硬实，瘤胃坚实；后期呼吸促迫而困难，脉搏增数。黏膜呈深紫红色，全身衰弱，卧地不起。发生脱水和自体中毒，若无并发症，则体温正常。过食豆谷混合精料引起的瘤胃积食，呈急性，主要表现为中枢神经兴奋性增强、视觉障碍、侧卧、脱水及酸中毒症状。

2. 防治

(1) 预防 定时定量饲喂，防止羊只过食，饲料搭配要适当，不要突然更换饲料。注意适当运动。

(2) 治疗

1）一旦确诊，首先应予禁食，防止病情进一步恶化。

2）清肠消导，可用液状石蜡100～200mL，人工盐50g，芳香氨醑10mL，加水500mL，1次灌服。或用植物油150～300mL灌服。

3）解除酸中毒，可用5%碳酸氢钠100mL加5%葡萄糖200mL，静脉注射。心脏衰弱可用10%安钠咖5mL或10%樟脑磺酸钠4mL，肌内注射。

4）若药物治疗无效，可进行瘤胃切开术，取出内容物，并用

1%的温食盐水洗涤。

二 羔羊消化不良

由于母羊妊娠后期饲养不良，所产羔羊体质虚弱，食欲不振；初乳质量差，羔羊吃不到足够的初乳，抵抗力极差，从而导致消化不良。

1. 症状

以腹泻为特征，病初食欲下降或不愿吃奶，喜卧地，腹痛，粪便由稠变稀，呈灰白色或绿色，并附有气泡，严重的带有血液，最后衰竭死亡。

2. 防治

（1）预防 加强母羊妊娠后期的饲养管理，增加营养，使母羊奶水充足，羔羊有较强的抵抗力。

（2）治疗

1）促进消化：乳酶生每次2～4g，口服，日服3次。

2）补液健胃：10%高渗盐水20mL，20%葡萄糖100mL，维生素C 10mL，一次静脉注射。每日1次，连用2～3次。

3）抑菌消炎：肌内注射卡那霉素，每千克体重2万国际单位，同胃蛋白酶加水灌服，1日3次。脱水时静脉注射糖盐水250～300mL，10%安钠咖1mL。

三 胃肠炎

胃肠炎是胃肠黏膜表层或深层的炎症，比单纯性胃或肠的炎症更严重，能引起胃肠消化障碍和自体中毒。青年羊发病较多，羔羊也易发生。

胃肠炎多因喂给品质不良，含有泥沙、霉菌、化学药品及冰冻腐败变质的饲草、饲料或误食农药处理过的种子、饲料和污水所致；也可因过食混合精料、有毒植物中毒以及羊栏地面湿冷等引起本病的发生；某些传染病、寄生虫病、胃肠病、产科疾病等均可继发胃肠炎。

1. 症状

初期病羊多呈现急性消化不良的症状，其后逐渐或迅速转为胃肠炎症状。病羊食欲减退或废绝，口腔干燥发臭，常伴有腹痛，逐渐转为剧烈的腹泻，排粪次数增多，不断排出稀软状或水样的粪便，气味腥臭或恶臭，粪中混有血液及坏死的组织片，污染臀部及后躯。后期大便失禁，食欲停止，有明显脱水现象，病羊不能站立而卧地，呈衰竭状态。随着病情发展，病羊脉搏快而弱，严重时可引起循环和微循环障碍，肌肉震颤、痉挛而死亡。继发性胃肠炎，首先出现原发病症状，而后呈现胃肠炎症状。

2. 防治

（1）预防　不喂发霉、冰冻饲料，饲喂要定时、定量，饮水要清洁，栏舍要干燥、通风和卫生，并定期驱虫。

（2）治疗

1）对发病初期的羊只以减食法和绝食法最为有效。轻度下痢时，给以容易消化的青干草饲料，并可喂给温热米汤水。

2）治疗原则是清理胃肠，保护肠黏膜，制止胃肠内容物腐败发酵，维护心脏机能，解除中毒，预防脱水和加强护理。初期可给人工盐 20～50g，溶于水中灌服，每天 1 次；或内服菜籽油或蓖麻油 200mL。

3）有腹泻者可用磺胺噻唑 1g，鞣酸蛋白 3～5g，乳酶生、碳酸氢钠各 5～15g 口服。

4）严重时，可用 20% 磺胺嘧啶钠注射液 10～15mL 静脉注射；也可用黄连素注射液 2～5mL 肌内注射。以上药物均为每天 2 次。

5）水样粪便的病羊，用活性炭 20～40g，鞣酸蛋白 2g，磺胺脒 4g，水适量，一次灌服。

6）严重脱水的病羊，用 5% 葡萄糖生理盐水 500mL，内加 10% 的安钠咖 2mL、40% 的乌洛托品 5mL，进行静脉输液。

四　瘤胃酸中毒

过食谷类饲料或多糖饲料、酸类渣料等，或饲料突然改变导致瘤胃内异常发酵，生成大量乳酸，发生以乳酸中毒为特征的瘤胃消化机能紊乱性疾病。

1. 症状

最急性型突然发病，精神高度沉郁，呼吸短促，心跳加快，体温下降，瘤胃蠕动停止，鼓气，并有严重脱水症状。

急性型精神沉郁，食欲废绝，体温轻度升高，腹泻，排出黑褐色稀液。最急性和急性型多数在 12 ~ 24h 内死亡。

亚急性型症状轻微，多数病羊不易早期发现，食欲时好时坏，瘤胃蠕动减弱。只要及时消除病因，预后良好。

2. 治疗

1）5% 碳酸氢钠溶液 300 ~ 500mL，5% 葡萄糖生理盐水 300mL 和 0.9% 氯化钠溶液 1000mL 静脉注射。

2）调整瘤胃内酸度。先用清水将瘤胃内容物尽量清洗排出，再投服碳酸氢钠 100 ~ 200g、氧化镁 200g 和碳酸钙 70g。若有必要，间隔 1 天后再投服 1 次。

五 有机磷中毒

误食喷洒过有机磷制剂的青草、蔬菜，或驱虫时使用有机磷药物如敌百虫，用量过多而引起中毒。常用的有机磷制剂有敌百虫、敌敌畏、1605 和 3911 等。当有机磷制剂通过各种途径进入羊只机体，造成体内的乙酰胆碱大量蓄积，导致副交感神经高度兴奋而出现病状。

1. 症状

发病突然，食欲减退，反刍停止，肠音亢进，腹泻；流涎、流泪，鼻孔和口角有大量白色或粉红色泡沫；瞳孔缩小，眼球斜视，眼结膜发绀；步态蹒跚，反复起卧，兴奋不安，甚至出现冲撞蹦跳现象；一般在发病数小时后，全身或局部肌肉痉挛，呼吸困难，心跳加快，口吐白沫，昏迷倒地，大小便失禁，常因呼吸肌的麻痹而导致窒息死亡。严重时病羊处于抑制、衰竭、昏迷和呼吸高度困难状态，如不及时抢救会死亡。

2. 防治

（1）预防 切实保管好农药，严禁用喷洒有机磷农药的田间野草喂羊。给羊只驱虫或药浴时，应注意护理和观察，以防中毒。

（2）治疗

1）解毒。

① 注射阿托品 10 ~ 30mg，其中 1/2 量静脉注射，1/2 量肌内注

射。临床上以流涎、瞳孔大小情况来增减阿托品用量，黏膜发绀时暂不使用阿托品。

② 皮下注射或静脉注射解磷啶，每千克体重 20~50mg。静脉注射时溶于 5% 葡萄糖或生理盐水中使用，必要时 12h 重复 1 次。

③ 中毒 48h 内，多次给药，疗效较佳。

2）排毒。

① 洗胃。除敌百虫中毒外，可用 2% 碳酸氢钠 1000~2000mL 用胃导管反复洗胃。

② 泻下排毒。用硫酸钠 50~100g 加水灌服。

③ 静脉注射糖盐水 500~1000mL，维生素 C 0.3g。

六 亚硝酸盐中毒

羊只采食了大量富含硝酸盐的青绿饲料后，在自然条件下，硝酸盐在硝化细菌的作用下，转为亚硝酸盐而发生的中毒。各种鲜嫩青草、叶菜等，均含有较多的硝酸盐成分，若存放时发热和放置过久，致使饲料中的硝酸盐转化为亚硝酸盐。这类青料若饲喂过多，瘤胃的发酵作用本身也可使硝酸盐还原为亚硝酸盐，从而使羊只中毒。

1. 症状

羊只采食后 1~5h 后发病，呼吸高度困难，肌肉震颤，步态摆晃，倒地后全身痉挛。初期黏膜苍白，表现发抖痉挛，后肢站立不稳或呆立不动。后期黏膜发绀，皮肤青紫，呼吸促迫，出现强直性痉挛。体温正常或偏低。针刺耳尖仅渗出少量黑褐红色血滴，而且凝固不良。还可出现流涎、疝痛、腹泻、瘤胃鼓气、全身痉挛等症状，倒地窒息死亡。

2. 治疗

（1）特效疗法

1）1% 亚甲蓝每千克体重 0.1mL，10% 葡萄糖 250mL，一次静脉注射。必要时 2h 后再重复用药。

2）5% 的甲苯胺蓝每千克体重 0.5mL，配合维生素 C 0.4g，静脉或肌内注射。

3）先用 1% 亚甲蓝溶液，每千克体重 0.1~0.2mL，静脉注射抢

救；再用 5% 葡萄糖生理盐水 1000mL，50% 葡萄糖注射液 100mL，10% 安钠咖 20mL，静脉注射。

（2）对症疗法

1）过氧化氢 10～20mL，以 3 倍以上生理盐水或葡萄糖水混合静脉注射。

2）10% 葡萄糖 250mL，维生素 C 0.4g，25% 尼可刹米 3mL，静脉注射。

3）用 0.2% 高锰酸钾溶液洗胃，耳静脉放血。

七　霉饲料中毒

引起发霉饲料中毒的霉菌有甘薯黑斑病菌、霉玉米黄曲霉、霉稻草镰刀菌、霉麦芽根棒曲霉等。当羊食用了含上述某种霉菌的霉变饲料后即可引起中毒。

1. 症状

引起中毒的霉菌不同，症状表现不一，或突然发病或呈慢性经过。但食欲不振，精神萎靡，消化紊乱；初期便秘后转下痢，粪便带有黏液或血液，瘤胃蠕动减弱，反刍少。有的出现神经症状，呼吸困难。严重者发生死亡。

霉饲料中毒的诊断要借助于对饲料品质的调查，必要时请有关部门化验后作出诊断并制订防治方案。

2. 治疗

1）霉饲料中毒无特效药，治疗中采取保守疗法，以促进自身恢复。首先去除中毒源，调换新鲜、洁净饲料，防止霉饲料进一步摄入。

2）用 50% 葡萄糖 500mL，生理盐水 1000～2000mL，另加维生素 C 30mL 静脉注射，每天 2 次，连用数日。

八　尿素中毒

羊喂过量的尿素，或尿素与饲料混合不均匀，或喂尿素后立即饮水，都会引起中毒，饮大量的人尿也会引起中毒。

1. 症状

中毒开始时，可见鼻、唇挛缩，表现不安、呻吟、磨牙、口流泡沫性口水，反刍和肠蠕动停止，瘤胃急性鼓胀，肠管蠕动和心音亢进，脉搏急速，呼吸困难。很快不能站立，同时全身痉挛和呈角弓反张姿势。严重者可见呼吸极度困难，站立不稳，倒地，全身肌肉痉挛，眼球震颤，瞳孔放大，常因窒息死亡。

2. 防治

（1）预防　按规定剂量和方法饲喂尿素，喂后不能立即饮水，防止羊偷吃尿素及饮过量人尿，尿素同其他饲料的配合比例及用量要适当，而且必须搅拌均匀；严禁将尿素溶在水中给羊饮用。

（2）治疗

1）病羊早期灌服1%醋酸溶液250～300mL或食醋0.25kg。若加入50～100g食糖，效果更佳。

2）硫代硫酸钠3～5mg，溶于100mL5%葡萄糖生理盐水静脉注射。

3）静脉注射10%葡萄糖酸钙50～100mL和10%的葡萄糖溶液500mL，同时灌服食醋0.25kg，效果良好。

九　难产

临产母羊不能正常顺利地产羔叫难产。

1. 病因

引起难产的因素颇多，但发生的有以下情况：分娩母羊产道狭窄；胎儿过大或胎位不正；母羊因营养不良或患病；健康状况极差等均有可能引起难产。

2. 症状

一般表现为母羊分娩开始后虽有阵缩和腹压，羊水外流，但胎儿就是产不出来。母羊痛苦至极，用力努责，鸣叫不已，常回顾腹部，起卧不宁。后期母羊表现极度衰弱，努责无力，卧地不起，遇此情景，羔羊大多窒息而死。

3. 防治

（1）预防

1）后备母羊不到配种年龄不能过早配种。

2）避免近亲交配，杜绝畸形胎儿的出现。

3）加强怀孕后期母羊的饲养管理，保持母羊适度膘情，除此之外还需要适当运动。

4）配种前必须对母羊生殖器官进行检查，发现有严重生理缺陷的母羊应及时淘汰，不予配种。

（2）治疗　若母羊阵缩微弱，努责无力，可在皮下注射垂体后叶素注射液 2 ~ 3mL（每毫升10 单位）；母羊身体衰弱时可肌内注射10% 安钠咖 2 ~ 4mL，或 20% 樟脑油剂 3 ~ 8mL。

母羊产道狭窄，胎儿过大或畸形时，可先向产道内灌注适量菜油或液状石蜡等润滑剂，然后在母羊努责时趁势把胎儿拉出。切忌强拉硬拽，以免伤及胎儿和母羊内外生殖器官。

胎位不正时，如胎儿头部或四肢弯曲不能产出时，可将胎儿先推回子宫腔，耐心地加以矫正（胎儿肢体柔软很容易矫正），矫正后随着母羊努责的节奏将胎儿拉出体外。

遇到 1 胎多羔难产时，常出现先出来的羔羊其后腿夹住第二只羔羊的头部，当摸到第一只时感到胎位和躯体很正常，但就是拉不动。遇到这种情况时，将手经消毒或戴乳胶手套，从羔羊腹部摸进去，推回第二只羔羊，然后才能依次顺利产出。有时也出现另外一种情况，即 1 只羔羊的头部与另外 1 只羔羊臀部一起出来。这时要把露出臀部的羔羊推回去，再随着母羊努责节奏，将露出头部的羔羊拉出来。

胎衣不下

胎衣也叫胎膜，主要包括羊膜、绒毛膜、尿膜和卵黄囊等四部分。母羊分娩后不能在正常时间内（羊一般约 5 ~ 6h）顺利排出胎衣，就叫胎衣不下。

1. 病因

胎衣不下的原因颇多，常见的有两种情况：①由于母羊体质差，子宫收缩无力。②胎盘发生病变粘连，羊膜、尿膜和脐带的一部分形成索状由阴门垂下，但脉络膜仍留在子宫内。

2. 症状

病羊精神不安，常有努责和哀鸣。若时间拖久则胎膜受细菌感染而腐败，阴道流出褐色恶臭的液体，病羊体温上升，食欲不振，吃草明显减少。

3. 治疗

母羊子宫收缩乏力，可皮下注射垂体后叶素注射液 2 ~ 3mL，或麦角碱注射液 0.8 ~ 1mL，一般情况下均能顺利排出。

如果胎膜粘连，甚至腐败，可先采用 5% ~ 10% 的生理盐水 500 ~ 1000mL 注入子宫与胎膜之间，以促进子宫收缩并加速子宫与胎膜的剥离。待胎衣排出后，为防止腐败引起的并发症，再用 2% 来苏儿稀释液或 0.1% 高锰酸钾溶液冲洗子宫腔，同时肌内注射青霉素 20 万 ~ 40 万国际单位。

胎衣不下初期，可用红糖 250g，黄酒 100mL，加水 500mL 灌服；或用 2 根紫皮甘蔗，捣碎煎汁加红糖 250g 灌服。此方法简单易行，亦可获得一定的效果。

附录 常见计量单位名称与符号对照表

量 的 名 称	单 位 名 称	单 位 符 号
长度	千米	km
	米	m
	厘米	cm
	毫米	mm
面积	平方千米（平方公里）	km^2
	平方米	m^2
体积	立方米	m^3
	升	L
	毫升	ml
质量	吨	t
	千克（公斤）	kg
	克	g
	毫克	mg
物质的量	摩尔	mol
时间	小时	h
	分	min
	秒	s
温度	摄氏度	℃
平面角	度	(°)
能量，热量	兆焦	MJ
	千焦	kJ
	焦［耳］	J
功率	瓦［特］	W
	千瓦［特］	kW
电压	伏［特］	V
压力，压强	帕［斯卡］	Pa
电流	安［培］	A

参考文献

［1］赵有璋. 肉羊高效益生产技术［M］. 北京：中国农业出版社，1998.

［2］赵有璋. 现代中国养羊［M］. 北京：金盾出版社，2005.

［3］姜勋平，丁家桐，杨利国. 肉羊繁育新技术［M］. 北京：中国农业科技出版社，1999.

［4］毛杨毅. 农户舍饲养羊［M］. 北京：金盾出版社，2003.

［5］刘小莉，雷建平. 肉羊饲养与管理技术［M］. 兰州：甘肃科学技术出版社，2005.

［6］施泽荣，布和. 优良肉羊快速饲养法［M］. 北京：中国林业出版社，2003.

［7］钟声，林继煌. 肉羊生产大全［M］. 南京：江苏科学技术出版社，2002.

［8］卢中华，张卫宪，袁逢新. 实用养羊与羊病防治［M］. 北京：中国农业科学技术出版社，2004.

［9］周元军. 秸秆饲料加工与应用技术图说［M］. 郑州：河南科学技术出版社，2003.

［10］薛慧文，等. 肉羊无公害高效养殖［M］. 北京：金盾出版社，2003.

［11］尹长安，孔学民，陈卫民. 肉羊无公害饲养综合技术［M］. 北京：中国农业出版社，2003.

［12］王学君. 羊人工授精技术［M］. 郑州：河南科学技术出版社，2003.

［13］刘大林. 优质牧草高效生产技术手册［M］. 上海：上海科学技术出版社，2004.

［14］刘洪云，等. 肉羊科学饲养诀窍［M］. 上海：上海科学技术文献出版社，2004.

［15］张瑛，等. 中国肉羊业生产现状与发展战略［J］. 吉林畜牧兽医，2005（3）：3-5，22.

［16］孙凤莉．羔羊早期断奶研究进展［J］．饲料工业，2003（6）：50-51.

［17］王锐，等．国内外肉羊的生产现状及研究进展［J］．当代畜禽养殖业，2005（4）：1-3.

［18］丁伯良，等．羊病诊断与防治图谱［M］．北京：中国农业出版社，2004.

［19］邢福珊，等．圈养肉羊［M］．赤峰：内蒙古科学技术出版社，2004.

［20］田树军．羊的营养与饲料［M］．北京：中国农业大学出版社，2003.

［21］李建国，田树军．肉羊标准化生产技术［M］．北京：中国农业大学出版社，2003.

［22］张居农．高效养羊综合配套新技术［M］．北京：中国农业出版社，2001.

［23］岳文斌．现代养羊［M］．北京：中国农业出版社，2000.

［24］吉进卿，胡永献．养小尾寒羊［M］．郑州：中原农民出版社，2008.

［25］姜勋平，熊家军，张庆德．羊高效养殖关键技术精解［M］．北京：化学工业出版社，2011.

［26］施六林．高效养羊关键技术指导［M］．合肥：安徽科学技术出版社，2008.

书号：978-7-111-55954-2

定价：25.00

书号：978-7-111-50354-5

定价：25.00

书号：978-7-111-49781-3

定价：35.00

书号：978-7-111-54481-4

定价：25.00

书号：978-7-111-49325-9

定价：35.00

书号：978-7-111-54074-8

定价：29.80

书号：978-7-111-53838-7

定价：59.80

书号：978-7-111-45863-0

定价：29.80

书　目